JN010966

アクチュアリー試験
合格へのストラテジー
年金数理

枇杷高志 監修
アクチュアリー受験研究会代表 MAH・北村慶一・車谷優樹 著

東京図書

監修者のことば

本書は，アクチュアリー受験研究会がシリーズで取り組まれてきた「アクチュアリー試験合格へのストラテジー」の第４冊目になります．これで基礎科目のうち数学系４科目の書籍が揃ったことになります．

小生がアクチュアリー試験を受験し始めた昭和63年当時は，日本アクチュアリー会が実施する講座および教科書が受験のためのほぼ唯一の教材であり，あとは所属法人の先輩からの指導に頼っていました．その意味では，実質的には保険会社や信託銀行に就職して初めて受験が開始できる状況であったと思います．30年を経過した今，参考書籍の増加，過去問の公開，大学でのアクチュアリー関連講義の普及など，以前に比べてアクチュアリー試験受験の門戸は相当程度開かれ，専門職としての認知度の向上に見合ったものとなってきたと思います．これはアクチュアリー講座や大学での講義などでアクチュアリー教育に長く携わった者として大変感慨深いものがあります．

本書および本シリーズは，このように整いつつあるアクチュアリー教育コンテンツの中でも独特のポジションを持った書籍だと思います．それは，一つには「実際の受験者の経験に基づいて作られていること」であり，もう一つは「多数の問題や学習プランなどを収録した実践的な本であること」です．これは他のコンテンツにはあまりないもので，まさに「(既存の) 教科書とアクチュアリー試験のギャップを埋める書籍」というコンセプトに沿って構成・執筆を行っています．

また,「年金数理」という科目に関しては，生保数理と似ている部分が多く，理論的な面ではさほど難しいわけではありませんが，企業年金の実務経験がない受験生からすると，企業年金制度への理解不足や生保数理との微妙な相違などがあるために，学習に苦労された面があるのではないかと思います．執筆者の一人である北村さんは企業年金の実務経験がなく，こうしたご経験を踏まえて執筆されていますので，同じような境遇の方には参考になるところが多いと思います．特に，「生保数理と年金数理の違い」や「試験問題文の読み方」といった部分は，小生自身も教鞭をとる際に強く意識しており，本書においてもこれらの部分の充実には配慮したつもりです．

本書が，アクチュアリー試験受験を志す多くの方々にとって力強い「道しるべ」となること，そして多くの優秀な方々がアクチュアリーの仲間に加わっていただけることを期待しております．

2020 年 5 月

枇杷高志

推薦のことば

年金実務に携わっていないと年金数理は合格しにくい科目なのか．本書はそんな定説を覆すことを目的に執筆された一冊です．

本書の著者の１人である北村さんは年金実務に携わったことがありません．本書は，年金実務に関与したことがない人の視点で執筆された数少ない年金数理の本です．実務を知らない人が感じる素朴な疑問について，本書では随所に解説がなされています．試験問題を作成する年金数理の専門家と，年金実務を知らない受験生とのギャップを埋める本とも言えます．年金数理に関する本はいくつか出版されていますが，実務経験のない北村さんが執筆している点が，他の書籍と大きく異なる点です．

では，内容が不十分なのか．ご安心ください．本書は，共著者の車谷さんをはじめとする，年金実務を担当する若手，中堅，シニアな方の十分なチェックと助言を反映しています．北村さんの素朴な疑問を年金実務の専門家が丁寧に解説することで，初学者にもわかりやすい内容となっています．例えば，第４章の理論編の人員分布と定常人口の説明は，教科書でも十分に説明できていない理論的な説明がコンパクトにまとめられています．年金数理の教科書および過去問では埋めることができていない行間を，受験生の目線で補完することを目的に生まれたのが本書です．これは，非実務家と実務家の対話を通じて生まれたものです．

アクチュアリー試験の１次試験は全部で５科目あり，年金数理はその一つです．保険業務を行っている人も，リスク管理を行っている人も，データ解析を行っている人も，年金数理に合格しなければ，準会員そして正会員になることはできません．年金数理に用いられている数理的な理論は他の科目よりもシンプルなものが多いにもかかわらず，実務的な知識がないと問題文の解釈に苦労することから，5科目の中でも難関科目の一つとされています．業務と関係ない年金数理をなぜ勉強しないといけないのか，と思ったことのある受験生もいると思います．

でも，考えてみてください．受験生も，受験生の家族も，いずれ年を取り，引退します．そして，年金受給者として，年金のお世話になる時期が来ます．自分自身の老後を考えるとき，そして家族の老後を考えるとき，年金に関する知識はきっと役に立つはずです．年金数理は，人々の老後を支える重要なインフラである年金の理論的な根拠を与える重要な学問でもあります．

しかしながら，世の中にある年金に関する情報は，不安を煽るものが多く，必ずしも正しいものばかりではありません．年金数理を勉強することで，正しい情報の見極めに必要な数理的な知識を身に付けることができます．年金数理の勉強は，正会員になるための要件というだけではなく，万人がかかわることになる年金という社会を支えるシステムについて，専門的な教養を学べる貴重な機会でもあります．

本書を通じて年金数理を勉強することで，効率的な年金数理の学習につながると確信しています．将来，本書および本書のシリーズを勉強して合格した正会員の方と，アクチュアリー関連の対外的なボランティア活動をご一緒できることを楽しみにしています．

2020年5月

藤澤陽介

はじめに

おかげさまで，「アクチュアリー試験合格へのストラテジー」シリーズも第4作となりました．「数学」出版以来，多くの皆様にご評価・応援いただき，大変ありがたいと思っております．

アクチュアリー試験の1次試験5科目のうち，最難関かもと思われる科目の一つが「年金数理」です．

その証拠と言えるのが合格基準点の切り下げです．合格基準点が60点のままでは合格者が少なすぎるということでそれを切り下げる，ということですが，「年金数理」においては，ここ10年のうちに，2度も起こっています．

教科書の知識だけでどうすれば問題が解けるのか，これまで受験生は過去問を中心に手探りで模索していくのみでした．

この悩みを解決すべく，アクチュアリー受験研究会で開催する勉強会に集まったメンバーで，学習を進めつつ参考書を作ってしまおう，というプロジェクトがありました．その過程で生まれたのが『例題で学ぶ年金数理(仮)』という資料です．メインの作者はRGA再保険の北村慶一さんです．

本書は，『例題で学ぶ年金数理（仮)』をベースとして大幅に加筆したものです．北村さんの熱い情熱なくしては『合格へのストラテジー 年金数理』のプロジェクト自体スタートすらしなかったと思います．北村さんには，過去のシリーズすべてにおいて重要なサポートをしていただき，特に今回，長い時間と労力と情熱をかけ，本書制作に大いに貢献いただきました．

また，企業年金制度の実務家の視点と受験生をつなぐ共著者として，りそな銀行の年金アクチュアリーである車谷優樹さんにも参加いただきました．

彼自身，後輩などに年金数理を教えており，有効な解法や公式，理解の仕方を世に出したい，と思っていたこともあり，本書が世に出るにあたり素晴らしいアイディア・記述を加えていただき，車谷さんなくしては本書の完成はありえなかったと思います．ありがとうございました．

また，本シリーズの企画に携わっていただいた岩沢宏和さんには，本書の内容にもさまざまな助言をいただきました．その知見は深く鋭く，たとえば，ほとんどの学習者が見落としている重大な事柄を指摘していただくなど，何度も目から鱗が落ちました．深く感謝いたします．

監修は，年金数理人の枇杷高志さんにお願いし，快く引き受けてくださいました．企業年金に長く携わり，自らも講師として年金数理を教えられている経験をもとに，チェックを含め，様々なアドバイスをいただくなど，大いに助けていただきました．お忙しい中，誠にありがとうございました．

また，早稲田大学で年金数理の講師をされているスイス再保険の藤澤陽介さん，明治安田生命の荒井昭さんからは講師目線での貴重な助言，アドバイスをいただきました．そして，三菱 UFJ 信託銀行の田中野乃さん，みずほ信託銀行の有田勇貴さん，京都大学大学院の山本周平さんには，全体的な数値・記述チェックなどを含めて大いに協力いただきました．本書のベースとなった『例題で学ぶ年金数理（仮）』で問題抽出に貢献いただいた第一生命の仲田至さんにも感謝しています．

本書制作チームとしては，企業年金になじみのない受験生，初学者でもスムーズに理解を進められるよう，勉強のパートナーとして最適な受験ガイダンス兼参考書を目指して，取り組んできました．本書，教科書の理解とともに過去問演習を重ねることで合格を目指せるような過去に類がない，一冊が出来上がったと思います．

最後に東京図書の清水さんには，本書の編集・出版に今回も大変助けていただきました．4 作ものシリーズを世に出していただいた情熱と多大なるご努力に感謝申し上げます．

2020 年 5 月

アクチュアリー受験研究会代表　MAH

目　次

◆装幀　今垣知沙子（戸田事務所）

第Ⅰ部

アクチュアリー試験
「年金数理」受験ガイダンス

■第 1 章

アクチュアリー試験「年金数理」概要

1.1 年金数理以前〜年金数理は何をやるのか〜

はじめに,「年金数理」という科目ではどういうことを扱うのかを簡単に説明しようと思います.「年金数理」の主な考察対象は「企業年金制度[*1]」です. ここで考えている「企業年金制度」は, ざっくり言うと,「企業が福利厚生の一環で行う退職金制度に『保険の仕組み』を導入したもの」です. 通常「退職金制度」と言えば,「退職した者が企業から一定の金銭を支給される制度」を意味しますが,「企業年金制度」はこれとは少し異なります. 大きく分けると次の3つの特徴があります.

- 【事前積立】企業は, 毎月少しずつ「保険料」を金融機関(信託銀行や生命保険会社など)に支払い[*2], 従業員が将来退職したときの退職金支払に備えるためのお金(積立金)を蓄えておく
- 【積立金の運用】企業はその積立金を運用する(運用収益を退職金支払の財源に加えることができる)

---

*1 一般に確定給付型 (DB) と確定拠出型 (DC) があり, 年金数理では主に DB を考察します. この節での解説は, 主に日本の確定給付企業年金制度を想定しています.

*2 この保険料は従業員の毎月の給与から天引きされるものではなく, 企業が負担するものであることに注意してください.

- 【第三者機関による支払】実際に退職者が発生したとき，この積立金を取り崩すことで退職金（給付[*3]）が金融機関から支払われる（企業が退職金を直接支払うのではない）

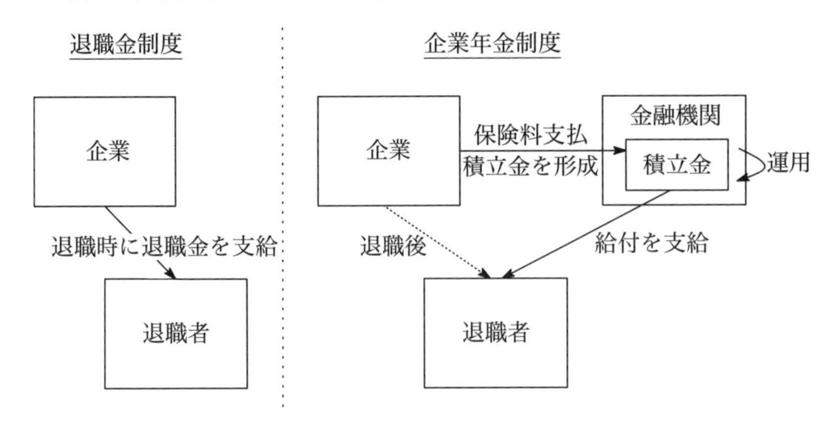

企業にとってみると，「企業年金制度」を実施する方が，「従業員の退職金支払」といった不確定要素の大きい支払を，「保険料支払」という不確定要素の少ない支払に変えることができるというメリットがあります．したがって日本の年金制度は，自社の退職金制度の一部（または全部）として運営されている場合が多いです．

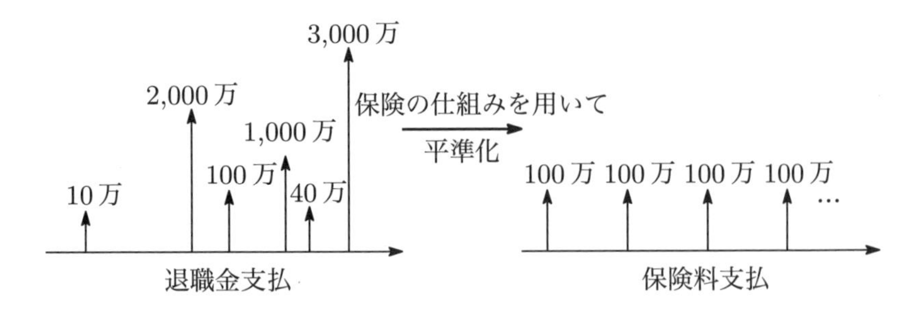

[*3] 確定給付企業年金法によれば給付を原則として年金払とする必要がありますが，日本では退職者が一時金払を選択することが多く，ここでは一時金で支払われる給付も想定しています．

さて，このような「企業年金制度」において，数理的に考えるべきところがいくつかあります．例えば，以下のような論点です．

- 保険料の設定，つまり将来滞りなく給付支払を行うために毎月どのくらいの額を積み立てる必要があるか？
- 現在の積立金の額の十分性，つまり今積み立てられている金額は将来の支払を賄えるほど十分な水準か？

これらが年金数理の主要な考察対象であり，確率・統計的手法を用いて考察されます．この「将来の支払を賄う」ために現時点にて保有しておくべき額を「責任準備金」といいます．生保数理を受験された方にとっては馴染み深いものだと思います．

このように年金数理では生保数理と近い概念も多く登場しますが，生保数理と異なる点がいくつかあります．決定的に異なるのは，「保険料を支払う主体」と「給付を受け取る主体」が異なる点です．

	生命保険	企業年金
保険料を支払う主体	契約者本人	企業
給付を受け取る主体	主に契約者本人[*4]	その企業の従業員だった人
給付支払に責任を負う主体	保険会社	企業

生命保険の場合，契約者自らが保険料を支払うため，その保険料水準は当然その人の給付内容に合ったものを設定する必要があります．一個人が定期的に保険料を支払うため，生活費に影響を与えないよう保険料は極力見直さない方が望ましいでしょう．

一方，企業年金においては，企業が従業員全員分の保険料を支払い，積立金を形成するため，その保険料水準は必ずしも「各従業員に対して収支相等」している必要はなく，それよりも「集団全体で見て収支相等している保険料水準」であるかがより重要となります．企業が支払う保険料は，一個人

[*4] 配偶者もしくは二親等以内の血族なども受取人として指定できます．

が支払う場合と比較すると，毎年多少変動しても大きな問題とはならないでしょう．さらに企業年金で考察する集団は毎年従業員の加入がある程度見込まれる場合もあり，その場合は将来加入が見込まれる被保険者（将来の従業員）分の給付も考慮して保険料を設定する場合もあります．

また，考えている集団の規模が異なることも大きな違いとして挙げられます．生命保険の場合，契約者集団は大集団であるため大数の法則がはたらきやすく，その集団から算定された計算基礎率の信頼度は高くなりますが，企業年金の被保険者集団は（相対的に）小集団であることが多く，大数の法則がはたらきにくくなり，制度開始時の保険料の設定だけでなく制度開始後の財政検証や保険料の見直しがより重要となります．

この違いから次の差異が生じます．

	生命保険	企業年金
保険料の決定方法	個人ごとに収支相等している必要がある	集団全体で見て収支相等している必要がある
財政方式	主に平準積立方式	様々な財政方式（集団の特性に応じて選択される）
保険期間	有限期間	有限期間だが，半永久期間とする場合もあり （将来加入が見込まれる被保険者を考慮する場合）
保険料の見直し（財政再計算）	原則なし[*5]	定期的に行う

[*5] 例えば，第三分野保険については基礎率変更権を行使することで保険料率を見直すことが可能ですが，2020年4月現在でこれを行使した生命保険会社は存在しません．

	生命保険	企業年金
積立不足に関する立場	許容されない（生命保険会社の赤字を意味する）	許容される（財政計算時に保険料を増やす，場合によっては給付を減額することで対応．財政決算時には少額の積立不足の場合は保険料の手当てがされないことも）
金融機関への手数料を保険料に含める必要性	あり（営業保険料）	なし（手数料は別財源を充てる[*6]ので，営業保険料という考え方がない）

よって，すでに生保数理を学習された方は，こういった違いを踏まえて年金数理に臨むことが重要です．

1.2　試験範囲について

試験範囲の詳細については，日本アクチュアリー会が毎年6月末あたりに公表する「資格試験要領 別紙(1) 試験科目・内容および教科書・参考書」を参照いただきたいのですが，基本的には日本アクチュアリー会から発行されている教科書『年金数理』（以下，[教科書]）の内容すべてが試験範囲となります．2019年度の「資格試験要領 別紙(1)」によると，以下の細目（出題範囲）が挙げられています．

- 年金数理の基本原理
- 年金現価率
- 計算基礎率
- 定常人口論（含む人口モデル）

[*6] 企業が別途負担する，または積立金から控除する方法が一般的です．

- 財政方式
- 積立金と過去勤務債務
- 保険料と責任準備金
- 数理的損益分析

これらは入り繰りはありますが，[教科書] の構成に忠実に対応しています．上記細目を意識するよりは，[教科書] の内容を理解することに重点を置いたほうがよいと思います．

1.3　[教科書] について

[教科書] は，理論編が7章，実務編が3章で構成され，各章の章末には章末問題がついています．この章末問題の大部分は，実は過去の年金数理の試験問題から抜粋したものです．

[教科書] を手にとってもらうと分かると思いますが，[教科書] の本自体は，アクチュアリー試験[*7] 1次試験の他の4科目と比べると，「相対的に」薄いです．実際，アクチュアリー試験の1次試験の他の4科目と比較すると覚えるべき知識は「相対的に」少ないです．

では，年金数理は簡単なのでしょうか？ いいえ．むしろ，アクチュアリー試験の1次試験の中では損保数理と並んで，受験生にとって壁となりがちな科目で，苦労している受験生が多いのが現状です．

なぜ年金数理がアクチュアリー試験1次試験突破の壁となりがちなのか？ それは，年金数理独特の考え方への理解や「問題文の解釈」がアクチュアリー試験の1次試験の他の4科目よりも重要で，どのように解釈するかがどこにも語られていないからです．過去問の解答例を眺めても，計算過程と結果は書いてありますが，問題文をどのように読んだらそのような計算過程にたどり着けるかが書いてありません．それは [教科書] にも詳しく書かれていません．

本書は，[教科書] と年金数理の試験問題の間のギャップを埋める本だと

---

*7 以下，「アクチュアリー試験」とは日本アクチュアリー会が実施する「資格試験」を指します．

思っています．問題文を読んで，どのように解釈し，どのように知識や公式を適用して答えを導いていくかに力点を置いて書きました．ただ公式を適用してパターンを覚えるだけではなく，公式間の関係性を押さえることで，年金数理を体系的に理解できるようにすることも目指しています．本書で紹介した考え方が普遍的に試験で通用することが真の「的中」だと思っています．頻出問題とその解答を覚えることも有効ですが，本書を用いて本質的な考え方を養うことこそが合格への近道です．

ただし，[教科書] は読まなくていいか，というとそうではありません．[教科書] に書かれている内容がそのまま問題として出題されているものがあります．その部分については，最終的には何も見ずに解けるようになるまで理解しておく必要があります．(→ 1.6.3 (p.14) 参照)

1.4　試験の形式と試験時間からの考察

アクチュアリー試験はここ数年，12 月の第 2 週の月火水の 3 日間で行われ，年金数理は 3 日目水曜日の午前中に実施されています．

平成 19 年度資格試験からマークシート方式になりました．マークシート方式だから勘で当てられる，と思うかもしれませんが，1 問に対して選択肢が少なくとも 10 択あり，宝くじの 1 等を当てる以上にまぐれ合格は見込めません．

問題の形式は，計算，選択，穴埋め，正誤問題が中心です．穴埋め問題といっても，計算問題もあれば，年金数理に関するトピックの考察を導出させる問題など，多岐にわたります．

合格点は満点の 60% を基準とされています[*8]．

試験時間は他の科目と同じく 3 時間です．

問題の配置は年度によって異なりますが，おおむね問題 1 は小問集合，問題 2 が 1 つの問題設定に対し 2,3 問出題される中問，問題 3 以降に導出や計

[*8]「満点の 60% を基準として試験委員会が相当と認めた得点」とされており，過去に難易度によって合格点が調整される場合がありました．

算をさせる穴埋めの大問が出題されます．小問のみで構成されている年もありました．

例として，2019年度試験の問題構成を示すと以下の通りです（カッコ内の数字は配点）．

問題1　小問8問（各5点・計40点）
問題2　中問4問（各7点・計28点）
問題3　大問（16点）
問題4　大問（16点）

合格基準点は60点以上なので，2019年度試験の場合，問題1と問題2を1問間違いに抑えれば，たとえ残りの大問が白紙でも合格できることになります．しかし多くの場合，どこかしらに計算ミスを犯してしまいがちですので，やはり大問に手を付けて点を稼ぐことが得策でしょう．

それでは，試験時間の3時間をどのようにタイムマネジメントすればいいでしょうか？ 戦略は人によって異なるかと思いますが，一例を示したいと思います．

試験が始まったら，いきなり問題1(1)から解き始めるのではなく，まずは問題の全体を眺めてみましょう．そのうえで，自分が解きやすいと思った問題と時間がかかりそうな問題を分類しましょう．問題の順番は必ずしも[教科書]の順番通りとは限りませんし，難易度もバラバラです．解きやすそうな問題からどんどん解いていくのがいいでしょう．また，小問だからといって簡単，大問だからといって難しいというわけでもありません．大問でも簡単だと思う箇所はさっさと埋めてから他の問題に取り組み，その後，残りの大問にじっくり取り組むのも1つの作戦でしょう．

最後の20〜30分を見直しのために残すとすると，解答に充てられる時間は約150分です．小問20問だけで構成されていた年もあったのでそこから類推すると，小問に充てられる時間は1問あたり$150 \div 20 = 7.5$分．中問も小問が2問あるようなものと考えると1問あたり15分．これで合わせて2時間です．残りの30〜40分で大問に取り組むことになりますが，小中問をもう少し早く解いて時間の「貯金」を作って，大問に充てる時間を確保しておきたいところです．

これらから分かることは，日頃の勉強においても上記のことを意識することです．問題演習をするときも，小中問や大問を解く目標時間を設定し，その時間内に解けるようにしましょう．また，生保数理の知識で解ける問題や過去問で何回も出題されている問題は確実に解けるようにしておきましょう．そうすれば，未出問題や難問にじっくり取り組むことができます．試験本番は普段より緊張しがちなので，問題演習に慣れてきたら目標時間の0.8掛けを新たな目標時間にして演習に取り組むといいでしょう．

1.5　アクチュアリー試験「年金数理」の沿革

昭和63年以前	「保険数学II」の一部として出題．
平成元年	単独科目として「年金数理」が新設．教科書も発行される．
平成7年	教科書の改訂版が発行される．
平成19年	試験形式がすべてマークシート方式になる．
平成23年	教科書の改訂版が発行される．この年度の資格試験の合格基準点が50点になる．
平成27年	教科書の改訂版が発行される．
平成29年	この年度の資格試験の合格基準点が50点になる．
2022年	試験方式がCBTへ移行する．

1.6　過去問分析

過去10年分の問題数を分類してみました．

	小問	中問	大問	合格率	備考
H22	14	0	2	11.6%	
H23	14	0	2	8.1%	合格基準点 50 点
H24	20	0	0	46.8%	
H25	20	0	0	58.2%	
H26	14	0	2	10.2%	
H27	6	6	2	18.5%	
H28	6	6	2	16.6%	
H29	6	6	2	16.4%	合格基準点 50 点
2018	8	4	2	35.2%	
2019	8	4	2	17.0%	

※小問：1問だけの問題，中問：1つの設定に2問以上の問題がある，
大問：1つの設定のみで構成される問題

この表から，以下のことが読み取れます．

- ほぼ3年に1度，試験形式が変わっている（特に難しかった年度の次年度）
- 小問が増えるほど，合格率は高くなる傾向にある（H26に大問が復活した途端，合格率が急落）
- H27年以降，「中問」が出題されるようになった

この表を眺めるだけでも，小中問を確実に得点できるようにすることは必須で，合格へ近づくにはいかに大問を解けるかがカギであることが分かるでしょう．対策としてまとめると，以下の通りとなります．

- 過去問をベースにして，小問は確実に押さえる．小問は得点源
- 中問も実は小問の組み合わせにすぎない．過去問に取り組み，設定に慣れておく
- 大問は[教科書]に掲載されている式変形の他，初見の問題も出る．過去

問の大問も参考に取り組む

- 中問・大問は，「財政再計算」，「財政決算（利源分析）」など，実務でどういうことが行われているかを知っておくとより分かりやすくなる
- 「こういう制度変更をすると何がどう変わる」などが直感的に分かるようになるのが大事（問題解釈の訓練）

以下では，中問が出題されるようになったH27以降に絞った分析を行います．

1.6.1　小問分析

H27以降の小問の問題を分類してみました．

	H27	H28	H29	2018	2019
①生保数理の知識で解ける問題	1	1,2	1	1,2	1,2
②正誤問題	3	4	3	3	3
③積立金，未積立債務，特別保険料の推移を辿る問題	2	3,6	5,6	4,6	4
④公式を覚えていれば解ける問題	4,6	-	4	5,8	-
⑤標準保険料，責任準備金の計算問題	5	5	2	7	5,8
⑥B/S・P/Lの穴埋め問題	-	-	-	-	6
⑦合併・分割	-	-	-	-	7

※数字は小問の問題番号

具体的には，以下のような問題が出題されます．

① 生保数理の知識で解ける問題（H28問題1(1)など）：定常人口（脱退時平均年齢，平均余命など），多重脱退

② 正誤問題（H27問題1(3)など）

③ 積立金，未積立債務，特別保険料の推移を辿る問題（H27 問題 1(2) など）：運用利回りが悪化するパターン，途中でベースアップ・給付増額するパターン，財政方式を変更するパターンなど
④ 公式を覚えていれば解ける問題：脱退残存者数と標準保険料の関係，ファクラー・ティーレの公式など
⑤ 標準保険料，責任準備金の計算問題（H27 問題 1(5) など）：計算基礎率を変更した場合としなかった場合，ベースアップを見込んだ場合と見込まなかった場合など
⑥ B/S・P/L の穴埋め問題：問題 8.13 （→ p.265），問題 8.14 （→ p.267）参照
⑦ 合併・分割：問題 8.10 （→ p.256），問題 8.11 （→ p.259）参照

1.6.2　中問分析

中問は先述の通り，1つの設定に対して 2,3 問出題されるものです．とはいえ，中問は小問の延長で解けるものが多くあります．これについては，過去問の小問を解いていくことで対策できます．

その一方で，設定が細かく与えられた，財政再計算（制度変更を行うものも含む）もよく出題されます．これは基本的に，新制度での標準保険料（収支相等が正しく立式できるか)，責任準備金，未積立債務が計算できれば答えられます．

実務での財政再計算の手順を知っておくと，次にどういうことが問われそうかが分かります．5.4 節 （→ p.100）に財政再計算の手順を掲載しています．

1.6.3　大問分析

大問については，H27 以前にもあった大問と特に傾向は変わりません．穴埋め問題や，中問の問題数を増やしたような問題などが出題されます．

	H27	H28	H29	2018	2019
①教科書問題	3	3	4	3	3
②財政再計算	4	4(1)	3	4(1)	4
③財政決算		4(2),(3)		4(2),(3)	

具体的には，以下のような問題が最近の大問のテーマになりました．「教科書問題」とは，[教科書] に記載されている内容をそのまま穴埋めにしたものです．

① 教科書問題：定常状態での数式（S^a_{FS} など）（理論編第 3 章），1 年間の責任準備金，積立金の動きに関する表（理論編第 6 章），OAN, E, U の標準保険料の関係（理論編第 6 章），閉鎖型総合保険料方式の漸化式（理論編第 4 章），給与累計に基づく給付の制度（実務編第 2 章 4），開放基金方式と過去勤務債務（実務編第 2 章 7），実務編第 3 章練習問題 4[*9] など

② 財政再計算：制度発足，合併・分割，キャッシュバランス制度，ベースアップ，財政方式の変更，未積立債務の償却方法の変更

③ 財政決算：利源分析（利差や昇給差の計算）

[*9] 結論についても正誤問題で出題されることがあるので覚えておきましょう．

■第2章

アクチュアリー試験「年金数理」攻略法

北村慶一

この章では日本アクチュアリー会が実施する資格試験の「年金数理」に合格するためのアドバイスについて書いています．なお，日本年金数理人会が実施する能力判定試験「年金数理」についてもこの章で触れていますが，この試験の攻略法が必ずしも書かれているわけではありません．

2.1　まずは生保数理から

年金数理は，保険数学の応用の一分野として位置づけられています．そうである以上，保険数学，すなわち生保数理の知識が必須です．実際，[教科書]の理論編第1章，第2章と第4章，第6章の一部は生保数理の学習内容と重複しています．

生保数理に合格してから年金数理に取り掛かる必要は必ずしもありませんが，生保数理をある程度勉強してから年金数理の勉強を始めると，生保数理分野でつまづくことなく年金数理独自の分野に注力できるのではないかと思います．

もし，生保数理を勉強する前に本書を読まれている方は，まずは『生命保険数学（上）（下）』（二見隆）（以下，[二見生保]）や『生命保険数学の基礎』（山内恒人）（以下，[山内生保]），『アクチュアリー試験 合格へのストラ

テジー 生保数理』（山内恒人監修，MAH，西林信幸，寺内辰也）（以下，[合格へのストラテジー 生保数理]）などで生保数理の基礎を勉強してください．

具体的には，[二見生保] でいうと，以下の章です[*1]．

第1章　利息の計算
第2章　生命表および生命関数
第3章　脱退残存表
第4章　純保険料
第5章　責任準備金（純保険料式）
第6章　計算基礎の変更[*2]
第12章　連合生命に関する生命保険および年金

本書でも生保数理に関する公式集や問題も載せていますが，紙面の都合上簡潔に書いているところがありますので，必要に応じて上記に紹介した教科書や参考書を参考にしてください．

2.2　初学者にとってどんな試験か

そもそも年金数理の前に生保数理を勉強していない場合は，年金数理独自のトピックはおろか生保数理に関する問題にもつまづいてしまうことでしょう．

生保数理をある程度勉強していれば，生保数理に関する問題は解けるようになっているはずですので，確実な得点源を得ることになります．しかし，ここからが本番です．公式をある程度暗記していれば，正誤問題程度ならば解けるかもしれません．しかし，長い問題文から与えられた状況の変化を読み取って，問題の意図通りに立式して計算するのは十分に演習して慣れていないと解けません．この「慣れ」がないと，いつまでも試験を受け続けるこ

[*1] なお，「第16章 退職年金保険」はまさに年金数理に該当する章ですが，記述が限定的であり，記号が [教科書] と異なるので，試験対策として読む必要はありません．
[*2] 一部のトピックで役立つ程度なので，後回しでもよいです．

とになりかねません．

[教科書]と過去問のみが与えられている状況では，とにかく闇雲に過去問演習をする他ありませんでした．過去問演習を繰り返していくことで，だんだんと慣れていくかもしれません．しかし，出題分野や難易度がバラバラで，体系的ではないため，遠回りになりがちです．かくいう私も過去問演習でいきあたりばったりになってしまい，年金数理の合格までに時間がかかってしまいました．

だからこそ，[教科書]，本書，過去問の3点セットで効率よく試験勉強することが重要だと思います．本書は分野別に重要な問題を並べたうえで，年金数理独自の考え方を丁寧に解説しています．

2.3　1年間のスケジュール

以下では，生保数理が未習で年金数理が初受験である受験生が3月から勉強を開始する場合を想定して，大まかなスケジュールを立ててみました．なお，生保数理が既習であったり年金数理の再受験生の場合はスケジュールを早めることができます．

生保数理の基礎固め	：3月〜4月（2か月）
[教科書]理論編・実務編の基礎固め	：5月〜6月（2か月）
過去問への取り組み	：7月〜10月（4か月）
追い込み（復習・未出分野対策）	：11月〜12月（1.5か月）

2.1節でも述べた通り，生保数理がわからないことには年金数理の合格はあり得ません．年金数理に係る生保数理分野については，早めに固めておきましょう．

そのうえで，年金数理独自のトピックについて取り組みましょう．はじめのうちは[教科書]を一巡してもすぐにはわからないかと思います．でも，それでいいのです．むしろ，どこがわからないのかをメモしたうえで，その後の問題演習でそれを解決するように意識し，ひとつひとつ潰していくといいでしょう．教科書を一読しただけで完璧に理解できる受験生なんていません．

ある程度年金数理について勉強したら，本書の必須問題集や過去問をやり込みましょう．詳細は後述しますが，いかにパターンを押さえて，年金数理を解くうえで必要な知識・感覚を養えるかが重要です．

日本アクチュアリー会が実施する資格試験とは別に，日本年金数理人会が実施する「能力判定試験」があります．この試験は「年金数理人」という資格を目指す受験生が受ける試験です．この試験科目にも「年金数理」があります．毎年10月上旬に実施されるので，年金数理人は目指さなくても模試代わりに受ける受験生もいます．能力判定試験は多岐選択式および空欄補充式でマークシートではないこと，問題19,20は記述問題であることなど，試験形式がアクチュアリー試験とは異なることに注意が必要です．また，過去問と解答も公開されていますが，記述問題以外の解答は結果のみの公開になっています．

12月の試験本番をピークに持っていくことが肝心ですが，スケジュールを早めてひとまずこの能力判定試験の合格を目指して早めに勉強を進めておくと，必要に応じて勉強の立て直しをすることができます．

ちなみに，アクチュアリー受験研究会では，「首都圏勉強会」や「関西勉強会」として，受験生同士で集まって勉強会を開いています．そのうち，首都圏勉強会では，3月から11月にかけて過去問演習を中心にセミナー形式で勉強しています．年度によって異なりますが，大まかに以下のようなスケジュールで進めています（章立ては[教科書]に沿っています）．

3月　ガイダンス，理論編第1章「年金数理の基礎知識」

4月　理論編第1章「年金数理の基礎知識」，理論編第2章「年金現価」

5月　理論編第3章「財政方式の概要」

6月　理論編第4章「平準積立方式」

7月　理論編第5章「開放型総合保険料方式と開放基金方式」，理論編第6章「年金財政の検証」

8月　理論編第6章「年金財政の検証」，理論編第7章「一般的な給付制度とその財政」

9月　実務編第1章「日本の企業年金制度について」，実務編第2章「企業年金に係る年金数理」

10月　実務編2章「企業年金に係る年金数理」，実務編3章「財政決算・再計算」

11月　総復習

勉強会のスケジュールを，勉強の進捗のバロメーターとして利用している受験生も多くいます．是非とも首都圏勉強会や関西勉強会に参加して，モチベーションと進捗を維持するのに役立てるといいでしょう．

勉強会でオススメの参加方法は**積極的に発表する**ことです．勉強会だと「参加することに意義がある」と決めきって出席はするけど発言は一切しない，という人は少なくありません．が，それは非常にもったいないです．恥をかき捨てて，現時点で自分が理解していることを発表する「行為」そのものが自らを成長させます．発表しようと思ったら，ただ解けるだけではなく，人に説明するためにいつも以上に準備に熱が入ることでしょう．さらに，発表することで，発表しなかった問題以上に自分の脳裏に焼き付き，記憶に残りやすくなります．この際，完璧に分かっていることが望ましいですが，分かっていなくてもいいのです．ここまでは理解しているが，ここからは分からなかったと話すことで，参加者からいろいろと有益なアドバイスをもらえると思います．

2.4　基礎固め

以下は，生保数理の勉強をある程度進めていることを前提にお話しします．

なにはともあれ，まずは[教科書]を読むことからはじめましょう．はじめのうちは細かく読まずに，わからなくてもいいからまずは一巡することです．この時点では年金数理はどういうことをやっているのか，という大意をつかめればOKです．

そのうえで，本書の公式集・必須問題集を解き進めながら，教科書の内容を理解していくといいでしょう．この必須問題集は問題・解答ごとまるごと覚えて，カンペなしで人に説明できるくらいやり込みましょう．問題が徐々に解けるようになって成功体験を重ねていくことで，「できる」感覚がつかめると思います．

2.5　過去問への取り組み

本書の問題をマスターしたとしても，それだけでは足りません．合格圏内に近づくには，過去問に取り組み，さらなるパターンを網羅する必要があります．特に，生保数理の知識でも解ける問題は，本書では年金数理独自のトピックに絞る都合上多くは掲載していないので，過去問で補完する必要があります．

アクチュアリー受験研究会のWEB[*3]には「過去問ワークブック」とその手書き解答がアップロードされています．年金数理の試験が始まった平成元年度からのアクチュアリー試験，および日本年金数理人会の能力判定試験の問題の延べ30年分以上の過去問が詰まっています．1年で必ずしもすべて網羅する必要はありませんが，やり込む価値はあります．なお，本書の執筆時点でアップロードされている手書き解答には，致命的な誤りがいくつかあります（本来は訂正するべきなのですが…）．それが何かを探しながら勉強を進めるのも，実力をつけるのにいい取り組みだと思います．

まずは自力で解けるようになりましょう．そのうえで，時間を計って，目標時間内に解けるようにしましょう．

それでも時間が余った受験生は，直近の日本年金数理人会の能力判定試験の自作模範解答を作成して，アクチュアリー受験研究会にアップロードしてみてはいかがでしょうか．自分なりの模範解答を作ることで自分が理解していることを整理できますし，公開することで，自分がわからない・勘違いし

[*3] https://pre-actuaries.com/

ていることを正してくれるコメントをいただけるかもしれません．

2.6　正誤問題対策

年金数理の試験では，毎年 1, 2 問が正誤問題として出題されます．正誤問題としては主に 2 種類出題されます．①公式の正誤問題②[教科書] に記載されている財政方式の特徴などに関する文章の正誤問題です．

正誤問題そのものは，[教科書] 記載の公式や文章を正確に暗記していれば原則解けます．ただし，公式の正誤問題については，[教科書] に載っている公式をそのまま選択肢とせず，ある程度式変形しないとその正誤が判断できないものもあります．ある程度パターンもありますが，丸暗記に依存しすぎるのではなく，式変形して判断できる訓練をする必要があります．

また，文章の正誤問題も，丸暗記したところで，試験本番でど忘れしてしまうリスクをはらんでいます．過去問で出題されている性質の結果がなぜそう言えるのかを説明できるようにすることで，より理解しておくことをオススメします．

暗記に依存しすぎるのはよくないですが，その一方である程度は有効だと思います．私は過去問を作り直して，正誤を判断する部分を空欄にして，正誤問題ではなく穴埋め問題として演習していました．その演習を重ねることで，試験本番でも問題文に騙されずに取り組むことができました．

2.7　教科書問題対策

もう 1 つ，受験生にとって得点源になるのが，[教科書] に載っている年金数理に関する様々な考察についての問題です．極論すればその部分について丸暗記すれば確実に得点できます．とはいえ，すこしひねって出題されると丸暗記では対処しきれなくなるので，徐々に理解に努めることが重要です．最終的には何も見ずに人に説明できるようになっておくといいでしょう．1.6.3 に一例を挙げているので，参考にしてみてください．

2.8 問題文の読み方

年金アクチュアリーとして実務を積んでいる人は，年金数理の問題文からどういうところを注意して読み取ればよいかを把握しているものですが，年金アクチュアリーではない受験生にとってはそれが無いのが辛いところです（かくいう筆者もその１人です）．本書でもそのエッセンスは入れていますが，やはりある程度慣れておくことが重要だと思います．

そのうえで，ポイントをいくつか挙げてみます．

- 給付に関して
  - Trowbridgeを仮定しているか
  - 定額制度なのか給与比例制度なのか，またはキャッシュバランス制度なのか
  - 支払時期：期初か期末か
  - 中途脱退に支払を行うか
  - 一時金選択はあるか
  - 加入期間の計算方法（年未満切り上げかなど）
  - 脱退の時期
  - 昇給の時期（期初か期末か，脱退や保険料支払時期との関係）
- 人口について
  - 定常状態を仮定しているか
  - 定常人口を仮定しているか
  - 定年退職の時期
- 制度運営について
  - 財政方式は何か
  - 計算基礎率は何か
  - 未積立債務（未償却過去勤務債務）の償却方法（給与比例？ 償却年数は？）

第Ⅱ部

アクチュアリー試験「年金数理」必須公式集

第II部ではアクチュアリー試験「年金数理」の問題を解くのに必要な公式をまとめました．これらの公式は最終的に暗記し，身に付けておく必要があります．ただし，公式をただ暗記するのではなく，第III部の必須問題集を解きながら，問題とセットで覚えるといいでしょう．

その際，イコール関係や各財政方式がどのようなつながりがあるのかを確認しながら覚えていきましょう．そうすることで，より忘れにくくなりますし，たとえ試験本番でど忘れしても公式を導出できて点数を失わずに済みます．

本書は試験範囲の公式を [教科書] 以外でほぼ網羅した史上初の本だと思っています．

一冊にまとまっているがゆえに，通勤や通学のお供として，常に持ち歩いて本書をまるまる読み込んで暗記していただいて構いません．試験本番直前まで役立つように作り込みました．本書だけで合格することはできませんが，過去問を解いたり，未出問題を対策したりするベースとなる一冊になるでしょう．

本書の第3, 6章（基礎編），第4, 7章（理論編），第5, 8章（実務編）と [教科書] は以下のように対応しています．

本書	[教科書]
第3, 6章	理論編第1, 2章（予定昇給率・定常人口を除く）
第4, 7章	理論編第1章（予定昇給率・定常人口） 理論編第3～7章 実務編第2章（特別保険料率と償却年数）
第5, 8章	実務編第1～3章（特別保険料率と償却年数を除く）

■第3章

基礎編

この章では，年金数理で導入される生保数理の知識について簡潔にまとめる．生保数理の範疇であるが，年金数理で頻繁に登場するトピックについても紹介する．読んでいてわからないものがあれば，必要に応じて [二見生保] や [山内生保]，[合格へのストラテジー 生保数理] などを参照いただきたい．

3.1 利息の計算

3.1.1 利率・現価率・割引率・利力

1年間の利率（**年利率・実利率**）を i とする[*1]．また，1年間に利息が元本に組み入れられる回数（**転化回数**）k に対し，年 k 回の**名目利率**[*2] を $i^{(k)}$ とすれば，

$$\left(1+\frac{i^{(k)}}{k}\right)^k = 1+i \tag{3.1}$$

公式 (3.1) を $i^{(k)}$ について整理すると，

$$i^{(k)} = k\left\{(1+i)^{\frac{1}{k}} - 1\right\} \tag{3.2}$$

[*1] 本書では原則として後述する予定利率も i として用いている．
[*2] [二見生保] や [山内生保] では「名称利率」と呼ばれている．

金額1を利率iで運用すると，1年後に元利合計額は$1+i$になる．このことを金額1の1年後の**終価**は$1+i$であるという．逆に，1年後の金額1の現在価値，すなわち**現価**を**現価率**vといい，以下のように定義する．

$$v=\frac{1}{1+i} \tag{3.3}$$

割引率dは，1から現価率vを引いたものである．これは，下式の通り，年利率iの現価ともいえる．

$$d=1-v=\frac{i}{1+i}=iv \tag{3.4}$$

転化回数年k回の**名目割引率**$d^{(k)}$について，

$$\left(1-\frac{d^{(k)}}{k}\right)^k=1-d \tag{3.5}$$

$$d^{(k)}=k\left\{1-(1-d)^{\frac{1}{k}}\right\} \tag{3.6}$$

利力δは，連続的に利息を元本に繰り入れたときの利率のことであり，公式(3.1)で$k\to\infty$とすることで以下のように表される．

$$\delta=\log(1+i) \iff 1+i=e^{\delta} \tag{3.7}$$

$$\iff v=e^{-\delta} \tag{3.8}$$

この利力がtの関数としてδ_t $\left(=\lim_{\Delta t\to 0}\frac{F_{t+\Delta t}-F_t}{\Delta t\cdot F_t}=\frac{1}{F_t}\frac{dF_t}{dt}=\frac{d\log F_t}{dt}\right)$で表されるとき，資産$F_t$は以下のように表される．

$$F_t=F_0\exp\left(\int_0^t\delta_s ds\right) \tag{3.9}$$

3.2　生命表および生命関数

3.2.1　生命表

生命表の記号は，[二見生保]に準拠して次の通りとする．

l_x x 歳の生存数

d_x x 歳の死亡数 $(= l_x - l_{x+1})$

ω 生命表の**最終年齢**（$l_x = 0$ となる最初の年齢）

この x, l_x, d_x の関係を表にしたものを**生命表**という．

3.2.2 生命関数

以下，x 歳の者を (x) と表記する．

(x) の**生存率** p_x は，

$$p_x = \frac{l_{x+1}}{l_x} \tag{3.10}$$

(x) の**死亡率** q_x は，

$$q_x = \frac{d_x}{l_x} = \frac{l_x - l_{x+1}}{l_x} \tag{3.11}$$

となるので，次が成り立つ．

$$p_x + q_x = 1 \tag{3.12}$$

(x) が t 年間生存する確率 ${}_tp_x$ は，

$${}_tp_x = \frac{l_{x+t}}{l_x} = p_x \times p_{x+1} \times \cdots \times p_{x+t-1} \tag{3.13}$$

$${}_{t+s}p_x = {}_tp_x \cdot {}_sp_{x+t} \tag{3.14}$$

(x) が t 年間生存し，次の 1 年以内に死亡する確率 ${}_{t|}q_x$ は，

$${}_{t|}q_x = {}_tp_x - {}_{t+1}p_x = \frac{d_{x+t}}{l_x} = {}_tp_x \cdot q_{x+t} \tag{3.15}$$

(x) が t 年以内に死亡する確率 ${}_tq_x$ は，

$${}_tq_x = q_x + {}_{1|}q_x + \cdots + {}_{t-1|}q_x \tag{3.16}$$

3.2.3 死力

(x) の**死力** μ_x は，以下の式で定義される．

$$\mu_x = \lim_{t \to 0} \frac{l_x - l_{x+t}}{t \cdot l_x} = -\frac{1}{l_x} \cdot \frac{dl_x}{dx} = -\frac{d \log l_x}{dx} \tag{3.17}$$

l_x は単調減少関数であり，死力はマイナスで符号を反転させることにより，正の値をとる．死亡率は1を超えることはないが，死力 μ_x は1を超えることがある．また，

$$\mu_{x+t}=-\frac{1}{{}_tp_x}\cdot\frac{d\,{}_tp_x}{dt}=-\frac{d\log{}_tp_x}{dt} \tag{3.18}$$

死力によって生命関数を書くと，

$${}_tp_x=\frac{l_{x+t}}{l_x}=\exp\left(-\int_0^t\mu_{x+s}ds\right) \tag{3.19}$$

$$d_x=\int_0^1 l_{x+t}\mu_{x+t}dt \tag{3.20}$$

$${}_{t|}q_x=\int_t^{t+1}{}_sp_x\mu_{x+s}ds \tag{3.21}$$

$${}_tq_x=\int_0^t{}_sp_x\mu_{x+s}ds \tag{3.22}$$

公式(3.22)において $t=\omega-x$ とすると，

$$\int_0^{\omega-x}{}_sp_x\mu_{x+s}ds=1 \tag{3.23}$$

$v(t)=\exp\left(-\int_0^t\delta_s ds\right)$，　${}_tp_x=\exp\left(-\int_0^t\mu_{x+s}ds\right)$ の対応関係はセットで覚えておくと便利（$v(t)$ は t 年間にわたる現価を表す関数）．

特に，死力 μ と利力 δ が年齢によらず一定となる場合（$\mathring{e}_x, \overline{a}_x$ は後述），

$$l_x=l_0e^{-\mu x} \tag{3.24}$$

$${}_tp_x=e^{-\mu t} \tag{3.25}$$

$$\mathring{e}_x=\frac{1}{\mu} \tag{3.26}$$

$$\overline{a}_x=\frac{1}{\mu+\delta} \tag{3.27}$$

また，$\mu_x=\dfrac{k}{\omega-x}$（$k$ は正の定数）という形で表される場合，

$$l_x=l_0\left(1-\frac{x}{\omega}\right)^k \tag{3.28}$$

$${}_tp_x=\left(\frac{\omega-x-t}{\omega-x}\right)^k \tag{3.29}$$

$$\mathring{e}_x=\frac{\omega-x}{k+1} \tag{3.30}$$

$$\text{平均年齢}=\frac{\omega}{k+2} \tag{3.31}$$

μ_x が x について単調増加するとき，以下の不等式が成立する．

$$q_{x-1} \leq \mu_x \leq \frac{1}{\mathring{e}_x} \tag{3.32}$$

3.2.4 平均余命

（完全）**平均余命** $\mathring{e}_x$ は，x 歳に達した者がその後生存する年数の平均のことをいう．

$$\mathring{e}_x = \frac{1}{l_x}\int_0^{\omega-x} t\cdot l_{x+t}\mu_{x+t}dt = \int_0^{\omega-x} {}_tp_x dt = \frac{\displaystyle\int_0^{\omega-x} l_{x+t}dt}{l_x} \tag{3.33}$$

特に $x=0$ の平均余命 $\mathring{e}_0$ を**平均寿命**という．また，平均寿命の逆数 $\dfrac{1}{\mathring{e}_0}$ は，生命表の**平均死亡率**を表す．これは後述の定常人口の考え方を用いれば，

- その集団の１年間の総死亡者数：l_0
- その集団の総人口：$\displaystyle\int_0^{\omega} l_t dt$

となるためである．

略算平均余命 e_x は以下で定義される．

$$e_x = \frac{1}{l_x}\sum_{t=0}^{\omega-x} t\cdot d_{x+t} = \frac{\displaystyle\sum_{t=1}^{\omega-x} l_{x+t}}{l_x} = \sum_{t=1}^{\omega-x} {}_tp_x \tag{3.34}$$

3.2.5 生命関数の微分公式

試験によく出る生命関数の微分公式を列挙する．理解のために一度は各自で証明してみよ．導出過程では積分と微分の順序交換が用いられていることに留意すること．

$$\frac{d}{dt}{}_tp_x = -{}_tp_x\mu_{x+t} \tag{3.35}$$

$$\frac{d}{dx}{}_tp_x = {}_tp_x(\mu_x - \mu_{x+t}) \tag{3.36}$$

$$\frac{d}{dx}\mathring{e}_x = \mu_x\mathring{e}_x - 1 \tag{3.37}$$

$$\frac{d}{dt}({}_tp_x\mathring{e}_{x+t}) = -{}_tp_x \tag{3.38}$$

3.2.6 計算基数

生命表と利率が与えられたときに，後述する年金現価や責任準備金などを計算するための道具として，以下の**計算基数**を導入する．

$$D_x = v^x l_x \tag{3.39}$$

$$N_x = \sum_{t=0}^{\omega-x} D_{x+t} \tag{3.40}$$

$$S_x = \sum_{t=0}^{\omega-x} N_{x+t} \tag{3.41}$$

$$C_x = v^{x+1} d_x{}^{*3} \tag{3.42}$$

$$M_x = \sum_{t=0}^{\omega-x} C_{x+t} \tag{3.43}$$

$$R_x = \sum_{t=0}^{\omega-x} M_{x+t} \tag{3.44}$$

$$\overline{C}_x = v^{x+\frac{1}{2}} d_x{}^{*4} \tag{3.45}$$

$$\overline{M}_x = \sum_{t=0}^{\omega-x} \overline{C}_{x+t} \tag{3.46}$$

$$\overline{R}_x = \sum_{t=0}^{\omega-x} \overline{M}_{x+t} \tag{3.47}$$

計算基数において，以下の公式は年金数理においても重要である．

$$C_x = vD_x - D_{x+1} \tag{3.48}$$

$$M_x = vN_x - N_{x+1} = D_x - dN_x \tag{3.49}$$

$$R_x = vS_x - S_{x+1} = N_x - dS_x \tag{3.50}$$

$$D_x > \overline{M}_x > M_x \tag{3.51}$$

また，以下も成立する．これらの公式は後述する累増（累減）年金の公式を導出するのに重要である．

$$\sum_{t=0}^{n-1} (t+1) D_{x+t} = S_x - S_{x+n} - nN_{x+n} \tag{3.52}$$

---

*3 この C_x は期末脱退または脱退者への給付が期末に行われることを想定しているため，D_x と比べて v の乗数が1つ多い．

*4 この $\overline{C}_x$ は連続を想定しており，$[0,1]$ の中央 $1/2$ での脱退または脱退に伴う給付と近似するとの考え方から，D_x と比べると v の乗数が $1/2$ だけ多い．

$$\sum_{t=0}^{n-1}(n-t)D_{x+t}=nN_x-(S_{x+1}-S_{x+n+1}) \tag{3.53}$$

$$\sum_{t=0}^{n-1}(t+1)C_{x+t}=R_x-R_{x+n}-nM_{x+n} \tag{3.54}$$

$$\sum_{t=0}^{n-1}(n-t)C_{x+t}=nM_x-(R_{x+1}-R_{x+n+1}) \tag{3.55}$$

3.3 年金現価

以下では，年金額1あたりの年金現価を年金現価率と呼ぶ.

3.3.1 確定年金

年払

特段に生存など条件を設けず，一定期間に給付される年金を**確定年金**という.

期間n年の**期初払**[*5] **確定年金現価率** $\ddot{a}_{\overline{n}|}$は,

$$\ddot{a}_{\overline{n}|}=\sum_{t=0}^{n-1}v^t=\frac{1-v^n}{d}=(1+i)a_{\overline{n}|} \tag{3.56}$$

期間n年の**期末払確定年金現価率** $a_{\overline{n}|}$は,

$$a_{\overline{n}|}=\sum_{t=1}^{n}v^t=\frac{1-v^n}{i}=v\ddot{a}_{\overline{n}|} \tag{3.57}$$

期間n年の**期初払確定年金終価率** $\ddot{s}_{\overline{n}|}$は,

$$\ddot{s}_{\overline{n}|}=\sum_{t=1}^{n}(1+i)^t=\frac{(1+i)^n-1}{d}=(1+i)s_{\overline{n}|} \tag{3.58}$$

期間n年の**期末払確定年金終価率** $s_{\overline{n}|}$は,

$$s_{\overline{n}|}=\sum_{t=0}^{n-1}(1+i)^t=\frac{(1+i)^n-1}{i}=v\ddot{s}_{\overline{n}|} \tag{3.59}$$

---

*5 [二見生保] や [山内生保] では,「期初払」は「期始払」と呼ばれている.

$\ddot{a}_{\overline{n}|}, a_{\overline{n}|}, \ddot{s}_{\overline{n}|}, s_{\overline{n}|}$には，下記のような関係がある．

$$\ddot{a}_{\overline{n+1}|} = 1 + a_{\overline{n}|} = 1 + v\ddot{a}_{\overline{n}|} \tag{3.60}$$

$$s_{\overline{n+1}|} = 1 + \ddot{s}_{\overline{n}|} = 1 + (1+i)s_{\overline{n}|} \tag{3.61}$$

$$v^n \ddot{s}_{\overline{n}|} = \ddot{a}_{\overline{n}|} \tag{3.62}$$

$$(\ddot{s}_{\overline{n-1}|} + 1)(1+i) = \ddot{s}_{\overline{n}|} \tag{3.63}$$

また，以下も成立する．

$$i = \frac{1}{a_{\overline{n}|}} - \frac{1}{s_{\overline{n}|}} \tag{3.64}$$

$$d = \frac{1}{\ddot{a}_{\overline{n}|}} - \frac{1}{\ddot{s}_{\overline{n}|}} \tag{3.65}$$

特殊形として，公式(3.56), (3.57)において$n \to \infty$として，永久に年金が支払われる**永久年金**を考える．**期初払永久年金現価率**$\ddot{a}_{\infty}$，**期末払永久年金現価率**a_{∞}はそれぞれ，

$$\ddot{a}_{\infty} = \frac{1}{d} \tag{3.66}$$

$$a_{\infty} = \frac{1}{i} = \frac{v}{d} \tag{3.67}$$

と表される．特に公式(3.66)はそのまま出題されることもあるし，後述する図を使って解く手法を理解するのに重要な概念である．また，公式(3.67)は，$\frac{v}{d}$と表せることから，「期末払」は「翌期から期初払」と同じ意味であることが分かる．

分割払

年k回払については各回の支払額が$\frac{1}{k}$であるから，期間n年の期初払年k回払確定年金現価率$\ddot{a}^{(k)}_{\overline{n}|}$は，

$$\ddot{a}^{(k)}_{\overline{n}|} = \frac{1}{k}\left(1 + v^{\frac{1}{k}} + \cdots + v^{n-\frac{1}{k}}\right) = \frac{1-v^n}{d^{(k)}} = \ddot{a}^{(k)}_{\overline{1}|}\ddot{a}_{\overline{n}|} \tag{3.68}$$

期間n年の期初払年k回払確定年金終価率$\ddot{s}^{(k)}_{\overline{n}|}$は，

$$\ddot{s}^{(k)}_{\overline{n}|} = \frac{1}{k}\left\{(1+i)^n + (1+i)^{n-\frac{1}{k}} + \cdots + (1+i)^{\frac{1}{k}}\right\} = \frac{(1+i)^n - 1}{d^{(k)}} \tag{3.69}$$

連続払

期間 n 年の**連続払確定年金現価率** $\overline{a}_{\overline{n}|}$，**連続払確定年金終価率** $\overline{s}_{\overline{n}|}$ は，以下の式で定義される．

$$\overline{a}_{\overline{n}|}=\lim_{k\to\infty}\ddot{a}^{(k)}_{\overline{n}|}=\int_0^n v^t dt=\frac{1-v^n}{\delta}=\frac{i}{\delta}\cdot a_{\overline{n}|} \tag{3.70}$$

$$\overline{s}_{\overline{n}|}=\lim_{k\to\infty}\ddot{s}^{(k)}_{\overline{n}|}=\int_0^n (1+i)^t dt=\frac{(1+i)^n-1}{\delta}=\frac{i}{\delta}\cdot s_{\overline{n}|} \tag{3.71}$$

公式 (3.70) において $n\to\infty$ として，**連続払永久年金現価率** $\overline{a}_\infty$ は，

$$\overline{a}_\infty=\frac{1}{\delta} \tag{3.72}$$

各払方について確定年金現価率・終価率を表にまとめると，以下の通り．

	期初払	期末払	連続払
現価率	$\frac{1-v^n}{d^{(k)}}$	$\frac{1-v^n}{i^{(k)}}$	$\frac{1-v^n}{\delta}$
終価率	$\frac{(1+i)^n-1}{d^{(k)}}$	$\frac{(1+i)^n-1}{i^{(k)}}$	$\frac{(1+i)^n-1}{\delta}$

据置年金・累加年金

一定期間原資を据え置いて利子を複利で貯めてから給付するものを**据置年金**という．f 年据置，期間 n 年の**期初払確定据置年金現価率** ${}_{f|}\ddot{a}_{\overline{n}|}$ は，

$${}_{f|}\ddot{a}_{\overline{n}|}=v^f\ddot{a}_{\overline{n}|} \tag{3.73}$$

f 年据置，期間 n 年の**期末払確定据置年金現価率** ${}_{f|}a_{\overline{n}|}$ は，

$${}_{f|}a_{\overline{n}|}=v^f a_{\overline{n}|} \tag{3.74}$$

第 k 年度の給付額が k となるように給付額が累加していく年金を**累加年金**という．期間 n 年の**期初払確定累加年金現価率** $I\ddot{a}_{\overline{n}|}$[*6] は，

[*6] [二見生保] や [山内生保] では，$(I\ddot{a})_{\overline{n}|}$ というカッコ付きの記号が用いられている．一方で，[教科書] や試験問題では，カッコ抜きが確定年金の累加（累減）年金，カッコありが生命年金の累加（累減）年金という使い分けがされているようである．本書も累加（累減）年金の記号におけるカッコの使い分けは [教科書] に準じている．

$$I\ddot{a}_{\overline{n|}} = 1 + 2v + \cdots + nv^{n-1} = \frac{\ddot{a}_{\overline{n|}} - nv^n}{d} \tag{3.75}$$

期間 n 年の**期末払確定累加年金現価率** $Ia_{\overline{n|}}$ は,

$$Ia_{\overline{n|}} = v + 2v^2 + \cdots + nv^n = \frac{\ddot{a}_{\overline{n|}} - nv^n}{i} \tag{3.76}$$

公式(3.75), (3.76)においてそれぞれ $n \to \infty$ として，永久に累加年金が支払われるとき,

$$I\ddot{a}_{\infty} = \frac{1}{d^2} \tag{3.77}$$

$$Ia_{\infty} = \frac{1}{id} = \frac{\ddot{a}_{\infty} - 1}{d} \tag{3.78}$$

第1年度の給付額が n, 第2年度の給付額が $n-1$, …, 第 n 年度の給付額が1となるように給付額が累減していく年金を**累減年金**という．期間 n 年，期初払のものの**期初払確定累減年金現価率** $D\ddot{a}_{\overline{n|}}$ は,

$$D\ddot{a}_{\overline{n|}} = n + (n-1)v + \cdots + 2v^{n-2} + v^{n-1} = \frac{-a_{\overline{n|}} + n}{d} \tag{3.79}$$

期間 n 年の**期末払確定累減年金現価率** $Da_{\overline{n|}}$ は,

$$Da_{\overline{n|}} = nv + (n-1)v^2 + \cdots + 2v^{n-1} + v^n = \frac{-a_{\overline{n|}} + n}{i} \tag{3.80}$$

支給開始後 n 年間の年金額は1から n まで増加し，以後は n のまま永久に続く年金現価率は,

$$\text{期初払}：I_{\overline{n|}}\ddot{a}_{\infty} = \frac{\ddot{a}_{\overline{n|}}}{d} \tag{3.81}$$

$$\text{期末払}：I_{\overline{n|}}a_{\infty} = \frac{a_{\overline{n|}}}{d} \tag{3.82}$$

3.3.2　生命年金

有期年金と終身年金

生存を前提に毎年給付される年金を**生命年金**という．

現在 x 歳の人に対し n 年の生存を前提にその期間支払われる**期初払生命年金現価率** $\ddot{a}_{x:\overline{n|}}$, **期末払生命年金現価率** $a_{x:\overline{n|}}$ はそれぞれ,

$$\ddot{a}_{x:\overline{n|}} = \sum_{t=0}^{n-1} v^t {}_tp_x = \frac{N_x - N_{x+n}}{D_x} \tag{3.83}$$

$$a_{x:\overline{n}|}=\sum_{t=1}^{n} v^t {}_tp_x=\frac{N_{x+1}-N_{x+n+1}}{D_x} \tag{3.84}$$

現在 x 歳の人に対する**期初払終身年金現価率** $\ddot{a}_x$，**期末払終身年金現価率** a_x はそれぞれ，

$$\ddot{a}_x=\sum_{t=0}^{\omega-x} v^t {}_tp_x=\frac{N_x}{D_x} \tag{3.85}$$

$$a_x=\sum_{t=1}^{\omega-x} v^t {}_tp_x=\frac{N_{x+1}}{D_x} \tag{3.86}$$

f 年間生存後，期間 n 年にわたり支払われる**期初払据置生命年金現価率** ${}_{f|}\ddot{a}_{x:\overline{n}|}$ は，

$${}_{f|}\ddot{a}_{x:\overline{n}|}=v^f {}_fp_x\cdot\ddot{a}_{x+f:\overline{n}|}=\frac{D_{x+f}}{D_x}\cdot\ddot{a}_{x+f:\overline{n}|} \tag{3.87}$$

$$=\ddot{a}_{x:\overline{f+n}|}-\ddot{a}_{x:\overline{f}|}=\frac{N_{x+f}-N_{x+f+n}}{D_x} \tag{3.88}$$

保証期間付終身年金

保証期間付終身年金とは，受給者が死亡するまで終身給付するが，給付開始から一定期間を保証期間として，その期間に受給者がたとえ死亡しても，保証期間を経過するまでは，給付を受ける権利（受給権）を他者に移して給付し続ける年金のことをいう．保証期間付終身年金は生保数理の知識だけで理解できるが，年金数理で頻繁に登場するので，しっかりおさえておきたい．

x 歳における期初払 n 年保証期間付終身年金は，「n 年確定年金」＋「n 年間据置終身年金」とみなして考えると，その年金現価率は，

$$n\,\text{年保証期間付終身年金}=\ddot{a}_{\overline{n}|}+{}_{n|}\ddot{a}_x \tag{3.89}$$

分割払

1 年に m 回，年金額 $\dfrac{1}{m}$ を各回初に支払う場合の終身年金現価率 $\ddot{a}_x^{(m)}$ は[*7]，

[*7] 公式 (3.91),(3.94) への変形には Woolhouse の公式 (A.62)（p.298）を用いた．公式 (3.91),(3.94) への変形には微分係数を含む項（Woolhouse の公式でいう 2 次微分以降の項）を省略しても近似に差し支えないことが多い．

$$\ddot{a}_x^{(m)} = \frac{1}{mD_x} \sum_{t=0}^{m(\omega-x)} D_{x+\frac{t}{m}} \tag{3.90}$$

$$\approx \frac{1}{D_x} \left(\sum_{t=0}^{\omega-x} D_{x+t} - \frac{m-1}{2m} D_x + \frac{m^2-1}{12m^2} \frac{dD_x}{dx} \right) \tag{3.91}$$

$$= \ddot{a}_x - \frac{m-1}{2m} - \frac{m^2-1}{12m^2} (\mu_x + \delta) \tag{3.92}$$

n 年有期の場合は，

$$\ddot{a}_{x:\overline{n|}}^{(m)} = \ddot{a}_x^{(m)} - \frac{D_{x+n}}{D_x} \ddot{a}_{x+n}^{(m)} \tag{3.93}$$

$$\approx \ddot{a}_x - \frac{m-1}{2m} - \frac{m^2-1}{12m^2}(\mu_x+\delta) - \frac{D_{x+n}}{D_x} \left\{ \ddot{a}_{x+n} - \frac{m-1}{2m} - \frac{m^2-1}{12m^2}(\mu_{x+n}+\delta) \right\} \tag{3.94}$$

$$= \ddot{a}_{x:\overline{n|}} - \frac{m-1}{2m} \left(1 - \frac{D_{x+n}}{D_x} \right) - \frac{m^2-1}{12m^2} \left\{ (\mu_x+\delta) - \frac{D_{x+n}}{D_x}(\mu_{x+n}+\delta) \right\} \tag{3.95}$$

連続払

連続払終身年金現価率 $\overline{a}_x$ は，

$$\overline{a}_x = \int_0^{\omega-x} v^t {}_tp_x dt \tag{3.96}$$

$$= \frac{1}{D_x} \int_0^{\omega-x} D_{x+t} dt \tag{3.97}$$

$$\approx \ddot{a}_x - \frac{1}{2} - \frac{1}{12}(\mu_x+\delta) \tag{3.98}$$

$$= a_x + \frac{1}{2} - \frac{1}{12}(\mu_x+\delta) \tag{3.99}$$

期間 n 年の**連続払生命年金現価率** $\overline{a}_{x:\overline{n|}}$ は，

$$\overline{a}_{x:\overline{n|}} = \int_0^n v^t {}_tp_x dt \tag{3.100}$$

死亡一時金付年金

年金数理において，年金開始前に被保険者が死亡した場合に確定年金現価率相当額を一時金として支給する問題が出題されることがある．この場合，保険金額が確定年金現価率相当額[*8]の定期保険（保険期間は年金開始年齢 x_r になるまでの年数）とみなせるので，x 歳時点での死亡部分の給付現価は以下のように表せる（確定年金現価率相当額を $\ddot{a}_{\overline{m}|}$ とする）．

$$A^{1}_{x:\overline{x_r-x}|}\cdot\ddot{a}_{\overline{m}|}=\frac{M_x-M_{x_r}}{D_x}\cdot\ddot{a}_{\overline{m}|} \tag{3.101}$$

変動年金

t 年度の年金額が t で，支給期間 n 年の**期初払累加年金現価率** $(I\ddot{a})_{x:\overline{n}|}$ は，

$$(I\ddot{a})_{x:\overline{n}|}=\sum_{t=0}^{n-1}(t+1)v^t{}_tp_x=\frac{S_x-S_{x+n}-nN_{x+n}}{D_x} \tag{3.102}$$

公式 (3.102) において，終身年金とした $(I\ddot{a})_x$ は，

$$(I\ddot{a})_x=\sum_{t=0}^{\omega-x}(t+1)v^t{}_tp_x=\frac{S_x}{D_x} \tag{3.103}$$

支給開始後 n 年間の年金額は 1 から n まで増加し，以後は n のまま終身続く期初払の年金現価率 $(I_{\overline{n}|}\ddot{a})_x$ は，

$$(I_{\overline{n}|}\ddot{a})_x=\sum_{t=0}^{n-1}(t+1)v^t{}_tp_x+\sum_{t=n}^{\omega-x}nv^t{}_tp_x=(I\ddot{a})_{x:\overline{n}|}+n{}_{n|}\ddot{a}_x \tag{3.104}$$

$$=\frac{S_x-S_{x+n}-nN_{x+n}}{D_x}+\frac{nN_{x+n}}{D_x}=\frac{S_x-S_{x+n}}{D_x} \tag{3.105}$$

初年度の年金額が n で毎年の年金額が 1 ずつ減少していく，支給期間 n 年の**期初払累減年金現価率** $(D\ddot{a})_{x:\overline{n}|}$ は，

$$(D\ddot{a})_{x:\overline{n}|}=\sum_{t=0}^{n-1}(n-t)v^t{}_tp_x=(n+1)\ddot{a}_{x:\overline{n}|}-(I\ddot{a})_{x:\overline{n}|} \tag{3.106}$$

[*8] 厳密には，この年金現価率相当額を計算するための利率（(年金) 給付利率）は予定利率と一致するとは限らないが，この公式のケースにおいては一致しているという仮定を置いている．

$$= \frac{nN_x - (S_{x+1} - S_{x+n+1})}{D_x} \tag{3.107}$$

期末払の場合は，以下のように分子の年齢を1歳ずらせばよい．

$$(Ia)_{x:\overline{n}|} = \frac{S_{x+1} - S_{x+n+1} - nN_{x+n+1}}{D_x} \tag{3.108}$$

$$(Ia)_x = \frac{S_{x+1}}{D_x} \tag{3.109}$$

$$(I_{\overline{n}|}a)_x = \frac{S_{x+1} - S_{x+n+1}}{D_x} \tag{3.110}$$

$$(Da)_{x:\overline{n}|} = \frac{nN_{x+1} - (S_{x+2} - S_{x+n+2})}{D_x} \tag{3.111}$$

分割払の累加年金を考える．支払回数は年 m 回だが年1回各年度初に年金年額を1（毎回の支払額としては $1/m$）ずつ増加していく期末払年金現価率を $(Ia)_x^{(m)}$，各支払期ごとに年金年額を $1/m$（毎回の支払額としては $1/m^2$）ずつ増加していく期末払年金現価率を $(I^{(m)}a)_x^{(m)}$ とすると[*9]，

$$(Ia)_x^{(m)} = \sum_{t=0}^{\omega-x} {}_{t|}a_x^{(m)} = \sum_{t=0}^{\omega-x} \frac{D_{x+t}}{D_x} a_{x+t}^{(m)} \tag{3.112}$$

$$\approx \frac{1}{D_x}\left(S_{x+1} + \frac{m-1}{2m} \cdot N_x\right) \tag{3.113}$$

$$(I^{(m)}a)_x^{(m)} = \sum_{t=1}^{m(\omega-x)} \frac{t}{m^2} v^{\frac{t}{m}} {}_{\frac{t}{m}}p_x = \frac{1}{mD_x} \sum_{t=1}^{m(\omega-x)} \frac{t}{m} \cdot D_{x+\frac{t}{m}} \tag{3.114}$$

$$\approx (Ia)_x + \frac{m^2-1}{12m^2} \tag{3.115}$$

$(Ia)_x^{(m)}, (I^{(m)}a)_x^{(m)}$ で $m \to \infty$ としたものを，それぞれ1年ごとに年金額が増加する連続払累加年金現価率 $(I\bar{a})_x$，年金額が連続的に増加する累加年金現価率 $(\bar{I}\bar{a})_x$ とすると[*10]，

---

*9 このまま記号の定義を覚えてもよいが，“I”が増え方を表しているとみなすと，$(Ia)_x^{(m)}$ は I に何もかかっていないので増え方は1ずつ，$(I^{(m)}a)_x^{(m)}$ は I に (m) がかかっているので増え方は m で分割され $\frac{1}{m}$ ずつ増えると考えるとよい．

*10 “I”に着目すれば，$\bar{I}$ は連続的に増えることを表していると考えるとよい．

$$(I\overline{a})_x = \lim_{m\to\infty}(Ia)_x^{(m)} = \sum_{t=0}^{\omega-x} {}_{t|}\overline{a}_x \tag{3.116}$$

$$\approx \frac{1}{D_x}\left(S_{x+1}+\frac{1}{2}N_x\right) = (Ia)_x + \frac{1}{2}\ddot{a}_x = (I\ddot{a})_x - \frac{1}{2}\ddot{a}_x \tag{3.117}$$

$$(\overline{I}\overline{a})_x = \lim_{m\to\infty}(I^{(m)}a)_x^{(m)} = \frac{1}{D_x}\int_0^{\omega-x} tD_{x+t}dt \tag{3.118}$$

$$\approx (Ia)_x + \frac{1}{12} \tag{3.119}$$

死亡した日の属する月までの給付が支払われる終身年金

年金が年 m 回期末払，かつ死亡した場合は $\dfrac{1}{m}$ 年をさらに n 期に区分し (m, n は $mn = 12$ を満たす自然数)，死亡した日の属する期まで給付が支払われる場合の，x 歳における即時支給開始終身年金現価率 ${}^{(mn)}a_x^{(m)}$ は，以下の通り近似できる[*11]．

$${}^{(mn)}a_x^{(m)} \approx \frac{N_x - \dfrac{m+1}{2m}D_x + \dfrac{n+1}{2mn}\overline{M}_x}{D_x} \tag{3.120}$$

この公式に関する問題は頻出なので，必ず押さえておきたい（直感的な解釈は問題6.6の補足（p.122）を参照）．

元本保証の終身年金

元本保証とは，すでに支払った年金額の合計が元本に達しない場合に死亡が起きれば，その差額を死亡直後に支払うものをいう．

元本が1である x 歳支給開始期初払，元本の α 倍だけを保証する終身年金の年金額を β とするとき，以下の等式が成立する[*12]（問題6.7（→ p. 124）参照）．

[*11] 公式 (3.120) 自体は $mn = 12$ でなくても成立する．

[*12] $\lfloor x \rfloor$ は実数 x の小数点以下を切り捨てたものを表し，**床関数**という．**ガウス記号** $[x]$ と意味は同じである．ちなみに，$\lceil x \rceil$ は x の小数点以下を切り上げたものを表し，**天井関数**という．

$$1=\frac{\displaystyle\sum_{t=1}^{\lfloor\alpha/\beta\rfloor}C_{x+t-1}\cdot(\alpha-t\cdot\beta)+\beta\cdot N_x}{D_x} \tag{3.121}$$

$$=\frac{1}{D_x}\left\{C_x(\alpha-\beta)+C_{x+1}(\alpha-2\beta)+\cdots+C_{x+\left\lfloor\frac{\alpha}{\beta}\right\rfloor-1}\left(\alpha-\left\lfloor\frac{\alpha}{\beta}\right\rfloor\beta\right)+\beta\cdot N_x\right\} \tag{3.122}$$

ここで，$\alpha-t\beta>0$ である必要性から，$t=\left\lfloor\frac{\alpha}{\beta}\right\rfloor$ の項までとなり，和を取る最終項は床関数で表されるものとなる．

特に，$\alpha=1$ のとき，期末払の場合の年金額は，期初払の年金額 β を用いて

$$\frac{\beta}{1-\beta} \tag{3.123}$$

生命年金の再帰式

以下の生保数理でも登場する再帰式は [教科書] には登場しないが，引き続き重要である．

$$\ddot{a}_{x:\overline{n|}}=1+vp_x\cdot\ddot{a}_{x+1:\overline{n-1|}} \tag{3.124}$$

$$\ddot{a}_x=1+vp_x\cdot\ddot{a}_{x+1} \tag{3.125}$$

生命年金の不等式

以下の不等式は，年金数理の試験では頻出であり，必ず押さえておきたい．

$$a_x\leq\frac{p_x}{q_x+i}\quad(p_x\geq p_{x+t}\ (t=1,2,\ldots)) \tag{3.126}$$

$$a_x<a_{\overline{e_x|}} \tag{3.127}$$

3.4　連生年金と多重脱退

前節までは被保険者が１人で脱退要因が１つのみのケースを考えたが，この節では被保険者が複数人のケース（連生年金）と脱退要因が複数のケース

（多重脱退）を考える．以下では，各脱退はそれぞれ独立に発生し，脱退は一年を通じて一様に発生しているものとする．

3.4.1 連生年金

(x) が l_x 人，(y) が l_y 人いるとき，l_{xy} を以下のように定義する．

$$l_{xy} = l_x \cdot l_y \tag{3.128}$$

(x) と (y) が t 年後に共存している確率 ${}_tp_{xy}$ は，

$$ {}_tp_{xy} = {}_tp_x \cdot {}_tp_y \tag{3.129}$$

(x) と (y) のうち少なくとも 1 人が t 年後に生存している確率 ${}_tp_{\overline{xy}}$ は，

$$ {}_tp_{\overline{xy}} = {}_tp_x + {}_tp_y - {}_tp_{xy} \tag{3.130}$$

(x) と (y) のうち最終生存者が t 年以内に死亡している確率 ${}_tq_{\overline{xy}}$ は，

$$ {}_tq_{\overline{xy}} = 1 - {}_tp_{\overline{xy}} = (1 - {}_tp_x)(1 - {}_tp_y) \tag{3.131}$$

(x) と (y) のうちちょうど 1 人が t 年後に生存している確率 ${}_tp_{\overline{xy}}^{[1]}$ は，

$$ {}_tp_{\overline{xy}}^{[1]} = {}_tp_x + {}_tp_y - 2{}_tp_x \cdot {}_tp_y \tag{3.132}$$

と表せる．[ ] の数字は生存人数（ちょうど○人）を表す．

3 人以上のときも同様に拡張できる．

$(x), (y), (z)$ の 3 人中ちょうど 2 人が t 年後に生存する確率 ${}_tp_{\overline{xyz}}^{[2]}$ は，

$$ {}_tp_{\overline{xyz}}^{[2]} = {}_tp_{xy} + {}_tp_{xz} + {}_tp_{yz} - 3{}_tp_{xyz} \tag{3.133}$$

$(x), (y), (z)$ の 3 人中少なくとも 2 人が t 年後に生存する確率 ${}_tp_{\overline{xyz}}^{2}$ は，

$$ {}_tp_{\overline{xyz}}^{2} = {}_tp_{xy} + {}_tp_{xz} + {}_tp_{yz} - 2{}_tp_{xyz} \tag{3.134}$$

と表せる．[ ] がない場合は少なくとも生存する人数を表す．

$(y),(z)$ の最終生存者と (x) とが t 年後に共存する確率 ${}_tp_{x,\overline{yz}}$ は,

$${}_tp_{x,\overline{yz}} = {}_tp_x \cdot {}_tp_{\overline{yz}} = {}_tp_{xy} + {}_tp_{xz} - {}_tp_{xyz} \tag{3.135}$$

共存でなくなるという意味での死力 $\mu_{x+t,y+t}$ は,

$$\mu_{x+t,y+t} = -\frac{1}{l_{x+t,y+t}} \cdot \frac{dl_{x+t,y+t}}{dt} \tag{3.136}$$

$$= -\frac{1}{{}_tp_{xy}} \cdot \frac{d_tp_{xy}}{dt} \tag{3.137}$$

$$= \mu_{x+t} + \mu_{y+t} \tag{3.138}$$

$(x),(y)$ が共存している限り，期初に年金額1を支払う連生終身年金現価率 $\ddot{a}_{xy}$ は,

$$\ddot{a}_{xy} = \sum_{t=0}^{\infty} v^t {}_tp_{xy} \tag{3.139}$$

と表せる．期末払・連続払も同様に定義できる．

$(x),(y)$ のどちらか一方が生存している限り，期初に年金額1を支払う年金現価率を $\ddot{a}_{\overline{xy}}$ と表す．このとき,

$$\ddot{a}_{\overline{xy}} = \sum_{t=0}^{\infty} v^t {}_tp_{\overline{xy}} = \ddot{a}_x + \ddot{a}_y - \ddot{a}_{xy} \tag{3.140}$$

$(x),(y)$ のうちどちらかのみ生存している間，期初に年金額1を支払う年金現価率を $\ddot{a}_{\overline{xy}}^{[1]}$ と表す．このとき,

$$\ddot{a}_{\overline{xy}}^{[1]} = \ddot{a}_{\overline{xy}} - \ddot{a}_{xy} = \ddot{a}_x + \ddot{a}_y - 2\ddot{a}_{xy} \tag{3.141}$$

$(x),(y),(z)$ のうちちょうど2人が生存している間に限り期初に年金額1を支払う年金現価率 $\ddot{a}_{\overline{xyz}}^{[2]}$ は,

$$\ddot{a}_{\overline{xyz}}^{[2]} = \ddot{a}_{xy} + \ddot{a}_{xz} + \ddot{a}_{yz} - 3\ddot{a}_{xyz} \tag{3.142}$$

$(x),(y)$ のうち (y) の死亡を条件に給付を開始し，(x) が生存している限り，毎年度初に支払う年金現価率 $\ddot{a}_{y|x}$ は,

$$\ddot{a}_{y|x} = \ddot{a}_x - \ddot{a}_{xy} \tag{3.143}$$

3.4.2 二重脱退

年金数理においては，年金制度の脱退事由として，①生存退職による脱退②死亡による脱退の2つを考える．

まず，記号を以下のように定義する．

- $l_x^{(T)}$：x歳の残存数
- $d_x^{(w)}$：x歳の生存脱退数[*13]
- $d_x^{(d)}$：x歳の死亡脱退数[*14]
- $p_x^{(T)}$：残存率$(=(l_x^{(T)}-d_x^{(w)}-d_x^{(d)})/l_x^{(T)}=l_{x+1}^{(T)}/l_x^{(T)})$
- $q_x^{(w)}$：生存脱退率$(=d_x^{(w)}/l_x^{(T)})$
- $q_x^{(d)}$：死亡脱退率$(=d_x^{(d)}/l_x^{(T)})$

例えば死亡脱退した人の中でも，もしも死亡しなければ生存脱退していた人がいるかもしれない．潜在的な生存脱退の「絶対数」を推定したいとき，死亡脱退した人の中で，死亡しなければ生存脱退していたであろう「隠れ」生存脱退者数も推定する必要がある．

このように，他の脱退事由が存在しない場合のその脱退率を**絶対脱退率**といい，生存脱退・死亡脱退でそれぞれ，$q_x^{(w)*}$，$q_x^{(d)*}$と表す．このとき，それぞれの脱退は独立かつ1年を通じて一様に発生するものとすると，$q_x^{(w)}$，$q_x^{(d)}$を$q_x^{(w)*}$，$q_x^{(d)*}$を用いて表すと以下の通り[*15]．

$$q_x^{(w)}=q_x^{(w)*}\left(1-\frac{1}{2}q_x^{(d)*}\right),\quad q_x^{(d)}=q_x^{(d)*}\left(1-\frac{1}{2}q_x^{(w)*}\right) \tag{3.144}$$

また，$q_x^{(w)*}$，$q_x^{(d)*}$は以下のように近似できる．

$$q_x^{(w)*}\approx q_x^{(w)}+\frac{1}{2}q_x^{(w)}q_x^{(d)*}\approx\frac{q_x^{(w)}}{1-\frac{1}{2}q_x^{(d)}}=\frac{d_x^{(w)}}{l_x^{(T)}-\frac{1}{2}d_x^{(d)}} \tag{3.145}$$

[*13] $d_x^{(w)}$の添字のwは"withdrawal"を表している．

[*14] $d_x^{(d)}$の添字のdは"death"を表している．

[*15] 係数$\frac{1}{2}$は，生存脱退，死亡脱退が1年間に両方とも起こるとした場合に，生存脱退が先に起こる条件付き確率が$\frac{1}{2}$であることに由来する．

$$q_x^{(d)*} \approx q_x^{(d)} + \frac{1}{2} q_x^{(w)*} q_x^{(d)} \approx \frac{q_x^{(d)}}{1 - \frac{1}{2} q_x^{(w)}} = \frac{d_x^{(d)}}{l_x^{(T)} - \frac{1}{2} d_x^{(w)}} \tag{3.146}$$

死力との類似で，生存脱退による**脱退力** $\mu_x^{(w)}$ を次式のように定義する．

$$\mu_x^{(w)} = -\frac{1}{l_x^{(T)}} \cdot \frac{dl_x^{(w)}}{dx} \quad \left(ここで\ l_x^{(w)} = \sum_{t=0}^{\omega-x} d_{x+t}^{(w)}\right) \tag{3.147}$$

死亡脱退による脱退力 $\mu_x^{(d)}$ についても同様に定義する．総合的な脱退力 μ_x は微分演算の加法性により以下のようになる．

$$\mu_x = \mu_x^{(w)} + \mu_x^{(d)} = \lim_{t \to 0} \frac{l_x^{(T)} - l_{x+t}^{(T)}}{t \cdot l_x^{(T)}} \tag{3.148}$$

3.4.3　多重脱退

3.4.2 では二重脱退のケースを考えたが，多重脱退として 3 重脱退についても簡単に触れておく．ある多重脱退表に x 歳における原因 A, B, C による脱退数 d_x^A, d_x^B, d_x^C が記載されているとすると，

$$l_{x+1} = l_x - d_x^A - d_x^B - d_x^C \tag{3.149}$$

x 歳における A 脱退率 q_x^A，B 脱退率 q_x^B，C 脱退率 q_x^C は，

$$q_x^A = \frac{d_x^A}{l_x}, \qquad q_x^B = \frac{d_x^B}{l_x}, \qquad q_x^C = \frac{d_x^C}{l_x} \tag{3.150}$$

このとき，A による脱退率 q_x^A を各絶対脱退率 q_x^{A*}，q_x^{B*}，q_x^{C*} を用いて，以下のように表せる[*16]（q_x^B, q_x^C についても同様）．

$$q_x^A = q_x^{A*} \left\{ 1 - \frac{1}{2}(q_x^{B*} + q_x^{C*}) + \frac{1}{3} q_x^{B*} q_x^{C*} \right\} \tag{3.151}$$

[*16] 係数 $\frac{1}{3}$ は，A, B, C が 1 年間にすべて起こるとした場合に，A が最も先に起こる条件付き確率が $\frac{1}{3}$ であることに由来する．

公式(3.151)に対し，$q_x^{A*} \cdot q_x^{B*} \cdot q_x^{C*} \approx 0$であることを利用して変形すると，以下の近似式を得る．

$$q_x^{A*} \approx \frac{q_x^A}{1-\frac{1}{2}q_x^B-\frac{1}{2}q_x^C} = \frac{d_x^A}{l_x-\frac{1}{2}d_x^B-\frac{1}{2}d_x^C} \tag{3.152}$$

Tea Time　$a_x < a_{\overline{e_x}|}$ を直感的に解釈すると…

公式 (3.127) $a_x < a_{\overline{e_x}|}$ について，[教科書] では相加相乗平均の関係を用いて証明されていますが，実はもう少し直感的に理解できます．

$a_x(= vp_x + v^2{}_2p_x + \cdots + v^{\omega-x}{}_{\omega-x}p_x)$ は x 歳の人の終身年金現価率ですが，あたかも確定年金のように見方を変えると，x 歳の人が $\omega - x$ 年間，毎期末に $p_x, {}_2p_x, \ldots, {}_{\omega-x}p_x(=0)$ を受け取る確定年金現価率とみなすことができます．その年金額総額は $p_x + {}_2p_x + \cdots + {}_{\omega-x}p_x = e_x$ となります．

一方，$a_{\overline{e_x}|}(= v + v^2 + \cdots + v^{e_x})$ は x 歳の人が e_x 年間，毎期末に 1 を受け取る確定年金現価率とみなすことができ，その年金額総額は $1 \cdot e_x = e_x$ となります．すなわち，両者の年金額総額は等しいことが分かります．

両者を下図に表すと，a_x は (A の現価)+(B の現価)，$a_{\overline{e_x}|}$ は (A の現価)+(C の現価) に相当します．今，両者の年金額総額は等しいため，共通する A の部分を除いた B と C の面積も等しくなり，さらに B は C よりも遅く支払っているため，割引期間が長く，(B の現価) < (C の現価) となります．よって $a_x < a_{\overline{e_x}|}$ が感覚的に理解できます．

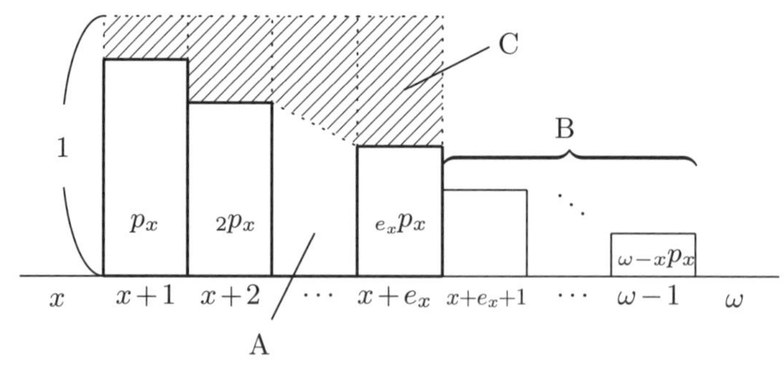

つまり，$a_x < a_{\overline{e_x}|}$ は，「同じ額の支払方の違い」により生まれる不等式であると言えます．

この感覚を数式できちんと確認してみましょう．

$$a_{\overline{e_x}|}-a_x=\sum_{t=1}^{e_x}v^t-\sum_{t=1}^{\omega-x}v^t{}_tp_x=\sum_{t=1}^{e_x}(1-{}_tp_x)v^t-\sum_{t=e_x+1}^{\omega-x}{}_tp_xv^t$$

最右辺の第1項が（Cの現価），第2項が（Bの現価）に相当します．すべての支払が$x+e_x$歳時点で行われた場合の現価と比較すると，

$$>\sum_{t=1}^{e_x}(1-{}_tp_x)v^{e_x}-\sum_{t=e_x+1}^{\omega-x}{}_tp_xv^{e_x}$$

$$=v^{e_x}\left(\sum_{t=1}^{e_x}(1-{}_tp_x)-\sum_{t=e_x+1}^{\omega-x}{}_tp_x\right)=v^{e_x}(e_x-e_x)=0$$

となり示すことができました．

次に，少し見方を変え，両者の年金額総額e_xの内訳に注目してみましょう．下図のようにどの時点においてもa_xの方が$a_{\overline{e_x}|}$より多く割引を受けることになるので，割引後のa_xはグッと圧縮されて，その分年金現価率が小さくなることが分かります．

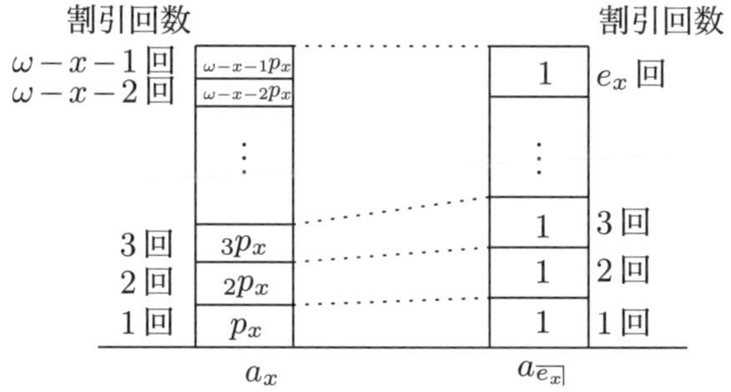

割引回数	a_x	$a_{\overline{e_x}\rceil}$	割引回数
$\omega-x-1$回	${}_{\omega-x-1}p_x$	1	e_x回
$\omega-x-2$回	${}_{\omega-x-2}p_x$		
	$\vdots$	$\vdots$	
3回	${}_3p_x$	1	3回
2回	${}_2p_x$	1	2回
1回	p_x	1	1回

これを一般化すると，2つの支払方①，②に対して，「途中の時点tまでに支払った総額は①の方が常に大きい」かつ「最後の時点nまでに支払った総額は等しい」場合，「その支払現価は①の方が大きい」ということを意味します．この考え方を定式化したものが，[二見生保] 第6章にも載っているSteffensenの不等式（公式(A.79)・p.302）であり，$f_t=v^t$，　$g_t=1(t<e_x)$ or $0(t>e_x)$，　$h_t={}_tp_x$，　$n=\omega-x$とすることで不等式$a_x<a_{\overline{e_x}|}$を得ることもできます．

■第4章
理論編

4.1　昇給率

一般に昇給率には，一時点の年齢による給与の格差を表す**静態的昇給率**と，この昇給率にベース・アップ（物価上昇などに対応して，時間の経過により給与が変化する要素）を織り込んだ**動態的昇給率**の2通りがある．

x歳の予定給与をB_xとする．このとき，x歳の静態的昇給率R_xを，

$$1+R_x=\frac{B_{x+1}}{B_x} \tag{4.1}$$

と定義する．各年齢の予定給与を指数化したものを**給与指数**または**昇給指数**といい，x歳の（静態的）給与指数をb_xで表す．最低加入年齢をx_e歳とするとき，b_x $(x \geq x_e)$は，

$$b_x=b_{x_e}\times(1+R_{x_e})\times(1+R_{x_e+1})\times\cdots\times(1+R_{x-1}) \tag{4.2}$$

となる[*1]．

ベース・アップなどの要因による昇給率をrとおく．このとき，x歳の動態的昇給率を，

$$(1+R_x)\cdot(1+r)-1 \tag{4.3}$$

[*1] $b_{x_e}=1$とすることが多い．

と定義する．動態的昇給率に従って昇給していく場合，ある時点で x 歳の者の給与 B_x と，$y-x$ 年後に y 歳になったときの予定給与 B_y との間には，次の関係式が成立する（→問題7.1，p.130）．

$$\frac{B_y}{B_x} = \frac{b_y}{b_x} \cdot (1+r)^{y-x} \tag{4.4}$$

なお，ここでいう給与は従業員が会社から毎月受け取る「給与」を必ずしも指すものではない．例えばポイント制度における「勤続ポイント×10,000円」といったものも「給与」となり得る．

4.2　人員分布と定常人口

4.2.1では[教科書]や試験問題では明示的に語られていない人員分布のモデルについて取り扱う．これを理解することで，平均年齢などの計算方法（離散的に解くか連続的に解くか）が明確になる．4.2節において加入年齢を x_e，定年年齢を x_r とする．

4.2.1　人員分布

年金数理の問題で仮定される人員分布は，実は新規加入者の加入時期に注目して次の2つのモデルに大別される[*2]．

モデル1（一様加入モデル）：新規加入が時間の経過に沿って常に一様に生じ，（期初で見ると）年齢は連続的に分布しているモデル

モデル2（期初ごと加入モデル）：新規加入が期初ごとにまとめて生じ，（期初で見ると）端数のない年齢の人のみが存在するモデル（つまり年齢は離散的に分布）

年金制度ではしばしばモデル2が用いられるため，年金数理の学習においては特にモデル2の理解が重要となる．

*2「一様加入モデル」や「期初ごと加入モデル」の用語は一般的な用語ではない．

通常，モデル2は期初のみに観測する．後述の定常人口モデルとしてモデル2を使用する場合，脱退残存数は連続関数もありうることに注意せよ．

$l_x^{(T)}$ を x 歳の被保険者数，B_x を x 歳1人あたりの給与とするとき，次が成立する．

	モデル1 (一様加入モデル)	モデル2 (期初ごと加入モデル)
被保険者の総数	$\int_{x_e}^{x_r} l_x^{(T)} dx \quad (4.5)$	$\sum_{x=x_e}^{x_r-1} l_x^{(T)} \quad (4.6)$
被保険者の平均年齢	$\dfrac{\int_{x_e}^{x_r} x l_x^{(T)} dx}{\int_{x_e}^{x_r} l_x^{(T)} dx} \quad (4.7)$	$\dfrac{\sum_{x=x_e}^{x_r-1} x l_x^{(T)}}{\sum_{x=x_e}^{x_r-1} l_x^{(T)}} \quad (4.8)$
被保険者の総給与	$\int_{x_e}^{x_r} B_x l_x^{(T)} dx$	$\sum_{x=x_e}^{x_r-1} B_x l_x^{(T)}$
被保険者の平均給与	$\dfrac{\int_{x_e}^{x_r} B_x l_x^{(T)} dx}{\int_{x_e}^{x_r} l_x^{(T)} dx} \quad (4.9)$	$\dfrac{\sum_{x=x_e}^{x_r-1} B_x l_x^{(T)}}{\sum_{x=x_e}^{x_r-1} l_x^{(T)}} \quad (4.10)$
平均加入年数	被保険者の平均年齢 $-x_e$	

4.2.2 脱退残存表と定常人口

脱退残存表とは，予定脱退率通りに脱退した場合の被保険者の推移および脱退者の発生状況を表にまとめたものである．年金制度の脱退事由として主に生存退職による脱退と死亡による脱退の2つを考慮する．二重脱退の各種公式は3.4.2を参照のこと．

脱退残存表は，予定（生存）脱退率を $q_x^{(w)}$，予定死亡率を $q_x^{(d)}$ として，以下の式にしたがって作成される．

$$l_{x+1}^{(T)} = l_x^{(T)} \cdot (1 - q_x^{(w)} - q_x^{(d)}) \qquad (4.11)$$

本書では，脱退残存表において定年退職による脱退を $d^{(w)}_{x_r-1}$ には含めず，$l^{(T)}_{x_r}$ に含める．また，

$l^{(T)}_x$：脱退残存表における x 歳の在職中の被保険者数

l_x　：生命表における x 歳の年金受給権者数

と区別して記載する．特に定年退職者のみに給付を行う制度，例えば後述のTrowbridgeモデルを考える場合，後者は定年年齢以前の年齢で不要となり，定年年齢以降について，l_x を $l^{(T)}_x$ から連続した年金受給権者を表すものとして使用することができる．

定常人口は，毎年一定人数が加入し，予定脱退率通りに脱退し，年齢ごとの人数が不変であるその人員分布のことをいう．脱退した人数分だけ新規加入者が発生することになる．

定常人口において，以下のように L_x, T_x を定義する．

$$L_x = \int_0^1 l^{(T)}_{x+t} dt \tag{4.12}$$

$$T_x = \int_x^{x_r} l^{(T)}_t dt \quad \left(= \sum_{t=0}^{x_r-x-1} L_{x+t} \right) \tag{4.13}$$

定常人口のモデルとして，上記2つのモデル（「一様加入モデル」,「期初ごと加入モデル」）を考えることができる．「一様加入モデル」の定常人口は生保数理で主に想定しているものである．「期初ごと加入モデル」について，例えば期末脱退のみを想定する場合，$l^{(T)}_x$ は階段関数[*3] となるが，一般に期中脱退も仮定する場合には階段関数とならないことに注意せよ．

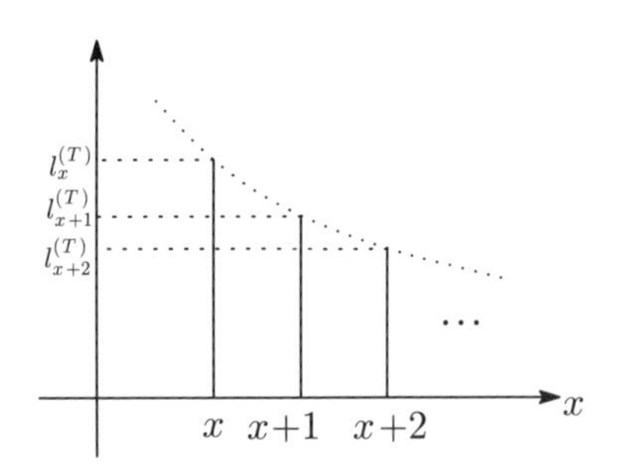

「期初ごと加入モデル」の期初での定常人口の人員構成

[*3] 任意の年齢 x に対して $l^{(T)}_{x+t} = l^{(T)}_x$ $(0 \leq t < 1)$ を満たす関数の意味で用いている．

$l_x^{(T)}$ を x 歳の被保険者数，b_x を x 歳の給与指数，B_x を x 歳1人あたりの給与とする場合，次が成立する（昇給率は静態的昇給率を仮定する）．

	モデル1（一様加入モデル）	モデル2（期初ごと加入モデル）	
		$l_x^{(T)}$：一般	$l_x^{(T)}$：階段関数
（x_e 歳の被保険者に対する）脱退時平均加入年数	$\dfrac{T_{x_e}}{l_{x_e}^{(T)}}$	$\dfrac{T_{x_e}}{l_{x_e}^{(T)}}$	$\dfrac{T_{x_e}}{l_{x_e}^{(T)}}=\dfrac{\int_{x_e}^{x_r} l_x^{(T)}dx}{l_{x_e}^{(T)}}=\dfrac{\sum_{x=x_e}^{x_r-1} l_x^{(T)}}{l_{x_e}^{(T)}}$ (4.14)
（x_e 歳の被保険者に対する）脱退時平均給与	$B_{x_e}\cdot\dfrac{\int_{x_e}^{x_r} b_x l_x^{(T)}\mu_x dx}{b_{x_e} l_{x_e}^{(T)}}$		
1年間の新規加入者数（＝脱退者数）	$l_{x_e}^{(T)}$		
被保険者の総数	$\int_{x_e}^{x_r} l_x^{(T)}dx=T_{x_e}$	$\sum_{x=x_e}^{x_r-1} l_x^{(T)}$	$\sum_{x=x_e}^{x_r-1} l_x^{(T)}=\int_{x_e}^{x_r} l_x^{(T)}dx=T_{x_e}$ (4.15)
被保険者の平均年齢	$\dfrac{\int_{x_e}^{x_r} x l_x^{(T)}dx}{\int_{x_e}^{x_r} l_x^{(T)}dx}$	$\dfrac{\sum_{x=x_e}^{x_r-1} x l_x^{(T)}}{\sum_{x=x_e}^{x_r-1} l_x^{(T)}}$	$\dfrac{\sum_{x=x_e}^{x_r-1} x l_x^{(T)}}{\sum_{x=x_e}^{x_r-1} l_x^{(T)}}$ *4

*4 この場合 $\dfrac{\int_{x_e}^{x_r} x l_x^{(T)}dx}{\int_{x_e}^{x_r} l_x^{(T)}dx}=\dfrac{\sum_{x=x_e}^{x_r-1} x l_x^{(T)}}{\sum_{x=x_e}^{x_r-1} l_x^{(T)}}+0.5$ の関係があることに注意せよ．

<table>
<tr><th rowspan="2"></th><th rowspan="2">モデル1
（一様加入モデル）</th><th colspan="2">モデル2（期初ごと加入モデル）</th></tr>
<tr><th>$l_x^{(T)}$：一般</th><th>$l_x^{(T)}$：階段関数</th></tr>
<tr><td>被保険者の総給与</td><td>$B_{x_e}\int_{x_e}^{x_r}\frac{b_x}{b_{x_e}}l_x^{(T)}dx$</td><td colspan="2">$B_{x_e}\sum_{x=x_e}^{x_r-1}\frac{b_x}{b_{x_e}}l_x^{(T)}$</td></tr>
<tr><td>被保険者の平均給与</td><td>$\dfrac{B_{x_e}\int_{x_e}^{x_r}\frac{b_x}{b_{x_e}}l_x^{(T)}dx}{\int_{x_e}^{x_r}l_x^{(T)}dx}$</td><td colspan="2">$\dfrac{B_{x_e}\sum_{x=x_e}^{x_r-1}\frac{b_x}{b_{x_e}}l_x^{(T)}}{\sum_{x=x_e}^{x_r-1}l_x^{(T)}}$</td></tr>
<tr><td>（x_e 歳の被保険者に対する）脱退時平均年齢</td><td colspan="3">x_e+（x_e 歳の被保険者に対する）脱退時平均加入年数</td></tr>
<tr><td>（被保険者全体の）平均加入年数</td><td colspan="3">被保険者の平均年齢 $-x_e$</td></tr>
</table>

x 歳の被保険者に対する脱退時平均年齢は $x+\mathring{e}_x$ で表され，公式(3.37)より，$\frac{d}{dx}(x+\mathring{e}_x)\geq 0$ が成立する．すなわち，$x+\mathring{e}_x$ は x に関して単調増加である．モデル1において集団全体に対する脱退時平均年齢の平均*5 は，

$$\frac{\int_{x_e}^{x_r}l_x^{(T)}\cdot(x+\mathring{e}_x)dx}{\int_{x_e}^{x_r}l_x^{(T)}dx}=\text{被保険者の平均年齢}+\frac{\int_{x_e}^{x_r}T_xdx}{\int_{x_e}^{x_r}l_x^{(T)}dx} \tag{4.16}$$

で表される．これは各年齢 x $(x_e\leq x<x_r)$ の集団 $l_x^{(T)}$ に対して脱退時平均年齢を計算し，その集団ごとの平均値を表している．以下では単に**脱退時年齢の平均**と呼ぶ．

モデル2（期初ごと加入モデル）において，T_{x_e} は必ずしも被保険者の総数

*5 モデル2においては $\int$ を $\sum$ に変えればよい．

を表すものではないことに留意が必要である[*6]．なお，$l_x^{(T)}$ が上述の階段関数となる場合，T_{x_e} は（結果的に）被保険者の総数と一致する．

定常人口モデルの典型的な例

ここではモデル1（一様加入モデル）に限定する．a, n を0以上の実数とし，定常人口 $l_x^{(T)} = a\left(1 - \dfrac{x}{c}\right)^n$ $(b \leq x \leq c)$ に対して，次の公式が成立する．

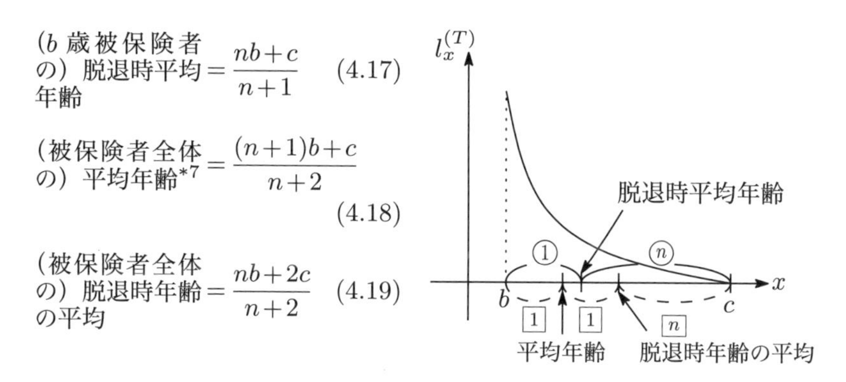

$$(b\text{歳被保険者の})\text{脱退時平均年齢} = \frac{nb+c}{n+1} \tag{4.17}$$

$$(\text{被保険者全体の})\text{平均年齢}^{*7} = \frac{(n+1)b+c}{n+2} \tag{4.18}$$

$$(\text{被保険者全体の})\text{脱退時年齢の平均} = \frac{nb+2c}{n+2} \tag{4.19}$$

視覚的には，（b 歳被保険者の）脱退時平均年齢は線分 $[b, c]$ を $1 : n$ に内分する点，（被保険者全体の）平均年齢は線分 $[b, c]$ を $1 : (n+1)$ に内分する点，（被保険者全体の）脱退時年齢の平均は線分 $[b, c]$ を $2 : n$ に内分する点である．特に $n = 1$ のケースは頻出である．$l_x^{(T)}$ は単なる n 次式ではなく，$x = c$ で n 重解を持つような n 次式でなければならないことに注意せよ．具体的な適用方法や証明の概略は問題7.6 (p. 138) を参照．

以下，この公式集においては特に言及しない限りモデル2の人口モデルを用いることとする．

---

*6 公式 (4.15) の1つ目の等号が，l_x が一般の場合には成立しないため．

*7 平均年齢を求めることは，視覚的に言うと「$l_x^{(T)}$ 関数と年齢の範囲に囲まれた図形」の重心の位置を求めるということに他ならない．

4.3　定常状態と極限方程式

まず，以下の通り記号を定義する．

- B：制度全体の毎年度の給付額（期初払）
- C：制度全体の毎年度の保険料の額（期初払）
- F：制度全体の積立金の額（期初，保険料および給付支払前）
- P：被保険者1人あたりの保険料（給付比例の場合は保険料率[*8]）
- L：在職中の被保険者の総数（期初，新規加入後）$(=\sum_{x=x_e}^{x_r-1} l_x^{(T)})$

年金制度の状態が時間変化に対して不変となった状態を**定常状態**という．特に次が成立する．

(1) 人員分布は定常人口である．
(2) 給付額 (B) と保険料 (C) が年度にかかわらず一定である．
(3) 積立金額 (F) が年度にかかわらず一定である．
(4) 積立金の運用利回りは予定利率 (i) と等しい．

上記 (2)〜(4) の性質から，積立金に関する漸化式を考えると，

$$F=(F+C-B)(1+i) \tag{4.20}$$

が成立する．試験問題では，これを変形した次の式がしばしば使われる．

$$C+dF=B \tag{4.21}$$

この公式 (4.21) を**極限方程式**という．公式 (4.20), (4.21) は，保険料・給付がともに<u>期初払</u>という前提があることに注意せよ．払方が変わると，極限

[*8] 保険料を賦課する考え方の違いとして，本書では [教科書] や試験問題に倣って次のように整理している．
- 保険料が人数割りで「定額負担」ならば「保険料」と称し，「人数現価」（後述）を用いる．
- 保険料が給与などに比例する「定率負担」ならば「保険料率」と称し，「給与現価」（後述）を用いる．

方程式の形も変わる（→問題 7.8，p.144）．

試験問題においては，定常状態にある年金制度に何らかの変化を加えた設定の問題が出題される．例えば次の 2 つは頻出である．

定常状態にある年金制度において，

(1) 保険料を今後 t 年間，ΔC だけ増加した場合，t 年後の積立金 F' は，

$$F' = F + \Delta C \cdot \ddot{s}_{\overline{t}|} \tag{4.22}$$

(2) 給付を今後 t 年間，ΔB だけ増加した場合，t 年後の積立金 F' は，

$$F' = F - \Delta B \cdot \ddot{s}_{\overline{t}|} \tag{4.23}$$

が成立する*9．

4.4 Trowbridge モデル

4.4.1 Trowbridge モデル

アクチュアリー試験「年金数理」においてしばしば仮定されるモデルに，**Trowbridge モデル**がある．Trowbridge モデルは以下の制度を仮定したものである．

- 人員分布：「期初ごと加入モデル」（つまり新規加入が期初ごとにまとめて生じ，（期初で見ると）端数のない年齢のみが存在するモデル）*10
- 給付の種類：退職年金のみ（一時金での支払はなし）
- 受給資格：定年年齢に達したとき（定年前の退職者や死亡者には給付なし）
- 年金年額：年あたり 1（加入期間，給与などに依存しない）

*9 公式 (4.22)，(4.23) が成り立つ理由は，極限方程式 (4.20) を見ると，C, B は積立金の増加，減少に寄与しないということを示唆しており，それ以外のキャッシュフローである $\Delta C, \Delta B$ 分だけが利息を含めて増加または減少していくため．

*10 試験問題の冒頭の注意書きでは言及されていないが，各問題で特に言及がない限り黙示的に「期初ごと加入モデル」を考えているとみなしてよい．

- 年金の支給期間：即時支給開始終身支給（保証期間なし）
- 保険料の払込時期：年1回期初払
- 年金の支払時期：年1回期初，保険料支払の直後

これは各財政方式の特徴や違いを明らかにするためにしばしば前提として置かれる「単純化された」年金制度のモデルである．

実際の年金制度を考える上では，カッコ書きで書いたような要素も考慮する必要がある．また各財政方式の分類においては「定常人口」という単純な仮定を置いて考察されることも多いが，アクチュアリー試験の問題では単に「Trowbridge モデル」と書かれていても必ずしも「定常人口」まで仮定されているとは限らないので，問題文をよく読むこと．

なお，このモデルの中身を丸暗記する必要はない．このモデルを仮定した問題の演習を重ねることで，慣れていけば十分である．

4.4.2　給付現価と人数現価

4.4.2 で述べる公式の多くは，図形的に理解でき，付録 B (→ p.303) にて解説している．

給付現価

給付現価 S は，年金制度から生じる将来の給付額の現在価値である．

以下，各集団についての給付現価についての公式を示すが，これらはいずれも定常人口（加入年齢 x_e 歳，定年年齢 x_r 歳）で Trowbridge モデルにおける公式であることに注意してほしい（後述する人数現価も同様）．試験本番では，問題文で独自に年金制度が与えられている場合は，解釈したうえで別途立式する必要がある．

(1) 年金受給権者[*11] の給付現価 S^{p}[*12]

[*11] 年金受給中の者および受給待期中の者をいう．受給待期中の者とは年金制度から脱退後支給開始年齢に達していない者（つまり据置期間中の者）のことをいうが，上述の通り Trowbridge モデルにおいては受給待期中の者はいない．

[*12] S^p の添字 “p” は “pensioners” を表していると考えるとよい．

$$S^p = \sum_{x=x_r}^{\omega} l_x \cdot \ddot{a}_x \tag{4.24}$$

$$= \sum_{x=x_r}^{\omega} l_x \left(\sum_{t=0}^{x-x_r} v^t \right) \tag{4.25}$$

$$= \frac{B}{d} - \frac{v}{d} \cdot l_{x_r} \cdot \ddot{a}_{x_r} \tag{4.26}$$

$$= B + v \cdot \sum_{x=x_r+1}^{\omega} l_x \cdot \ddot{a}_x \tag{4.27}$$

(2) 在職中の被保険者の給付現価 S^a[*13]

$$S^a = \sum_{x=x_e}^{x_r-1} l_{x_r} \ddot{a}_{x_r} v^{x_r - x} \tag{4.28}$$

$$= \sum_{x=x_e}^{x_r-1} l_x^{(T)} \cdot \frac{D_{x_r} \cdot \ddot{a}_{x_r}}{D_x} = \sum_{x=x_e}^{x_r-1} l_x^{(T)} \cdot \frac{N_{x_r}}{D_x} \tag{4.29}$$

$$= v \cdot \left(l_{x_r} \cdot \ddot{a}_{x_r} + \sum_{x=x_e+1}^{x_r-1} l_x^{(T)} \cdot \frac{D_{x_r} \cdot \ddot{a}_{x_r}}{D_x} \right) \tag{4.30}$$

この S^a を，過去の加入期間 $(x - x_e)$ に対応する部分 S^a_{PS} と将来の加入期間 $(x_r - x)$ に対応する部分 S^a_{FS} に分解する．これは，後述の責任準備金を定式化する際に，財政方式によっては過去の加入期間分の債務を責任準備金とするケースがあるため，S^a をこのように分解しておく必要がある[*14]．

$$S^a = S^a_{PS} + S^a_{FS} \tag{4.31}$$

(ア) 在職中の被保険者の過去の加入期間に対応する給付現価 S^a_{PS}[*15]

$$S^a_{PS} = \sum_{x=x_e}^{x_r-1} l_x^{(T)} \cdot \frac{x - x_e}{x_r - x_e} \cdot \frac{D_{x_r} \cdot \ddot{a}_{x_r}}{D_x} \tag{4.32}$$

---

*13 S^a の添字 "a" は "active" を表していると考えるとよい．

*14 ここでは給付を加入期間により均等に割り当てているが，Trowbridge モデルが仮定されていない場合，必ずしも均等である必要はない．

*15 S^a_{PS} の下添字 "PS" は "past service" を表していると考えるとよい．

(イ) 在職中の被保険者の将来の加入期間に対応する給付現価 S_{FS}^{a}[16]

$$S_{FS}^{a} = \sum_{x=x_e}^{x_r-1} l_x^{(T)} \cdot \frac{x_r - x}{x_r - x_e} \cdot \frac{D_{x_r} \cdot \ddot{a}_{x_r}}{D_x} \tag{4.33}$$

(3) 将来加入が見込まれる被保険者の給付現価 S^f[17]

$$S^f = \sum_{t=1}^{\infty} v^t (l_{x_r} \ddot{a}_{x_r} v^{x_r - x_e}) \tag{4.34}$$

$$= \frac{v}{d} \cdot l_{x_e}^{(T)} \cdot \frac{N_{x_r}}{D_{x_e}} \tag{4.35}$$

$l_{x_e}^{(T)} \cdot \dfrac{N_x}{D_{x_e}}$ は新規加入者の給付現価を表す．

この3つの集団の給付現価を合計したものを S とする．

$$S = S^p + S^a + S^f = B \cdot \ddot{a}_{\infty} = \frac{B}{d} \tag{4.36}$$

また，以下も成立する．

$$S^a + S^f = \frac{v}{d} \cdot l_{x_r} \cdot \ddot{a}_{x_r} \tag{4.37}$$

$$S^p + S^a = \frac{B}{d} - \frac{v}{d} \cdot l_{x_e}^{(T)} \cdot \frac{D_{x_r} \ddot{a}_{x_r}}{D_{x_e}} \tag{4.38}$$

人数現価

人数現価 G は，将来存在する被保険者数の現在価値のことである．直感的には，被保険者に対して毎年期初に保険料を1人あたり1支払ったときの，その合計を現価計算したものと考えるとよい[18]．

これを数式で表すと，現在年齢 x 歳の被保険者の定年までの人数現価は

$$x \text{ 歳の被保険者の定年までの人数現価} = \sum_{y=x}^{x_r-1} l_y^{(T)} v^{y-x} \tag{4.39}$$

---

[16] S_{FS}^{a} の下添字 “FS” は “future service” を表していると考えるとよい．
[17] S^f の添字 “f” は “future” を表していると考えるとよい．
[18] 人数現価は，給与を1とした場合の給与現価（後述）と一致する．

と書ける．これを踏まえて，被保険者集団を 2 つに分けて，人数現価を考える．

(1) 在職中の被保険者の人数現価 G^a

$$G^a = \sum_{x=x_e}^{x_r-1} \left(\sum_{y=x}^{x_r-1} l_y^{(T)} v^{y-x} \right) \tag{4.40}$$

$$= \sum_{x=x_e}^{x_r-1} l_x^{(T)} \left(\sum_{t=0}^{x-x_e} v^t \right) \tag{4.41}$$

$$= \sum_{x=x_e}^{x_r-1} l_x^{(T)} \cdot \frac{\sum\limits_{y=x}^{x_r-1} D_y}{D_x} \tag{4.42}$$

$$= \sum_{x=x_e}^{x_r-1} \left(v^{-x} \cdot \sum_{y=x}^{x_r-1} D_y \right) \tag{4.43}$$

$$= \frac{L}{d} - \frac{v}{d} \cdot l_{x_e}^{(T)} \cdot \frac{\sum\limits_{y=x_e}^{x_r-1} D_y}{D_{x_e}} \tag{4.44}$$

$$= L + v \cdot \sum_{x=x_e+1}^{x_r-1} l_x^{(T)} \cdot \frac{\sum\limits_{y=x}^{x_r-1} D_y}{D_x} \tag{4.45}$$

(2) 将来加入が見込まれる被保険者の人数現価 G^f

$$G^f = \sum_{t=1}^{\infty} v^t \left(\sum_{x=x_e}^{x_r-1} l_x^{(T)} v^{x-x_e} \right) \tag{4.46}$$

$$= \frac{v}{d} \sum_{x=x_e}^{x_r-1} l_x^{(T)} v^{x-x_e} \tag{4.47}$$

$$= \frac{v}{d} \cdot l_{x_e}^{(T)} \cdot \frac{\sum\limits_{x=x_e}^{x_r-1} D_x}{D_{x_e}} \tag{4.48}$$

$$= \frac{v}{d} \cdot (1+i)^{x_e} \cdot \sum_{x=x_e}^{x_r-1} D_x \tag{4.49}$$

公式 (4.48) の $l_{x_e}^{(T)} \cdot \dfrac{\sum\limits_{x=x_e}^{x_r-1} D_x}{D_{x_e}}$ は新規加入者の人数現価を表す．

この2つの被保険者集団の人数現価を合計したものを G とする．

$$G = G^a + G^f = \frac{L}{d} \tag{4.50}$$

なお，将来存在する被保険者の給与の現在価値のことを**給与現価**といい，こちらも人数現価と同様 G の記号がしばしば使われる．給与現価の場合，公式 (4.50) の L は「被保険者の給与合計」となる．

4.5　財政方式の定常状態における分類

年金制度では将来の給付支払のために，保険料を積み立てて，その積立金を運用することにより財源の準備を行うが，一般に加入時期から給付の支給時期までは長期間にわたるため，「いつ」，「どのように」保険料を積み立てておくかには様々な考え方がある．一般に給付を行うための財源の準備方法のことを年金制度の**財政方式**といい，ここでは，6つの財政方式を取り上げ，定常状態における年金制度を考察する．

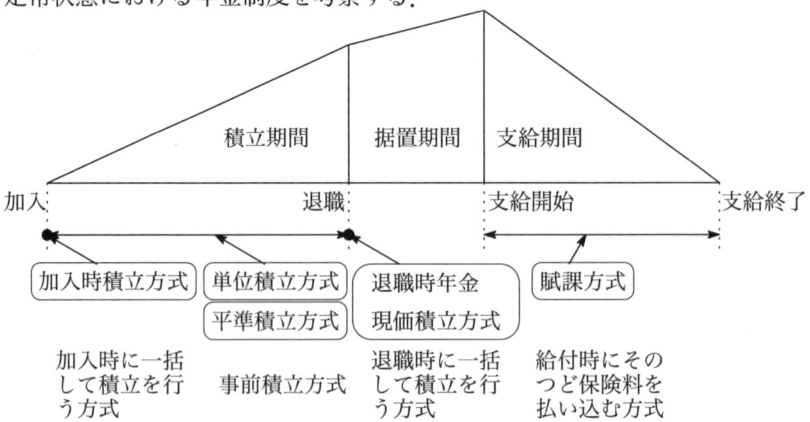

以下では，Trowbridge モデルで加入年齢 x_e 歳，定年年齢 x_r 歳，かつ定常状態を仮定したときの公式を列挙する．

4.5.1 賦課方式

賦課方式 (Pay-as-you-go Method) は，支払うべき給付額が発生するたびに，同額の保険料を払い込む財政方式である．保険料払込対象者*19 は受給者である．

1 人あたり保険料 ${}^{P}P$ は，

$$ {}^{P}P = 1 \tag{4.51} $$

となる．制度全体の保険料 ${}^{P}C$ は，

$$ {}^{P}C = B = \sum_{x=x_r}^{\omega} l_x \tag{4.52} $$

となる．極限方程式から，積立金 ${}^{P}F$ は，

$$ {}^{P}F = 0 \tag{4.53} $$

4.5.2 退職時年金現価積立方式

退職時年金現価積立方式 (Terminal Funding Method) は，退職時に年金原資を保険料として一時払で払い込む財政方式である．保険料払込対象者は x_r 歳で定年退職した被保険者である．

$$ {}^{T}P = \ddot{a}_{x_r} \tag{4.54} $$

$$ {}^{T}C = l_{x_r} \cdot \ddot{a}_{x_r} \tag{4.55} $$

$$ {}^{T}F = \frac{B}{d} - \frac{{}^{T}C}{d} \tag{4.56} $$

*19 費用発生源のことであり，保険料負担者のことではない．例えば問題 7.12 (→ p. 153) においては在職中の被保険者を保険料負担者として，被保険者 1 人あたりの保険料を計算しているため，公式 (4.51) と異なる保険料となっている．

$$= S - l_{x_r} \cdot \ddot{a}_{x_r} \cdot \ddot{a}_{\infty} = S - (S^a + S^f + l_{x_r} \cdot \ddot{a}_{x_r}) \tag{4.57}$$

$$= S^p - l_{x_r} \cdot \ddot{a}_{x_r} = S^p - iS^a - iS^f \tag{4.58}$$

$$= \sum_{x=x_r+1}^{\omega} l_x \cdot \ddot{a}_x \tag{4.59}$$

$$= \frac{l_{x_r}(e_{x_r} - a_{x_r})}{d} \tag{4.60}$$

退職時の給付を年金に代えてすべて一時金で支払う制度の場合，賦課方式と退職時年金現価積立方式の保険料は等しくなる．

4.5.3　単位積立方式

単位積立方式 (Unit Credit Method) は，退職時における給付原資を加入者期間中の各加入年度に対応する「単位」に分割し，各年度に割り当てられた「単位給付原資[*20]」の当該年度における現価相当額を保険料とする方式である．払込対象者は在職中の被保険者である．定常状態に達した Trowbridge モデルでは全員 $(x_r - x_e)$ 年の勤務後に年金額 1 が支給されるが，退職時における給付原資 $\ddot{a}_{x_r}$ のうち各年度に均等に[*21]割り当てられる「単位給付原資」は $\dfrac{1}{x_r - x_e} \cdot \ddot{a}_{x_r}$ となる．したがって x 歳の被保険者 1 人あたりの保険料はこの現在価値である．

$${}^{U}P_x = \frac{1}{x_r - x_e} \cdot \frac{D_{x_r}\ddot{a}_{x_r}}{D_x} = \frac{D_{x_r}\ddot{a}_{x_r}}{x_r - x_e} \cdot \frac{(1+i)^x}{l_x^{(T)}} \tag{4.61}$$

定義より，毎年払い込む保険料は年齢によって変わる．これが，保険料が毎年一定である「平準積立方式」（後述）と異なる点である．

---

*20 この用語は [数理人会] でも用いられているが，一般的な用語ではない．

*21 ここでは給付現価を加入期間により均等に割り当てているが，Trowbridge モデルが仮定されていない場合，必ずしも均等である必要はない．例えば問題 7.14（p. 158）を参照せよ．

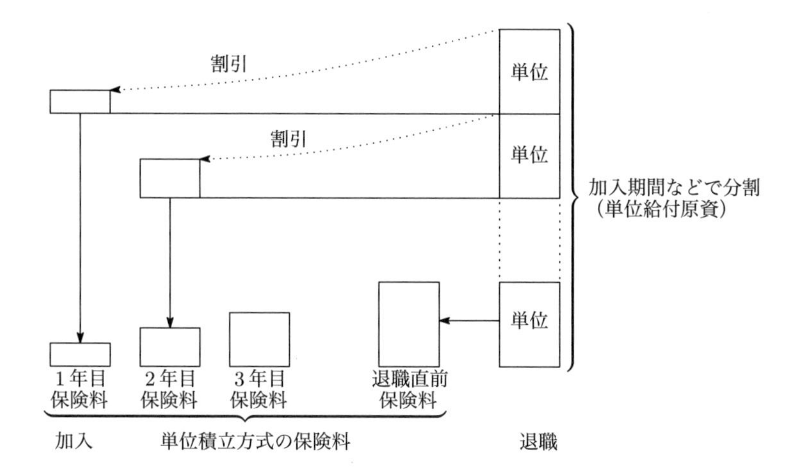

$$ {}^{U}C = \sum_{x=x_e}^{x_r-1} l_x^{(T)} \cdot {}^{U}P_x \tag{4.62} $$

$$ = \frac{1}{x_r - x_e} \sum_{x=x_e}^{x_r-1} l_x^{(T)} \cdot \frac{D_{x_r}\ddot{a}_{x_r}}{D_x} \tag{4.63} $$

$$ = \frac{l_{x_r} \cdot \ddot{a}_{x_r}}{x_r - x_e} \sum_{x=x_e}^{x_r-1} v^{x_r - x} = \frac{l_{x_r} \cdot \ddot{a}_{x_r}}{x_r - x_e} \cdot \frac{v(1-v^{x_r-x_e})}{1-v} \tag{4.64} $$

$$ = \frac{1}{x_r - x_e} S^a = d(S^a_{FS} + S^f) \tag{4.65} $$

$$ {}^{U}F = S^a_{PS} + S^p \tag{4.66} $$

$$ = \sum_{x=x_e+1}^{x_r-1} l_x^{(T)} \cdot \frac{x - x_e}{x_r - x_e} \cdot \frac{D_{x_r}\ddot{a}_{x_r}}{D_x} + \sum_{x=x_r}^{\omega} l_x \cdot \ddot{a}_x \tag{4.67} $$

D_x は x に関して単調減少であるから，定義式 (4.61) より保険料 ${}^{U}P_x$ は年齢 x に関して単調増加となる．

4.5.4 平準積立方式

平準積立方式 (Level Premium Method) は，在職期間中の保険料が「平準化」されている方式のことをいう．ここでいう「平準化」とは，保険料算定基準が「被保険者1人」の場合は，1人あたり保険料を加入期間を通して一定の金額となるように算定し，保険料算定基準が「給与1」の場合は，(1給与あたり) 保険料率を加入期間を通して一定の比率となるように算定することを意味する．

平準積立方式には，後述する「加入年齢方式」，「総合保険料方式」，「到達年齢方式」，「個人平準保険料方式」が含まれる．

$$ {}^{L}P = \frac{D_{x_r}\ddot{a}_{x_r}}{\sum_{x=x_e}^{x_r-1} D_x} = \frac{S^f}{G^f} \tag{4.68} $$

$$ {}^{L}C = {}^{L}P \cdot L \tag{4.69} $$

$$ {}^{L}F = S^p + S^a - {}^{L}P \cdot G^a \tag{4.70} $$

$$ = S^p + {}^{L}P \cdot \sum_{x=x_e+1}^{x_r-1} l_x^{(T)} \cdot \frac{\sum_{y=x_e}^{x-1} D_y}{D_x} \tag{4.71} $$

$$ = S^p + \sum_{x=x_e+1}^{x_r-1} \left({}^{L}P \cdot \sum_{y=x_e}^{x-1} l_y^{(T)} \cdot (1+i)^{x-y} \right) \tag{4.72} $$

※ (4.71)の解説は問題7.44(1) の解答を参照.

すなわち，平準積立方式の定常状態における積立金の額は，在職中の被保険者についての過去の保険料の元利合計と年金受給権者についての給付現価の合計額である[*22].

[*22] 責任準備金と積立金が一致する収支均衡の状況であれば，平準積立方式に限らず成立する．

4.5.5 加入時積立方式

加入時積立方式 (Initial Funding Method) は，被保険者の加入と同時に将来の給付原資を全額払い込む方式である．保険料の払込対象者は新規加入者である．

$$ {}^{In}P = \frac{D_{x_r}\ddot{a}_{x_r}}{D_{x_e}} \tag{4.73} $$

$$ {}^{In}C = l_{x_e}^{(T)} \cdot \frac{D_{x_r}\ddot{a}_{x_r}}{D_{x_e}} = v^{x_r - x_e} \cdot l_{x_r} \cdot \ddot{a}_{x_r} \tag{4.74} $$

$$ {}^{In}F = \frac{B}{d} - \frac{{}^{In}C}{d} \tag{4.75} $$

$$ = S^p + S^a - {}^{In}C = S^p + S^a - iS^f \tag{4.76} $$

$$ = \sum_{x=x_r}^{\omega} l_x \cdot \ddot{a}_x + \sum_{x=x_e+1}^{x_r-1} l_x^{(T)} \cdot \frac{D_{x_r}\ddot{a}_{x_r}}{D_x} \tag{4.77} $$

4.5.6 完全積立方式

完全積立方式 (Complete Funding Method) は，極限方程式において保険料をゼロとしたものである．すなわち，毎年の給付は，積立金の利息から支払うことになる．

$$ {}^{Co}C = 0 \tag{4.78} $$

$$ {}^{Co}F = \frac{B}{d} = S \tag{4.79} $$

定義から分かるように，完全積立方式の積立金は年金受給権者，在職中の被保険者および将来加入が見込まれる被保険者の給付現価の合計である．

以上から，各財政方式について積立金の水準が高い順に並べると，

完全積立方式 ${}^{Co}F$ ＞加入時積立方式 ${}^{In}F$ ＞平準積立方式 ${}^{L}F$
＞単位積立方式 ${}^{U}F$ ＞退職時年金現価積立方式 ${}^{T}F$ ＞賦課方式 ${}^{P}F$

となる*23．

*23 平準積立方式と単位積立方式の関係については問題 7.44 (2)(B)（→ p. 224）の解答を参照．

4.5.7　各財政方式の相互の関係

これまで挙げてきた財政方式の定常状態における保険料と給付現価の公式から，以下を導出することができる．試験本番では，正誤問題として頻出なので要チェック．なお，これらの公式はTrowbridgeモデルに限らず多くのモデルで同様の公式が成立する．

$$S = \frac{B}{d} = \frac{{}^{P}C}{d} \tag{4.80}$$

$$S^p = \frac{{}^{P}C - v \cdot {}^{T}C}{d} \tag{4.81}$$

$$S^p + S^a = \frac{{}^{P}C - v \cdot {}^{In}C}{d} \tag{4.82}$$

$$S^a = \frac{v \cdot {}^{T}C - v \cdot {}^{In}C}{d} = \frac{{}^{T}C - {}^{In}C}{i} \tag{4.83}$$

$$S^f = \frac{v \cdot {}^{In}C}{d} = \frac{{}^{In}C}{i} \tag{4.84}$$

$$S^p + S^a_{PS} = \frac{B - {}^{U}C}{d} = \frac{{}^{P}C - {}^{U}C}{d} \tag{4.85}$$

$$S^a_{PS} = \frac{v \cdot {}^{T}C - {}^{U}C}{d} \tag{4.86}$$

$$S^a_{FS} = \frac{{}^{U}C - v \cdot {}^{In}C}{d} \tag{4.87}$$

これらを各財政方式の保険料収入現価について整理すると，

$$\frac{{}^{P}C}{d} = S = S^p + S^a + S^f \tag{4.88}$$

$$\frac{{}^{T}C}{d} = S^a + S^f + {}^{T}C \tag{4.89}$$

$$\frac{{}^{U}C}{d} = S^a_{FS} + S^f \tag{4.90}$$

$$\frac{{}^{In}C}{d} = S^f + {}^{In}C \tag{4.91}$$

これらの結果は次の図を用いれば覚えやすい．

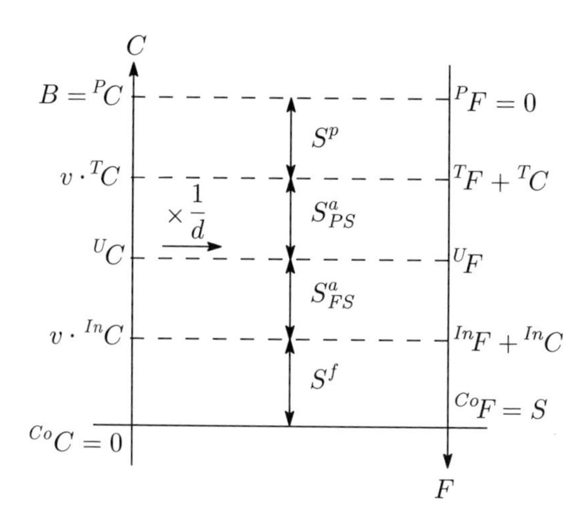

4.6 財政計画の違いによる財政方式の分類

ここでは，定常状態に達する前の財政的手当て（財政計画）の違いに着目して財政方式の分類を行う．[教科書] でいえば，主に理論編第 4 章と第 5 章に対応する．この節においては「定常状態」や「Trowbridge モデル」を必ずしも仮定しない．

4.6.1 責任準備金と未積立債務

それぞれの財政方式の保険料算定方法に基づいて当該保険料算定対象とする給付との収支がバランスするように算定された保険料を**標準保険料**という．これは年金制度を将来にわたって運営していくために必要となる基本的な保険料であり，「将来期間に対応して発生する給付」を賄うための財源となるものである．給付現価から標準保険料収入現価を控除した額を**責任準備金**（Valuation Reserve；V[*24] で表す）と定義する[*25]．これは将来支払う給

[*24] もともとの由来は不明だが，19 世紀末に Policy Value の記号として定義された経緯から，Policy Value の V だと思っておけばよい．

[*25] 最近のアクチュアリー試験においてはこのように定義しているが，日本の確定給付企業年金制度の各種法令では**数理債務**と呼ばれるものであり，実務においては別の概念を指す．

付を賄うために必要な額（給付現価）のうち，将来の標準保険料収入を見込んだ上で，その時点で積み立てておかなければならない金額を表している．これは生保数理でいう「将来法の責任準備金」に相当する概念である．年金数理の標準保険料は，必ずしも個人単位で収支相等する水準ではないため，「将来法の責任準備金」と「過去法の責任準備金」は必ずしも一致しない．

責任準備金は基本的には年度ごとの人員に対してその都度計算しなければならないが，以下のような特殊な状況であれば，年度ごとの責任準備金の間に次の関係がある．これらは実際の試験問題においても非常に頻出である．

責任準備金に関する漸化式公式

第 n 年度末の責任準備金を V_n，第 n 年度の標準保険料収入を C_n，給付支払額を B_n とし（いずれも期初払），予定利率を i とする．

(1) 第 n 年度において人員の推移が予定通り（つまり給付支払や標準保険料が予定通り）であった場合，

$$V_n = (V_{n-1} + C_n - B_n)(1+i) \tag{4.92}$$

(2) 特に人員分布が定常状態にある場合，標準保険料収入や給付支払は一定値（それぞれ C, B とおく）となり，V も次の一定値となる．

$$V = (V + C - B)(1+i) \tag{4.93}$$

詳しい解説は問題 7.18（p.166）の補足を参照せよ．

(1) において，積立金の運用は予定通りである必要はない．なお，ある年度（第 1 年度とおく）から人員の推移が予定通りとなった場合，(1) はその年度以降常に成立するが，(2) が成立するまでには，第 1 年度に新規加入した者の年金支給が完了するまでの非常に長い時間の経過が必要となる（例えば終身年金を行う年金制度の場合はおおよそ 20 歳から 120 歳までのおおよそ 100 年間）．

当初の予定通りに年金制度が推移しなかった場合，積立金が責任準備金を上回ったり下回ったりすることもありうる．積立金が責任準備金を下回った状態を**積立不足**といい，その差額を**未積立債務**（Unfunded Liability；$U(=V-F)$で表す）または**過去勤務債務**[*26]（Past Service Liability；PSLで表す）という．本書では，両方の用語を用いているが，意味するところは同じであることに注意されたい．これは以下の表にまとめた状況で発生する．

未積立債務の種類（例）	発生時期
① 制度発足時にすでに入社している者の過去勤務期間を通算した場合	制度発足時
② 制度発足後に給付を増額するなどの制度変更を行った場合	制度変更時
③ 当初設定した計算基礎率（予定利率，予定脱退率など）と実績（実際の運用利回り，脱退実績など）との間に乖離が生じた場合	毎年度の財政決算時
④ 定期的再計算[*27]時に計算基礎率を見直した場合	定期的再計算時

未積立債務が発生している場合，これを償却するため，標準保険料とは別の保険料が設定される．これを**特別保険料**という．

特別保険料の手当てが決まった未積立債務は，将来の特別保険料収入の現在価値と等しくなる．したがって特別保険料の手当てが決まった後の未積立債務を「**特別保険料収入現価**」とも呼ぶ．

標準保険料と特別保険料は次のように説明されることもある．

- 標準保険料：将来勤務期間に対応する給付にかかるもの
- 特別保険料：過去勤務期間に対応する給付にかかるもの

[*26] この名称は表のケース①をイメージしていると考えられるが，それに限らず表のケース①〜④すべて指している．
[*27] 特に制度変更や人員の変化が無くても定期的に行う財政再計算のことを指す．

ただし総合保険料方式（後述）のように「標準保険料」と「特別保険料」とを区別しない財政方式もある.

特別保険料の算出方法として代表的なものは，元利均等償却，定率償却，弾力償却の3つである．なお，以下では保険料の拠出時期を期初とし，予定利率 i，現価率を $v=\frac{1}{1+i}$ で表す.

元利均等償却

一定期間を設けて毎期一定額を償却していく方法を**元利均等償却**方式という．償却開始時の過去勤務債務の額を U_0，給与総額を B，被保険者総数を L，償却年数を n とすると，特別保険料率 P^{PSL}，特別保険料 C^{PSL} は，

$$\text{給与の一定率による償却}：P^{PSL}=\frac{U_0}{B\ddot{a}_{\overline{n}|}} \tag{4.94}$$

$$\text{被保険者1人あたり定額による償却}：P^{PSL}=\frac{U_0}{L\ddot{a}_{\overline{n}|}} \tag{4.95}$$

$$\text{給与や被保険者数によらない償却}：C^{PSL}=\frac{U_0}{\ddot{a}_{\overline{n}|}} \tag{4.96}$$

と表せる．特に公式(4.96)のような償却方法を**定額償却**という．定額償却であれば，給与・人員の変動とは無関係に過去勤務債務を償却することができるため，給与総額・被保険者数の変動による剰余・不足は発生しない.

■未償却過去勤務債務　実際に初期過去勤務債務 U_0 がどのように償却されていくかを見てみよう．実際には給与が変動するなどして，予定していた特別保険料とは異なる額の保険料を拠出することもありうる．第 s 年度において実際に拠出した特別保険料を $C'_s(s=1,2,\ldots)$ と表す．このとき，漸化式

$$U_t=(U_{t-1}-C'_t)\cdot(1+i) \tag{4.97}$$

で定義される U_t を，第 t 年度末における（U_0 に対する）**未償却過去勤務債務**と呼ぶ．これは，

$$U_0\cdot(1+i)^t-C'_1\cdot(1+i)^t-C'_2\cdot(1+i)^{t-1}-\cdots-C'_t\cdot(1+i) \tag{4.98}$$

とも表せる.

第 m 年度末に U_0 の償却が（過不足なく）完了したとは，$U_m = 0$ となることをいう．

第 t 年度末までの償却が予定通りに推移した場合[*28]，第 t 年度以降に予定している特別保険料を $C_s(s = t+1,\ t+2, \dots, n)$ で表したとき，

$$U_t = C_{t+1} + C_{t+2} \cdot v + C_{t+3} \cdot v^2 + \cdots + C_n \cdot v^{n-t-1} \tag{4.99}$$

が成立する．過去勤務債務の償却に関する問題においてこの公式を用いれば，第1年度から償却の推移に関する公式 (4.98) を立てなくても，予定通り償却している年度以降に着目して立式できるため，計算量を削減できる場合がある．例えば問題 7.19 (→p. 168) などを参照．

U_t の定義は「過去法」，つまり初期過去勤務債務の第 t 年度の終価から，拠出した額の t 年度における終価を控除することで求めている．一方，公式 (4.99) は「将来法」すなわち，第 t 年度までの償却が予定通りであれば，第 t 年度以降の特別保険料収入現価と一致するということを述べている．

定率償却

一定の償却割合を設けて償却する方法を**定率償却**という．償却割合を r とすると，第1年度の特別保険料 C_1^{PSL} は，

$$C_1^{PSL} = U_0 \cdot r \tag{4.100}$$

となる．また，定率償却を繰り返していくと，第 n 年度の特別保険料 C_n^{PSL}，および第 n 年度末の未積立債務 U_n は，

$$C_n^{PSL} = r \cdot \{(1+i)(1-r)\}^{n-1} \cdot U_0 \tag{4.101}$$

$$U_n = \{(1+i)(1-r)\}^n \cdot U_0 \tag{4.102}$$

[*28] 第 t 年度までの各年度において拠出した特別保険料が予定の額と一致している場合を指す．特に定額償却の場合は必ず予定通りに推移する．なお，予定している特別保険料とは，特別保険料の計算時点で立式した収支相等の式 $U_0 =$（特別保険料収入現価）の右辺に現れる特別保険料のこと．

なお，未積立債務の額が標準保険料の年額以下と見込まれる場合には一括償却が可能である．

弾力償却

特別保険料率に一定の幅を持たせて，その幅の中で毎年の特別保険料率を決定する償却方法を**弾力償却**という．一定の範囲内で柔軟に保険料を設定できるので，年金制度を実施する企業にとっても，「資金繰りに余裕のある時に多めの保険料を拠出しよう」といったことがある程度可能となる．

元利均等償却と同じように算定した特別保険料率を下限特別保険料率とする（償却年数は n 年）．

$$P^{PSL}_{\text{下限}} = \frac{U_0}{B\ddot{a}_{\overline{n}|}} \tag{4.103}$$

これに対して一定のルールで上限特別保険料率が設定される（償却年数は $m(<n)$ 年）．

$$P^{PSL}_{\text{上限}} = \frac{U_0}{B\ddot{a}_{\overline{m}|}} \tag{4.104}$$

第1年度に拠出する特別保険料率を $P'(P^{PSL}_{\text{下限}} \leq P' \leq P^{PSL}_{\text{上限}})$ とした場合，短縮後償却期間に基づく年金現価率 $\ddot{a}_{\overline{A}|}$ は次を満たす[*29]．

$$\begin{aligned} & B\cdot P' + vB\cdot P^{PSL}_{\text{下限}}\cdot\ddot{a}_{\overline{A}|} = U_0 \\ \Longleftrightarrow\quad & B\cdot P^{PSL}_{\text{下限}}\cdot\ddot{a}_{\overline{A}|} + B\cdot(P' - P^{PSL}_{\text{下限}})\cdot(1+i) = B\cdot P^{PSL}_{\text{下限}}\cdot\ddot{a}_{\overline{n-1}|} \end{aligned} \tag{4.105}$$

すなわち，第1年度に下限特別保険料率より大きい特別保険料率を拠出した場合，未積立債務の償却が n 年より少し早まったと考えられるため，第1年度末には $n-1$ 年より短い償却期間を新たに設定する必要がある．これは通常，上記公式のように，第1年度以降ずっと下限特別保険料率を適用した場合の特別保険料収入現価と未積立債務が等しくなるように設定される．

弾力償却を考える上では，常に下限特別保険料率の償却期間がベースとなることに注意が必要である．

[*29] 具体的な適用例は問題 7.39 (→p. 210) 参照．

4.6.2 加入年齢方式

加入年齢方式 (Entry Age Normal Cost Method) は，制度に加入した加入年齢以後の期間（加入期間）に対応する給付に収支相等するよう，加入期間にわたって平準的な標準保険料を算定する財政方式のことである．

加入年齢方式は，加入年齢ごとに標準保険料率を算出するのが一般的であるが，特にひとつの加入年齢に対応する標準保険料率を一律に適用する方式を**特定年齢方式**という．

特定年齢 x_e 歳での定常人口においては，加入年齢方式と特定年齢方式は同じ結果となる．試験本番では「『加入年齢方式』とは，『特定年齢方式』のことをいう」という断り書きが入ることが多い．今後，本書にて単に「加入年齢方式」と記載した場合，それは「特定年齢方式」のことを意味する．

Trowbridge モデルで加入年齢 x_e 歳，定年年齢 x_r 歳，かつ定常状態において（${}^{I}P_x$ は後述），

$$ {}^{E}P = \frac{D_{x_r}\ddot{a}_{x_r}}{\sum_{x=x_e}^{x_r-1} D_x} = \frac{\sum_{x=x_e}^{x_r-1} {}^{U}P_x D_x}{\sum_{x=x_e}^{x_r-1} D_x} = \frac{S^f}{G^f} = {}^{L}P \tag{4.106} $$

$$ {}^{E}C = {}^{E}P \cdot L \tag{4.107} $$

$$ {}^{E}V = S^p + S^a - {}^{E}P \cdot G^a \tag{4.108} $$

$$ = S^p + \sum_{x=x_e}^{x_r-1} l_x^{(T)} \left(\frac{D_{x_r}\ddot{a}_{x_r}}{D_x} - {}^{E}P \frac{\sum_{y=x}^{x_r-1} D_y}{D_x} \right) \tag{4.109} $$

$$ = S^p + \sum_{x=x_e}^{x_r-1} \left\{ l_x^{(T)} ({}^{I}P_x - {}^{E}P) \frac{\sum_{y=x}^{x_r-1} D_y}{D_x} \right\} \tag{4.110} $$

$$= S^p + {}^E P \cdot \sum_{x=x_e+1}^{x_r-1} l_x^{(T)} \cdot \frac{\sum_{y=x_e}^{x-1} D_y}{D_x} \tag{4.111}$$

定年退職者のみに年金を支給する定額制（後述）の年金制度において，予定脱退率が全年齢で0より大きく，かつ，予定通りに保険料を支払った場合，被保険者1人に対して，保険料の積立終価は，積立段階のどの時点においても，その時点における責任準備金を常に下回る．

以下の性質は4.7.2でも述べる加入年齢方式に関する性質である．

- 加入年齢方式の標準保険料は開放基金方式（後述）よりも小さい
- ある年度に脱退者数の実績が各年齢一律に予定を下回った場合，財政上は差損になる
- ${}^E P$ は ${}^U P_x$ の加重平均として表される

4.6.3　個人平準保険料方式

個人平準保険料方式 (Individual Level Premium Method) は，個々の被保険者がそれぞれの給付に要する費用を，加入期間にわたって「平準的」(一定額または給与に対して一定率）に積み立てる財政方式である．

Trowbridgeモデルで加入年齢 x_e 歳，定年年齢 x_r 歳での定常人口において，制度発足時 x 歳の被保険者の保険料は，

$${}^I P_x = \frac{D_{x_r} \ddot{a}_{x_r}}{\sum_{y=x}^{x_r-1} D_y} \tag{4.112}$$

である．特に，$x = x_e$ のとき，

$${}^I P_{x_e} = {}^E P \tag{4.113}$$

制度発足時に年金受給権者に対する給付現価を一括して償却する場合，第1年度の保険料は，

$${}^I C_1 = \sum_{x=x_e}^{x_r-1} l_x^{(T)} \cdot {}^I P_x + S^p \tag{4.114}$$

第 n 年度（$n \geq 2$）の保険料は,

$$
{}^{I}C_n = \sum_{x=x_e+n-1}^{x_r-1} l_x^{(T)} \cdot {}^{I}P_{x-n+1} + \sum_{x=x_e}^{x_e+n-2} l_x^{(T)} \cdot {}^{E}P \tag{4.115}
$$

$$
= \sum_{x=x_e}^{x_r-1} l_x^{(T)} \cdot {}^{E}P + \sum_{x=x_e+n-1}^{x_r-1} l_x^{(T)} \cdot ({}^{I}P_{x-n+1} - {}^{E}P) \tag{4.116}
$$

保険料 ${}^{I}P_x - {}^{E}P$ の現価は，公式 (4.110) より加入年齢方式における在職中の被保険者の責任準備金に等しい．したがって個人平準保険料方式の保険料は，加入年齢方式の標準保険料 ${}^{E}P$ と加入年齢方式における在職中の被保険者の責任準備金の積立に要する保険料 ${}^{I}P_x - {}^{E}P$ の合計とみなすことができる.

4.6.4 総合保険料方式

総合保険料方式 (Aggregate Cost Method) は，被保険者の保険料が全被保険者で一律であり，標準保険料と特別保険料を区別しない財政方式である.

新規加入者に対する保険料は，収支相等する保険料 ${}^{E}P$ ではなく，公式 (4.117) や公式 (4.120) の保険料であるため，新規加入者が加入するごとに財政上の過不足が発生することとなる．したがって総合保険料方式においては一定のタイミングで保険料の見直しが必要となる.

後述する「開放型総合保険料方式」と区別して，**閉鎖型総合保険料方式** (Closed Aggregate Cost Method) と呼ぶことがある.「閉鎖型」と「開放型」の違いは，財政計画の範囲に将来加入する被保険者を見込むかどうかで，見込まないのが「閉鎖型」，見込むのが「開放型」である．試験本番で，問題文に単に「総合保険料方式」と書かれていたら，閉鎖型総合保険料方式と解釈してよい[*30].

以下の数式は Trowbridge モデルかつ加入年齢 x_e 歳，定年年齢 x_r 歳での

*30 [教科書] では閉鎖型総合保険料方式を「総合保険料方式」と定義しているため.

定常人口において，初年度の積立金＝0のときのものである[31]．制度発足時の保険料は，

$$
{}^{C}P_1 = \frac{S^p + S^a}{G^a} \tag{4.117}
$$

$$
= {}^{E}P + \frac{S^p + S^a - {}^{E}P \cdot G^a}{G^a} = {}^{E}P + \frac{{}^{E}V}{G^a} \tag{4.118}
$$

$$
{}^{C}C_1 = {}^{C}P_1 \cdot L \tag{4.119}
$$

一般に第 n 年度の総合保険料方式の保険料は以下のプロセスで計算される．

- 制度全体の給付現価 $S^p + S^a$ を計算
- 第 n 年度初の積立金の額 ${}^{C}F_n$ を計算
- この差額をそのときの人数現価 G^a で割ることで1人あたりの保険料 ${}^{C}P_n$ が計算される（在職中の被保険者全員に対して同じ保険料率を設定．給付現価と積立金が先に決まり，${}^{C}P_n G^a + {}^{C}F_n = S^p + S^a$ とバランスするように保険料が決定される）

これらを数式で表したものが公式(4.120)である．

$$
{}^{C}P_n = \frac{S^p + S^a - {}^{C}F_n}{G^a} \tag{4.120}
$$

$$
{}^{C}C_n = {}^{C}P_n \cdot L \tag{4.121}
$$

$$
{}^{C}F_n = ({}^{C}F_{n-1} + {}^{C}C_{n-1} - B)(1+i) \tag{4.122}
$$

$$
= \left(1 - \frac{1}{G^a/L}\right)(1+i) \cdot {}^{C}F_{n-1} + \left(\frac{S^p + S^a}{G^a/L} - B\right)(1+i) \tag{4.123}
$$

$$
\to {}^{E}V \ (n \to \infty) \tag{4.124}
$$

[31] 問題文で特に言及されていない場合は用いてもよいと思われるが，これらの仮定をしていない場合もあるので念のため頭の片隅に置いておきたい．

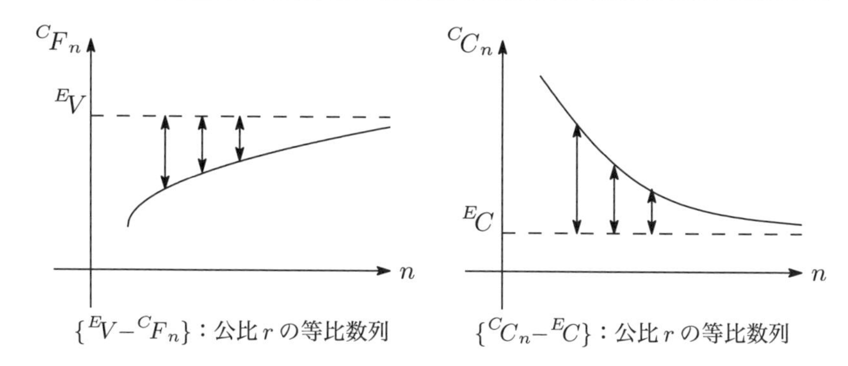

公式 (4.124) は，試験問題に適用しやすい次の形で覚えておくとよい．

総合保険料方式の漸化式公式

数列 $\{{}^{E}V - {}^{C}F_n\}$，$\{{}^{C}C_n - {}^{E}C\}$ はともに $r = \left(1 - \dfrac{L}{G^a}\right)(1+i)$ を公比とする等比数列である（r は，$0 < r < 1$ を満たす）．

4.6.5　到達年齢方式

到達年齢方式 (Attained Age Normal Cost Method) は，制度加入時点の年齢を加入年齢として，定年までの予定加入期間に対応する給付を賄うように標準保険料を計算し，制度加入時点の過去勤務債務については，別途特別保険料を設定する方式である．

この標準保険料の算出方法として，総合保険料方式のように制度全体で算出する方法と個人平準保険料方式のように個人ごとに算出する方法の 2 種類がある．以下の数式では [教科書] と同様に前者の方法を仮定している．両者の違いは付録 C.2（p.315）を参照．

以下の数式は Trowbridge モデルかつ加入年齢 x_e 歳，定年年齢 x_r 歳での定常人口を前提としている．

制度発足時の標準保険料は以下の通り．

$$ {}^{A}P_1 = \frac{S^a_{FS}}{G^a} \tag{4.125} $$

$$ {}^{A}C_1 = {}^{A}P_1 \cdot L \tag{4.126} $$

発足時の過去勤務債務の額 ${}^{A}U_1$ は以下の通り．

$$ {}^{A}U_1 = S^p + S^a_{PS} \tag{4.127} $$

第 n 年度における標準保険料は以下の通り（${}^{A}V_n = {}^{A}F_n + {}^{A}U_n$ とする）．

$$ {}^{A}P_n = \frac{S^p + S^a - ({}^{A}F_n + {}^{A}U_n)}{G^a} = \frac{(S^p + S^a) - {}^{A}V_n}{G^a} \tag{4.128} $$

$$ = \frac{S^a_{FS} - \{({}^{A}F_n + {}^{A}U_n) - {}^{U}F\}}{G^a} \tag{4.129} $$

$$ = {}^{A}P_1 - \frac{({}^{A}F_n + {}^{A}U_n) - {}^{U}F}{G^a} \tag{4.130} $$

$$ {}^{A}C_n = \frac{(S^p + S^a) - {}^{A}V_n}{G^a} \cdot L \tag{4.131} $$

公式 (4.130) より第 n 年度の標準保険料は，初年度の保険料から初期の未積立債務をすべて償却した場合の第 n 年度の積立金と単位積立方式の定常状態における積立金の差額に対応する保険料を差し引いたものとなる（問題 7.30 (p.190) の補足を参照）．

到達年齢方式の標準保険料は加入年齢方式の標準保険料に収束するので，「総合保険料方式の漸化式公式」同様に以下の形で覚えておくとよい．

到達年齢方式の漸化式公式

数列 $\{{}^{E}V - {}^{A}V_n\}, \{{}^{A}C_n - {}^{E}C\}$ はともに $r = \left(1 - \frac{L}{G^a}\right)(1+i)$ を公比とする等比数列である（r は，$0 < r < 1$ を満たす）．

4.6.6　開放型総合保険料方式

開放型総合保険料方式 (Open Aggregate Cost Method) は，在職中の被保険者および将来加入が見込まれる被保険者について給付に必要な費用を平準的に積み立てる財政方式である．閉鎖型総合保険料方式と異なり，将来加入が見込まれる被保険者も考慮した財政方式である．

開放型総合保険料方式では，閉鎖型総合保険料方式と同じ考え方で保険料が設定されるが，将来加入が見込まれる被保険者も含めて収支相等するように保険料が算定される．つまり，

$$^{O}P = \frac{\text{「将来加入が見込まれる被保険者も含めた給付現価」} - F}{G^a + G^f} \tag{4.132}$$

となる．この「将来加入が見込まれる被保険者も含めた給付現価」は制度発足時の過去勤務期間の取り扱いによって異なる．以下に4通りの例を挙げる．なお，Trowbridgeモデルかつ加入年齢 x_e 歳，定年年齢 x_r 歳での定常人口において初年度の積立金＝0を前提としている．

(1) 在職中の被保険者の過去勤務期間を通算し，かつすでに退職した従業員にも給付を行う場合

$$^{O}P = \frac{S^p + S^a + S^f}{G^a + G^f} = \frac{B}{L} \tag{4.133}$$

$$^{O}C = {}^{O}P \cdot L = B = {}^{P}C \tag{4.134}$$

すなわち，この場合の保険料は賦課方式の保険料と一致する．

(2) 在職中の被保険者の過去勤務期間は通算するが，すでに退職した従業員には給付を行わない場合

$$^{O}P = \frac{S^a + S^f}{G^a + G^f} = \frac{v \cdot {}^{T}C}{L} \tag{4.135}$$

$$^{O}C = v \cdot {}^{T}C \tag{4.136}$$

(3) 在職中の被保険者の過去勤務期間を通算しない場合

$$^{O}P = \frac{S^a_{FS} + S^f}{G^a + G^f} = \frac{{}^{U}C}{L} \tag{4.137}$$

$$^{O}C = {}^{U}C \tag{4.138}$$

すなわち，この場合の保険料は単位積立方式の保険料と一致する．

(4) 給付の対象者を将来加入が見込まれる被保険者のみに限った場合

$$ {}^{O}P = \frac{S^f}{G^a + G^f} = \frac{v \cdot {}^{In}C}{L} \tag{4.139} $$

$$ {}^{O}C = v \cdot {}^{In}C \tag{4.140} $$

定常状態にある制度が何らかの理由により積立不足が発生したとする．この場合に，(4.132) 式に従って保険料を計算すると，翌年度以降，年金制度が予定通りに推移しても，未積立債務はまったく変動しない（解説は問題7.44(2)(A)（p.224）を参照）．

4.6.7　開放基金方式

開放基金方式（Open Aggregate Normal Cost Method）は，在職中の被保険者および将来加入が見込まれる被保険者について，保険料算定時以降の将来期間に対応して発生する給付に対して収支相等するように標準保険料を算定する財政方式である．

以下の公式は Trowbridge モデルかつ加入年齢 x_e 歳，定年年齢 x_r 歳での定常人口を前提としたものである．

$$ {}^{OAN}P = \frac{S^a_{FS} + S^f}{G^a + G^f} = \frac{{}^{U}C}{L} \tag{4.141} $$

$$ = \frac{\sum_{x=x_e}^{x_r-1} {}^{U}P_x l_x^{(T)}}{\sum_{x=x_e}^{x_r-1} l_x^{(T)}} \tag{4.142} $$

$$ = \frac{D_{x_r} \ddot{a}_{x_r}}{x_r - x_e} \cdot \frac{\sum_{x=x_e}^{x_r-1} v^{-x}}{\sum_{x=x_e}^{x_r-1} l_x^{(T)}} \tag{4.143} $$

$$ {}^{OAN}C = {}^{U}C \tag{4.144} $$

また，定常状態において，

$$ {}^{OAN}V = (S^p + S^a + S^f) - {}^{OAN}P(G^a + G^f) \quad (4.145) $$

$$ = S^p + S^a_{PS} = {}^{U}F \quad (4.146) $$

上式から分かるように，定常状態においては開放基金方式の積立金は単位積立方式の積立金と一致する．

開放基金方式では，積立金が責任準備金を上回っている場合，剰余金を人数現価 $G^a + G^f$ で割った分だけ標準保険料を引き下げることができる[*32]．

未積立債務（または剰余金）の償却を例外的に永久償却（未積立債務の予定利息相当分のみを償却）とした場合には，開放基金方式の保険料の合計は開放型総合保険料方式によった場合と同じである．

${}^{OAN}P$ は ${}^{E}P$ と ${}^{A}P_x$（年齢別将来期間対応保険料（p. 89））の加重平均として表され，また ${}^{U}P_x$ の加重平均としても表される．

4.7 年金財政の検証

4.7.1 1年間の責任準備金，積立金の動き

Trowbridge モデルで，定常状態にあり，また制度発足時の過去勤務債務の償却が終了している年金制度を想定する．財政方式は加入年齢方式を想定する．1年間の推移とは，新規加入者の加入，保険料収入，給付の発生する直前の時点から次のそれらが起こる直前までとする．以下では次の記号を使用する．

- l_x：x 歳の残存数
- S_x：x 歳の集団の給付現価
- G_x：x 歳の集団の人数現価（便宜上，$x \geq x_r$ のとき $G_x = 0$ とする）

[*32] 閉鎖型の財政方式（例えば加入年齢方式）の場合でも，剰余金を人数現価 G^a で割った分だけ標準保険料を引き下げることもありうるが，この引き下げ後の標準保険料は新規加入者に対して必ずしも収支相等するものではないことに注意．

- P：標準保険料
- V_x：x 歳の集団の責任準備金 $(=S_x - PG_x)$

1年間の責任準備金の動きに関する公式を，年初の集団①〜③ごとにまとめる．

① (年初に) 現在の被保険者である集団 $(x_e \leq x \leq x_r - 1)$ (期初の新規加入者を含む)
年初に x 歳であった集団が予定通りに推移した場合，1年後の責任準備金は，公式 (4.92) の考え方を用いて，

$$(1+i)\cdot(V_x + Pl_x) \tag{4.147}$$

となり，この1年間で責任準備金は，

$$(1+i)\cdot(V_x + Pl_x) - V_x = i\cdot S_x - i\cdot PG_x + (1+i)\cdot Pl_x \tag{4.148}$$

だけ増加する．

② (年初に) 将来加入が見込まれる被保険者
年初に将来加入が見込まれる被保険者の責任準備金を V^f で表したとき，この集団の一部は翌期初に（x_e 歳で）加入するため，1年後の責任準備金は，

$$V_{x_e} + V^f \tag{4.149}$$

となる．したがってこの1年間で責任準備金は，

$$V_{x_e} = S_{x_e} - PG_{x_e} \tag{4.150}$$

だけ増加する．

③ (年初に) 年金受給権者である集団 $(x_r \leq x \leq \omega - 1)$
年初に x 歳であった集団が予定通りに推移した場合，1年後の責任準備金は，公式 (4.92) の考え方を用いて，

$$(1+i)\cdot(V_x-1\cdot l_x) \tag{4.151}$$

となり，この1年間で責任準備金は，

$$(1+i)\cdot(V_x-1\cdot l_x)-V_x=i\cdot S_x-(1+i)\cdot l_x \tag{4.152}$$

だけ増加する（通常，負の値となる）．

この責任準備金の動きを積立金の動きと合わせて表にすると次のようになる．表において，「損益」とは「積立金変動」－「責任準備金変動」を表す．つまり，「損」とは責任準備金の増加，積立金の減少を，「益」とは責任準備金の減少，積立金の増加を表す．

被保険者などの区分		責任準備金変動	積立金変動	損益
被保険者	① 現在の被保険者 $(x_e \leq x \leq x_r-1)$	$iS_x-iPG_x+(1+i)Pl_x$	$(1+i)Pl_x$	iPG_x-iS_x
	② 将来加入が見込まれる被保険者	$S_{x_e}-PG_{x_e}$	0	$PG_{x_e}-S_{x_e}$
年金受給権者	③ $x_r \leq x \leq \omega-1$	$iS_x-(1+i)l_x$	$-(1+i)l_x$	$-iS_x$
年初の積立金から生ずる利息収入		—	iF	iF
合計		0	0	0

次に年初の被保険者・年金受給権者の年齢別推移が予定通りでなかった場合，つまり年初現在でx歳だったものが予定通り推移すれば1年後にl_{x+1}人になったのが，実際にはl'_{x+1}人であった場合の損益を調べると次の表のようになる．これらの表は丸暗記するのではなく，問題設定に応じて導出できるようにしておくことが重要である．

被保険者などの区分		責任準備金変動	積立金変動	損益
被保険者	① 現在の被保険者 $(x_e \leq x \leq x_r - 1)$	$iS_x - iPG_x$ $+(1+i)Pl_x$ $+(l'_{x+1}/l_{x+1} - 1)\cdot$ $(S_{x+1} - PG_{x+1})$	$(1+i)Pl_x$	$iPG_x - iS_x$ $+(l'_{x+1}/l_{x+1} - 1)\cdot$ $(PG_{x+1} - S_{x+1})$
被保険者	② 将来加入が見込まれる被保険者	$(S_{x_e} - PG_{x_e})\cdot$ l'_{x_e}/l_{x_e}	0	$(PG_{x_e} - S_{x_e})\cdot$ l'_{x_e}/l_{x_e}
年金受給権者	③ $x_r \leq x \leq \omega - 1$	$iS_x - (1+i)l_x$ $+(l'_{x+1}/l_{x+1} - 1)$ $\cdot S_{x+1}$	$-(1+i)l_x$	$-iS_x$ $-(l'_{x+1}/l_{x+1} - 1)$ $\cdot S_{x+1}$
年初の積立金から生ずる利息収入		—	iF	iF
合計		$\sum_{x=x_e}^{\omega-1}(S_x - PG_x)\cdot$ $(l'_x/l_x - 1)$	0	$-\sum_{x=x_e}^{\omega-1}(S_x - PG_x)$ $\cdot(l'_x/l_x - 1)$

4.7.2　被保険者の年齢別責任準備金に関する考察

この小節では Trowbridge モデルかつ加入年齢 x_e 歳，定年年齢 x_r 歳の定常人口を仮定する．

加入年齢方式の場合，年齢群団別の責任準備金は，その集団の加入時以来の標準保険料の元利合計金額，すなわち年齢 x $(> x_e)$ の集団に対して，

$$
{}^{E}V_x = S_x - {}^{E}PG_x = {}^{E}P \cdot \left(\sum_{y=x_e}^{x-1} l_y^{(T)} (1+i)^{x-y} \right) > 0 \tag{4.153}
$$

となるから，${}^{E}V_x$ は非負値かつ x に関して単調増加であることが分かり，またどの年齢群団でも人員が予定を上回って推移した場合は，必ず責任準備金が増加し差損が発生する．

年齢別将来期間対応保険料 ${}^{A}P_x$ を以下のように定義する．

$$ {}^{A}P_x = \frac{x_r - x}{x_r - x_e} \cdot \frac{D_{x_r}\ddot{a}_{x_r}}{N_x - N_{x_r}} \tag{4.154} $$

このとき，${}^{E}P = {}^{A}P_{x_e}$ が成り立つ．また，${}^{A}P_x$ は x の単調増加関数であり，${}^{A}P_x \geq {}^{E}P$ が成立する．単調増加性の証明は問題8.7（→p. 249）の補足を参照せよ．

加重平均に関する公式

${}^{E}P, {}^{A}P_x, {}^{OAN}P$ はいずれも ${}^{U}P_y$ の加重平均として表される[*33]．

$$ {}^{A}P_x = \frac{\sum_{y=x}^{x_r-1} {}^{U}P_y D_y}{\sum_{y=x}^{x_r-1} D_y} \tag{4.155} $$

$$ {}^{OAN}P = \frac{\sum_{x=x_e}^{x_r-1} {}^{U}P_x l_x^{(T)}}{\sum_{x=x_e}^{x_r-1} l_x^{(T)}} \tag{4.156} $$

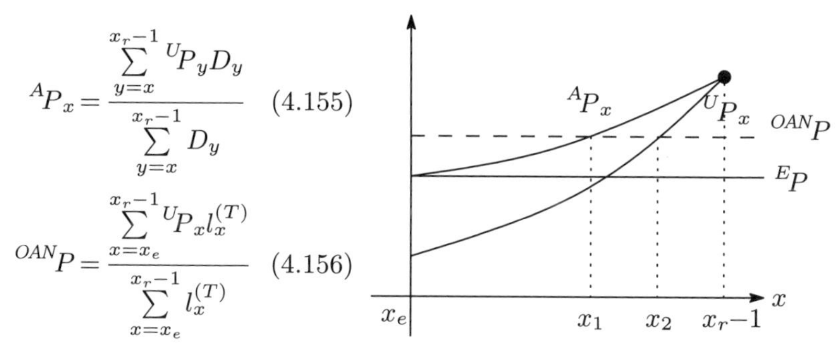

また，${}^{OAN}P$ は ${}^{E}P, {}^{A}P_x$ の加重平均として表される．

$$ {}^{OAN}P = \frac{\sum_{x=x_e}^{x_r-1} {}^{A}P_x \cdot \frac{N_x - N_{x_r}}{D_x} \cdot l_x^{(T)} + \frac{v}{d} \cdot {}^{E}P \cdot \frac{N_{x_e} - N_{x_r}}{D_{x_e}} \cdot l_{x_e}^{(T)}}{\sum_{x=x_e}^{x_r-1} \frac{N_x - N_{x_r}}{D_x} \cdot l_x^{(T)} + \frac{v}{d} \cdot \frac{N_{x_e} - N_{x_r}}{D_{x_e}} \cdot l_{x_e}^{(T)}} \tag{4.157} $$

以上の性質と ${}^{A}P_x, {}^{U}P_x$ が x について単調増加であることから，

$$ {}^{U}P_{x_e} \leq {}^{U}P_{x_1} < {}^{A}P_{x_1} = {}^{OAN}P = {}^{U}P_{x_2} \tag{4.158} $$

が成立する年齢 x_1, x_2 $(x_e \leq x_1 < x_2 \leq x_{r-1})$ が存在する（→問題 7.43・p.221）．

---

*33 ${}^{E}P$ については ${}^{A}P_x$ において $x = x_e$ としたものである．

加入年齢方式と開放基金方式の年齢別責任準備金の関係

x 歳の集団の責任準備金を V_x とするとき，加入年齢方式と開放基金方式の年齢別責任準備金のグラフは右のように，年齢が上がるにつれて段々と差が詰まるように表される．特に，次の性質は重要である．

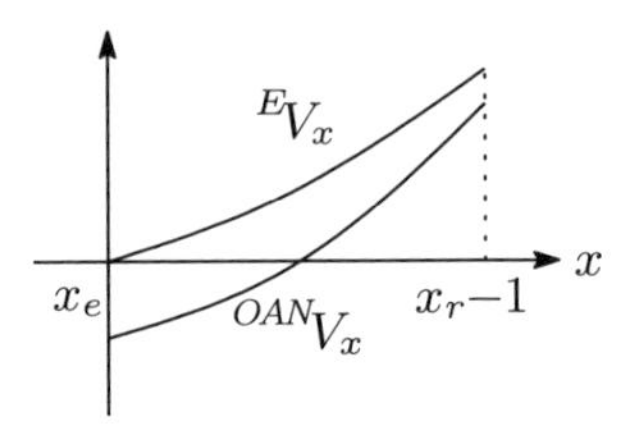

性質	分かること
$^{E}V_{x_e}=0$	特定年齢での加入があっても追加の負債は発生しない
$^{E}V_x>0$ $(x>x_e)$	特定年齢以上の新規加入者の発生は新たに負債を発生させる 中途脱退者の発生は給付支払を伴わずに負債を減らす効果がある
$^{OAN}V_x<0$ (x：若年層)	若年層での新規加入者の発生は負債を減らす効果がある 中途脱退者の発生は給付支払を伴わずに負債を増やす効果がある（マイナスの負債が減る）
$^{OAN}V_x>0$ (x：高年層)	高年層での新規加入者の発生は負債を増やす効果がある 中途脱退者の発生は給付支払を伴わずに負債を減らす効果がある

4.8　ファクラーの公式とティーレの公式

生保数理でもファクラーの公式（[二見生保] で「ファクラーの再帰式」と呼ばれるもの）とティーレの公式（[二見生保] で「Thiele の微分方程式」と呼ばれるもの）は登場するが，これらを年金数理のケースにおいて考えてみよう．結果の式は，見た目は異なるが，本質的には同じものである．

4.8.1　ファクラーの公式

保険料の払込・給付の支払・利息の付与を1年単位で考える離散的な年金制度のモデルの給与1あたりの責任準備金を求めることを考える．モデルとして脱退時に最終給与に比例する給付を支払い，保険料もまた給与比例で積み立てる制度を考える．すなわち，Trowbridge モデルに給与の要素と中途脱退に対する給与を加えたモデルを考える．ここで，以下の記号を導入する．

- b_{x+t}：$x+t$ 歳の給与指数
- ${}_tV_x$：x 歳で加入した被保険者の t 年経過時の給与 1 に対する責任準備金
- $\alpha_{k+\frac{1}{2}}$：k 年度に支払われる給付率（その時点の給与 1 に対する給付額で，年央の給付支払を想定)
- P_x：(給与 1 に対する）x 歳の保険料率

このとき，

$$
{}_{t+1}V_x = \frac{b_{x+t}}{b_{x+t+1}} \cdot \frac{l_{x+t}}{l_{x+t+1}} \cdot \left\{ (1+i)({}_tV_x + P_x) - (1+i)^{\frac{1}{2}} \cdot \frac{d_{x+t}}{l_{x+t}} \cdot \alpha_{t+\frac{1}{2}} \right\} \tag{4.159}
$$

を**ファクラーの公式**という．この公式を要素に分けて解釈すると，以下のようになる．

- $\dfrac{b_{x+t}}{b_{x+t+1}}$：昇給することによる単位給与あたりの責任準備金の相対的な減少
- $\dfrac{l_{x+t}}{l_{x+t+1}}$：脱退による 1 人あたりの責任準備金の相対的な増加
- $(1+i)$：責任準備金の評価時点が 1 年進むことによって利息による割戻しが少なくなることによる増加
- P_x：保険料の払込によって収入現価が小さくなることによる増加
- $(1+i)^{\frac{1}{2}} \cdot \dfrac{d_{x+t}}{l_{x+t}} \cdot \alpha_{t+\frac{1}{2}}$：給付の支払によって給付現価が小さくなることによる減少

集団で見て，ある時点の期初の責任準備金に，保険料収入を加え，給付費を除き，運用収入が加わったものが期末の責任準備金にあたることを，それぞれの時点に注意しながら立式すれば，

$$(1+i)(\underbrace{b_{x+t}l_{x+t\,t}V_x}_{\text{集団の期初の責任準備金}}+\underbrace{b_{x+t}l_{x+t}P_x}_{\text{保険料収入}})-\underbrace{(1+i)^{\frac{1}{2}}b_{x+t}d_{x+t}\alpha_{t+\frac{1}{2}}}_{\text{給付費}}$$

$$=\underbrace{b_{x+t+1}l_{x+t+1\,t+1}V_x}_{\text{集団の期末の責任準備金}}$$

となり，これを変形することで公式 (4.159) が示される．

4.8.2　ティーレの公式

脱退・昇給・保険料の払込・給付の支払が連続的なケースを考える．以下の記号を導入する．

- δ：利力
- $s_t^{(x)}$：x 歳加入，t 年で脱退した者の，脱退時の給与1に対する給付額
- $\mu_{x+t}(=\dfrac{d}{dt}(-\log l_{x+t}))$：脱退力
- $\lambda_{x+t}(=\dfrac{d}{dt}(\log b_{x+t}))$：昇給力

このとき，

$$\frac{d}{dt}{}_tV_x=P_t+(\delta+\mu_{x+t}-\lambda_{x+t}){}_tV_x-s_t^{(x)}\mu_{x+t} \tag{4.160}$$

を**ティーレの公式**という．この公式の構成要素を分解すると，以下のようになる．

- P_t：保険料の払込によって収入現価が小さくなることによる増加
- $\delta\,{}_tV_x$：責任準備金の評価時点が進むことによって，利息による割戻しが少なくなることによる増加
- $\mu_{x+t}\;{}_tV_x$：脱退による相対的な増加
- $-\lambda_{x+t}\;{}_tV_x$：昇給による相対的な減少
- $-s_t^{(x)}\mu_{x+t}$：支払による減少

■第5章
実務編

5.1　企業年金における給付設計

試験で出題されている給付額の算定方法は，以下の4種類である．

	定義・特徴	給付算定式例
定額制	・退職時の勤続年数や年齢などに応じて定めた金額を給付額とする ・在職中の給与とは関係なく勤続年数のみで給付額が決定される	一時金額 ＝勤続年数× 100,000円 年金額 ＝一時金額×$(1+\text{据置利率})^{\text{据置年数}}$ $\div \ddot{a}_{\overline{10}|}$
最終給与比例制	・退職時の給与に，勤続年数や年齢などに応じた支給係数を乗じて得られる額を給付額とする	一時金額 ＝脱退時の基準給与×勤続年数 年金額 ＝一時金額×$(1+\text{据置利率})^{\text{据置年数}}$ $\div \ddot{a}_{\overline{10}|}$

	定義・特徴	給付算定式例
ポイント制	・勤続年数，資格などに応じたポイントを定期的に累積させ，退職時のポイント累計にポイント単価を乗じて得られる金額をもとに給付額を決定	一時金額 ＝ポイント累計×ポイント単価 年金額 ＝一時金額×(1＋据置利率)^{据置年数} $\div \ddot{a}_{\overline{10}|}$
キャッシュバランス型	・次の２つの合計額から得られる金額（「**仮想個人勘定残高**」）をもとに給付額を決定 ①基準給与の一定割合など（**持分付与額**[*1]）の累計額 ②経済指標などに連動した利息額（**利息付与額**）の累計額	一時金額＝仮想個人勘定残高 年金額＝一時金額 $\div \ddot{a}_{\overline{10}|}$

5.1.1　据置利率と給付利率

据置利率は，脱退時点から支給開始年齢までの期間（**据置期間**，**待期期間**という）の間の利息の元となる利率のことである．

（年金）**給付利率**は，年金支給期間中に付与される利息の元となる利率のことである．給付利率は一時金給付額を年金給付額に換算する際に使用される．

これらの利率は，一般に責任準備金の計算に用いる予定利率とは異なることに注意．

5.2　企業年金に係る年金数理

この節ではすべて保険料は年１回期初払とする．

[*1] 持分付与額は**拠出付与額**と呼ぶこともある．

5.2.1 脱退残存数，給与指数と標準保険料率の関係

この小節では財政方式を加入年齢方式（x_e 歳加入）とする．

脱退残存数と標準保険料率の関係に関する考察

定年退職者のみに給付を支給する制度を考える．2 通りの脱退残存数 l_x^A, l_x^B の標準保険料率 $P_{x_e}^A, P_{x_e}^B$ を比較すると次のようになる．

ケース①	ケース②
$\begin{cases} l_x^A = l_x^B \ (x = x_e, x_r) \\ l_x^A < l_x^B \ (x_e < x < x_r) \end{cases} \Longrightarrow P_{x_e}^A > P_{x_e}^B$	$\begin{cases} l_x^A = l_{x_e} - k^A(x - x_e) \\ l_x^B = l_{x_e} - k^B(x - x_e) \end{cases} \Longrightarrow P_{x_e}^A < P_{x_e}^B$ ただし $k^A > k^B > 0$ 一般に定年年齢への残存率が上昇すると標準保険料率も上昇する傾向にある． 各年齢における脱退率がすべて 0 であるときに標準保険料は最大となる．
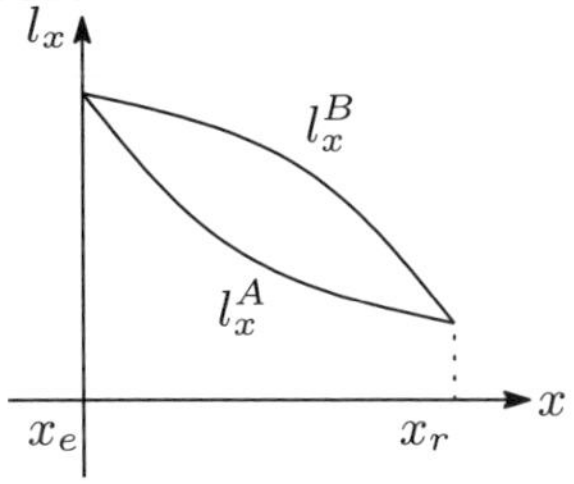 l_x, l_x^B, l_x^A, x, x_e, x_r	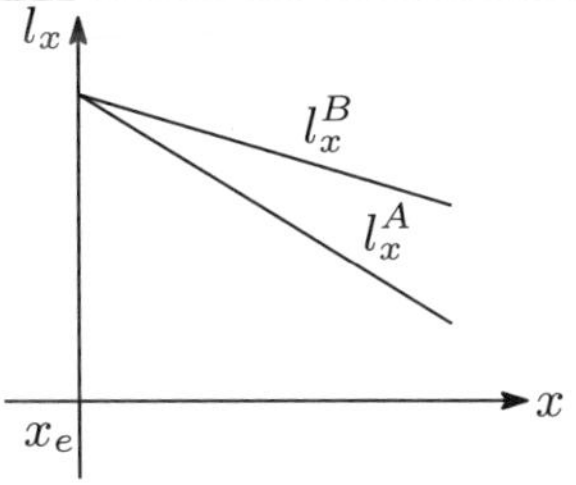 l_x, l_x^B, l_x^A, x, x_e

ケース①は両者の l_{x_r} が揃っているため給付現価 S_{x_e} は等しく，人数現価 G_{x_e} は $l_x^A < l_x^B$ $(x_e < x < x_r)$ であることから B の方が大きいため，標準保険料率は B の方が小さくなる．

ケース②は一見すると非自明である．解釈は問題 8.4 （→p. 241）の補足を参照．

給与指数と標準保険料率の関係に関する考察

次に給与指数と標準保険料率の関係を調べるため，定年退職者にのみ最終給与分の給付を支給する制度について考える．なお両者の脱退残存表は同一とする．

2通りの給与指数 b_x^A, b_x^B の標準保険料率 $P_{x_e}^A, P_{x_e}^B$ を比較すると次のようになる．

ケース③	ケース④
$\begin{cases} b_x^A = b_x^B \ (x = x_e, x_r) \\ b_x^A < b_x^B \ (x_e < x < x_r) \end{cases} \Longrightarrow P_{x_e}^A > P_{x_e}^B$	$\begin{cases} b_x^A = b_{x_e} + k^A(x - x_e) \\ b_x^B = b_{x_e} + k^B(x - x_e) \end{cases} \Longrightarrow P_{x_e}^A < P_{x_e}^B$ ただし $k^B > k^A > 0$ 一般に給与指数の傾きが大きくなると標準保険料率も上昇する傾向にある．
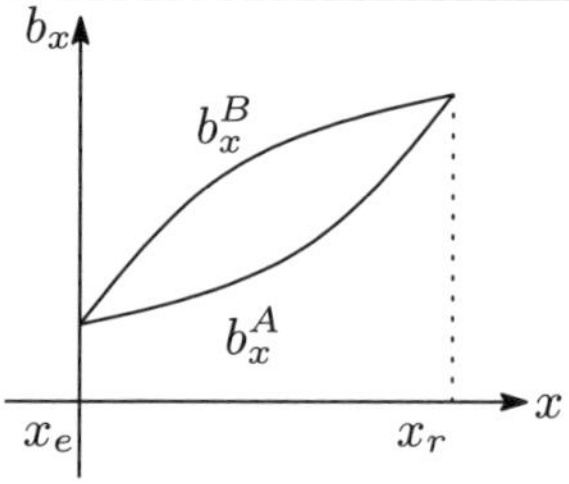 b_x, b_x^B, b_x^A, x_e, x_r, x	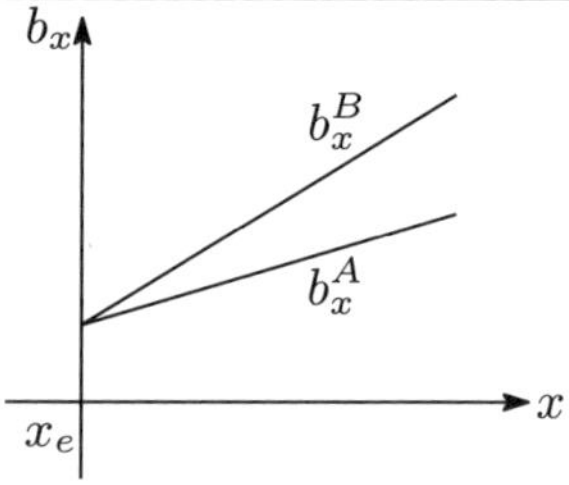 b_x, b_x^B, b_x^A, x_e, x

ケース③はケース①と同様，両者の給付現価が等しいため，給与現価を比較することで直ちに結論を得ることができる．ケース④は一見すると非自明である．解説は問題8.4（→p. 241）の補足を参照．

5.2.2　新規加入年齢の保険料率への影響

特定年齢，将来加入が見込まれる被保険者の加入年齢の見込みを x_1 歳から x_2 歳 $(x_1 < x_2)$ に変更したときの影響は以下のようにまとめられる．

	標準保険料収入現価	特別保険料収入現価
加入年齢方式	増加傾向にある	減少傾向にある
開放基金方式	増加傾向にある	変わらない

加入年齢方式については，特定年齢を x 歳とする標準保険料率 P_x は年齢 x に関して単調増加の傾向があることに注意せよ．また，標準保険料収入現価が増加する分，未積立債務は減少する．つまり特別保険料収入現価は減少する．

開放基金方式については，将来加入が見込まれる被保険者の加入年齢の見込みを x 歳としたとき，$\dfrac{S^f}{G^f}=P_x$ であるため，上記で述べた P_x の単調増加性を用いれば，将来加入が見込まれる被保険者の加入年齢の見込みを引き上げれば標準保険料率も増加する傾向にある．特別保険料は過去分の給付現価 $S^p+S^a_{PS}$ に充てる保険料であるため，将来加入が見込まれる被保険者の加入年齢の見込みを変更しても影響を受けない．

5.2.3 将来加入が見込まれる被保険者の見込み方

定常人口の被保険者数が L，給与総額が B の年金制度を考える．計算基準日以降の脱退および昇給が予定通りに推移するとした場合に，被保険者数および給与総額が計算基準日のものと同一となるように見込む．新規加入者の加入年齢を x_e としたとき，新規加入者数と新規加入者の給与を脱退残存者数 l_x，給与指数 b_x を用いて以下のように表せる（→問題 8.8(1)・p.251）．ここで $\ddot{e}_x=\dfrac{\sum_{y=x}^{x_r-1} l_y}{l_x}(=e_x+1)$ と置く[*2]．

$$
\text{新規加入者数}=\frac{L\cdot l_{x_e}}{\sum_{x=x_e}^{x_r-1} l_x}=\frac{L}{\ddot{e}_{x_e}} \tag{5.1}
$$

[*2] $\ddot{e}_x$ は本書独自の記号であり一般には使われない．

$$\text{新規加入者1人あたりの給与} = \frac{B}{L} \cdot \frac{b_{x_e} \sum_{x=x_e}^{x_r-1} l_x}{\sum_{x=x_e}^{x_r-1} b_x l_x} = \frac{\sum_{x=x_e}^{x_r-1} l_x}{L} \cdot \frac{b_{x_e} B}{\sum_{x=x_e}^{x_r-1} b_x l_x} \tag{5.2}$$

公式(5.1), (5.2)は次のように見ることもでき，この形で覚えたほうが問題が解きやすくなる（→問題8.8(2)）．新規加入者が予定通り推移することで形成される定常人口の被保険者数や給与総額は，

$$\text{新規加入者数} \times \underbrace{\frac{\sum_{x=x_e}^{x_r-1} l_x}{l_{x_e}}}_{=\ddot{e}_{x_e}} = \text{総被保険者数} \tag{5.3}$$

$$\text{新規加入者数} \times \text{新規加入者1人あたりの給与} \times \frac{\sum_{x=x_e}^{x_r-1} b_x l_x}{b_{x_e} l_{x_e}} = \text{給与総額} \tag{5.4}$$

毎年期初にx_1歳とx_2歳$(x_1 < x_2)$で$a:b$の割合で新規加入があり，被保険者集団がすでに定常人口になっているTrowbridgeモデルの年金制度を考える．x歳の平均脱退率を$\dfrac{1}{\varepsilon_x} = \dfrac{l_x}{\sum_{y=x}^{x_r-1} l_y}$とする[*3]．この年金制度を加入年齢方式で運営するとし，標準保険料率を決定するために加入年齢x_1歳を用いた場合，毎年発生する後発過去勤務債務は以下のように表される（→問題8.9・p.254）．

$$\begin{aligned}
&\text{毎年発生する後発過去勤務債務}\\
&= x_2\text{歳で加入する者の数} \times x_2\text{歳加入時点の（1人あたり）責任準備金}\\
&= \frac{bL}{a\varepsilon_{x_1} + b\varepsilon_{x_2}} \cdot \left(\frac{N_{x_r}}{D_{x_2}} \cdot \frac{N_{x_1} - N_{x_2}}{N_{x_1} - N_{x_r}} \right)
\end{aligned} \tag{5.5}$$

---

*3 ε_xと$\ddot{e}_x$は同じ概念であるが，[教科書]や過去問での表記に揃えた．

5.3　年金制度の財政運営の流れ

年金制度は主に次のサイクルに従って運営されていく.

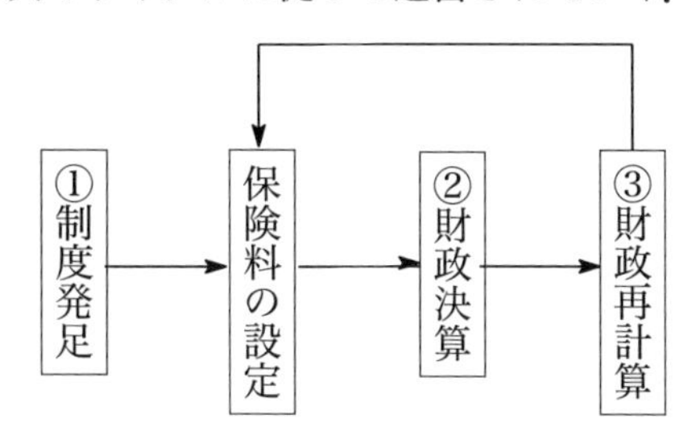

	目的	実施時期	計算基礎率・保険料率の見直し	未積立債務の償却
①制度発足時の計算	将来の収支のバランスが保たれるよう保険料を設定	制度発足時	行う	必要
②財政決算	財政が予定通りに進んでいるかの検証	毎年度末	行わない	少額の場合，不要
③財政再計算(定期的再計算)	計算基礎率を最新のものに見直し，保険料を計算し直す	問題設定による*4	行う	必要
③ 財政再計算(定期的再計算以外)	新しい制度に見合った計算基礎率・保険料の計算など	制度変更があったときなど	行う	必要

*4 実務においては少なくとも５年ごとに実施するが，年金数理の試験においてはそうとは限らない.

ここで，**財政決算**とは，年金財政がどのような状況にあるかを把握するために，貸借対照表や損益計算書などの財務諸表を作成して，年金財政が健全に推移しているか検証することであり，**財政再計算**とは，計算基礎率の見直しを行い，それにより保険料を再計算することをいう.

5.4　財政計算

ここでは「制度発足時の計算」，「財政再計算」をまとめて「**財政計算**」と呼ぶ.

財政計算は主に次の5段階で行われる.

プロセス	内容	備考
①計算基礎率の算定	予定利率・予定死亡率・予定脱退率などの設定	試験で問われることはない
② 給付現価，給与現価の計算	・基準日の各被保険者に対する給付現価 ($S^p, S^a_{PS}, S^a_{FS}, S^f$)，給与現価 ($G^a, G^f$) を計算[*5] ・制度全体の給付現価は，閉鎖型の場合 S^p+S^a，開放型の場合 $S^p+S^a+S^f$ となる	試験ではしばしば与えられる
③ 標準保険料の計算	・加入年齢方式：特定年齢の被保険者で収支相等するような保険料 ・開放基金方式：$P=\dfrac{S^a_{FS}+S^f}{G^a+G^f}$ 加入年齢方式の標準保険料は，「基準日の人員」の情報が無くても計算可能だが，開放基金方式の場合は，「基準日の人員」に対する S^a_{FS} や G^a が計算されていないと計算できない	4.6節の財政方式に基づいて計算

[*5] 試験問題では，1人（1給与）あたりの給付現価，給与現価，責任準備金が与えられることが多い.

プロセス	内容	備考
④ 責任準備金の計算	・②で計算した給与現価に，③で計算した標準保険料を乗じて，制度全体の標準保険料収入現価を計算 ・これを給付現価から控除することで責任準備金を計算	
⑤ 特別保険料の設定	・責任準備金と積立金と比較し，未積立債務が生じていればそれを償却するための特別保険料を設定 ・未積立債務が発生していなければ特別保険料の設定は行わない	4.6.1 の償却方法に基づいて計算

開放基金方式の場合,④責任準備金の計算において,責任準備金$=S^p+S^a_{PS}$が成立する．これを用いれば，計算を少し短縮できる．ただし，標準保険料の端数処理によって成立しないことがあるため，試験問題の指示に従う必要がある．

このような財政計算の大まかな流れを知っていれば，例えば大問などで次にどういうことが問われそうかが分かるようになる．例えば,

- 加入年齢方式の特定年齢のみを変更する（他の計算基礎率は変更しない）→（①，②はそのままに）③以降を実行すればよい
- 予定利率を変更する→②以降を実行すればよい

⑤において，直近の財政決算時に剰余金や繰越不足金（5.5 節にて後述）が発生している場合，それらをどう処理するかで特別保険料の設定方法が変わってくる．ここではその処理方法をまとめる．

(1) 直近の財政決算時に剰余金 M が発生している場合
剰余金 M の取り扱いには主に次の 2 通りの考え方がある．どちらの方法（または一部取り崩し）で行うかは問題文で必ず指示されるため，勝

手に判断してはならない．

(ア)全額温存（留保）する場合：

剰余金 M を温存して，剰余金部分を除いた積立金 $F-M$ と収支相等するように特別保険料を設定する．この場合，剰余金 M は将来の給付改善などに用いることができる．

(イ)全額取り崩す場合：

剰余金 M を未積立債務の償却に充てる．これにより特別保険料の発生を抑制することができる．

上記をまとめると，それぞれ次の図の $U(=V-(F-M))$, $U'(=V-F)$ に対して特別保険料が設定される．

U	剰余金 M
積立金 F	責任準備金 V

(ア)全額温存

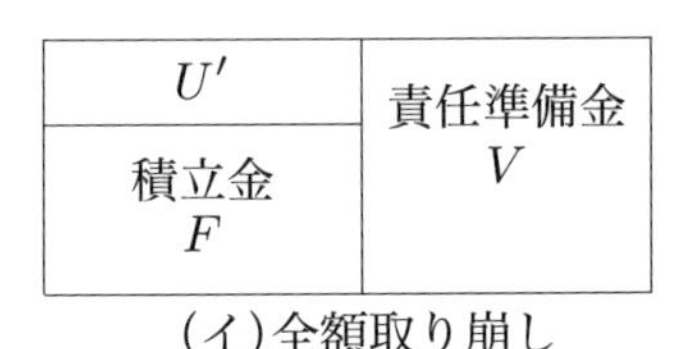

(イ)全額取り崩し

(2) 直近の財政決算時に繰越不足金が発生している場合

④の結果，積立金が責任準備金を下回っていれば，必ず特別保険料を設定してこの差額（未積立債務，下図の太枠部分）を償却する必要がある（なお，この図では財政計算にて計算基礎率を洗い替えた結果，財政決算時よりも多くの未積立債務が発生した場合を想定している）．

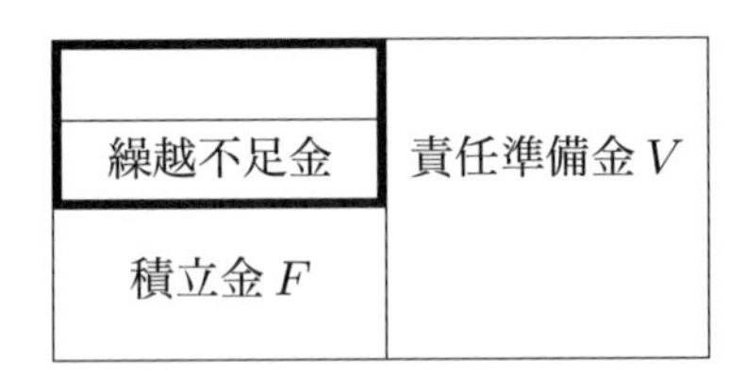

5.5 財政決算

財政決算は主に次の4段階で行われる．このうち試験で主に問われるのは③と④である．以下，貸借対照表を「B/S」，損益計算書を「P/L」と略記する．

プロセス	内容	備考
① 給付現価，給与現価の計算	・基準日の各被保険者に対する給付現価 $(S^p, S^a_{PS}, S^a_{FS}, S^f)$，給与現価 (G^a, G^f) を計算[*6]	試験で問われることはほぼない
② 責任準備金の計算	・標準保険料は「財政計算」のプロセス②で計算したものをそのまま使用し，標準保険料収入現価を計算	試験ではたいてい与えられる
③ 財務諸表の作成	・B/S：資産側は「積立金」「特別保険料収入現価」「未積立債務」，負債側は「責任準備金」「剰余金」など ・P/L：費用側は「給付支払」「責任準備金増加額」「特別保険料収入現価減少額」，収益側は「保険料収入」「運用収益」など ・当年度剰余金（不足金）を計算	試験ではB/S，P/Lの穴埋め形式がほとんど
④利源分析	・③で計算した当年度剰余金（不足金）の発生要因を調べる ・利差，脱退差，昇給差など	当年度剰余金（不足金）はしばしば差損益とも呼ばれる

- 開放基金方式の場合，②責任準備金の計算において，「責任準備金 $= S^p + S^a_{PS}$」としてはならないことに注意．これは保険料算定時（つ

[*6] 財政計算において，1人（1給与）あたりの給付現価や給与現価を計算している場合は，これに基準日の各被保険者の給与などを乗じることで計算できる．

まり財政計算時）と財政決算時とで計算対象の人員が異なるため，財政決算時と財政計算時の S^a_{FS} や G^a は一般に異なるからである.

- 加入年齢方式の場合，財政決算時に適用されている標準保険料を，財政決算時の S^f や G^f を用いて，標準保険料 $= \dfrac{S^f}{G^f}$ と計算できる．これは，$\dfrac{S^f}{G^f} = \dfrac{S_{x_e}}{G_{x_e}}$ となり，この値は人員の違いの影響を受けないためである.

この財政決算において，積立金と責任準備金を比較することで健全性を把握する．ただし資産側には特別保険料収入現価も含めることに注意せよ.

5.5.1　当年度剰余金の計算

毎年度末に財政決算において，当年度収支をまとめたP/Lを作成し，その両側がバランスするよう当年度損益（＝収入－支出）が計算される．益の場合，その額を**当年度剰余金**と呼び，損の場合は**当年度不足金**と呼ぶ．それらは翌年度に繰り越され，B/Sの純資産の部にて当年度損益が毎年累積していくこととなる．これらの科目を本書では，累積値が益の場合は**剰余金**，累積値が損の場合は**繰越不足金**と呼ぶ．財政決算時に「繰越不足金」が生じた場合，その償却は，必ずしも即座に行われず，「繰越不足金」を保有したまま翌年度の財政決算を迎えることもありうることに注意せよ.

財政再計算を行い「繰越不足金」を償却する特別保険料を設定した場合，「繰越不足金」という科目は，資産の部である「特別保険料収入現価」という科目に振り替わる．この翌年度の財政決算にて「当年度不足金」が生じた場合，財政決算後のB/Sにおいて「繰越不足金」を純資産の部に計上することになる．この場合，「未積立債務」＝「特別保険料収入現価」＋「繰越不足金」となることに注意せよ.

ここでは一般的なB/S，P/Lの作成方法に則って公式を紹介する．年金制度によっては異なる作成方法もありうることに注意されたい．しばしば試験問題では前年度末B/Sに「未積立債務」が計上されているが，それが「特別保険料収入現価」（資産の部）に準じた処理方法か「繰越不足金」（純資産の部）に準じた処理方法かで当年度剰余金の計算方法が変わってくるため，以下の公式を用いる際には，問題ごとにどちらの場合であるかを個別に判断する必要がある．

次の記号を導入する．

- V_n：n 年度末責任準備金
- F_n：n 年度末積立金
- A_n：n 年度末特別保険料収入現価
- M_n：n 年度末剰余金 $(=F_n-V_n+A_n)$
- C：標準保険料収入（期初払）
- C^{PSL}：特別保険料収入（期初払）
- B：給付金（期初払）
- I：運用収益
- i：予定利率
- pl：当年度剰余金（マイナスであれば当年度不足金）

前年度末 B/S[*7]

F_0	V_0
A_0	M_0

当年度末 B/S

F_1	V_1
A_1	M_1

当年度と前年度との差に着目して，$\Delta F=F_1-F_0$，$\Delta V=V_1-V_0$，$\Delta A=A_1-A_0$ と定義する．

当年度 P/L

B	C
ΔV	C^{PSL}
pl	I
	ΔA

当年度剰余金は P/L 上で定義される．すなわち，

$$\text{当年度剰余金}\ pl=(\text{収入})-(\text{支出})=(C+C^{PSL}+I+\Delta A)-(B+\Delta V)$$

と定義すると，F の推移式 $(\Delta F=C+C^{PSL}+I-B)$ より，

$$\text{当年度剰余金}\ pl=\Delta F-\Delta V+\Delta A \tag{5.6}$$

[*7] 剰余金 $M<0$ の場合は，左側に繰越不足金を計上することとなる．特別保険料収入現価 A を計上していない場合は $A=0$ と読み替えること．

が成立する．つまり当年度剰余金は，「B/S項目（積立金，責任準備金，特別保険料収入現価）の当年度実績と前年度実績との差額」とみることができる．また財政決算後，当年度剰余金は $M_1 = M_0 + pl$ により翌年度に繰り越される．

積立金－責任準備金，特別保険料収入現価について，予定通りに推移した場合との差額を，

$$F_1 - V_1 = \underbrace{(F_0 + C + C^{PSL} - B)\cdot(1+i)}_{F_1\text{の予定}} - \underbrace{(V_0 + C - B)\cdot(1+i)}_{V_1\text{の予定}} + (F,V\text{の差損益})^{*6} \tag{5.7}$$

$$A_1 = \underbrace{(A_0 - C^{PSL})\cdot(1+i)}_{A_1\text{の予定}} + (\text{特別保険料収入現価の差損益})^{*7} \tag{5.8}$$

と定義する．これらを(5.6)に代入して計算すれば，

$$\text{当年度剰余金}\, pl = (F,V\text{の差損益}) + (\text{特別保険料収入現価の差損益}) + M_0\cdot i \tag{5.9}$$

と分解できる．すなわち当年度剰余金は，B/S項目の当年度予定と当年度実績との差＋前年度末剰余金（または繰越不足金）にかかる予定利息[*8]に分解できる．予定と実績の差に注目した場合の各損益を**差損益**ともいう．

5.5.2では特に（F,Vの差損益），（特別保険料収入現価の差損益）を詳細に分析する．

次に未積立債務 $U(=V-F)$ に注目する．**未積立債務減少額**を $-\Delta U = U_0 - U_1$ と定義すると，

$$\begin{aligned} -\Delta U &= \Delta F - \Delta V \\ &= (F,V\text{の差損益}) + C^{PSL}\cdot(1+i) - U_0\cdot i \end{aligned} \tag{5.10}$$

[*6] 例えば利差損益（後述）など．保険料，給付がともに期初払の場合は，積立金の予定と実績の差額が利差損益に一致するが，一般には一致しない．例えば問題8.18を参照．

[*7] 例えば被保険者数，給与合計などが予定と比べて変動することにより生じる．

[*8] 前年度末剰余金 M_0 について，当年度予定：$M_0\cdot(1+i)$，当年度実績：M_0 とみなせば，他の項と同様，$M_0\cdot i$ も予定と実績の差とみなせる．

U の予定と実績の差に着目すると，（F, V の差損益）は，

$$（F, V \text{ の差損益}）= \underbrace{(U_0 - C^{PSL}) \cdot (1+i)}_{U_1 \text{の予定}} - U_1 \qquad (5.11)$$

と表せる．

典型的な前提

当年度剰余金を公式 (5.9) に従い 3 つの要素に分解したとき，各要素が以下の前提でどのような値を取るかを調べる．

前提（ア）「当年度は利差損益以外の差損益は発生しなかった」とある場合（→問題 8.12(1), 8.14, 8.15）：
(F, V の差損益) = (利差損益), (特別保険料収入現価の差損益) = 0,
(前年度末剰余金にかかる予定利息) = 0　が成立する．

前提（イ）「運用利回りを除いて，年金制度は予定通りに推移したとする」とある場合（→問題 8.13）：
(F, V の差損益) = (利差損益), (特別保険料収入現価の差損益) = 0
が成立する．

前提（ウ）問題文に次の表が与えられている場合：

①	利差損益
②	特別保険料収入
③	特別保険料収入にかかる予定利息
④	前年度未積立債務にかかる予定利息
①+②+③−④	未積立債務減少額

式 (5.10) と比較して，(F, V の差損益) = (利差損益) が成立する．

5.5.2 利源分析

この小節で用いる記号を以下の通り定義する．また，ダッシュ ($'$) が付くものはその実績を表すものとする．

- F：期初積立金
- C：保険料収入（期初払）
- i：予定利率
- j：実際の運用利回り
- x_e：予定の新規加入年齢
- l_{x_e}：x_e 歳での予定新規加入者数
- V_x：x 歳の被保険者の，1人あたり，給与1あたりの責任準備金
- B_x：x 歳の被保険者の期初の給与
- r_x：期初の給与 B_x に対する予定昇給率
- A_x：x 歳で脱退した者に期末に給付される1人あたり一時金額
- d_x：x 歳の予定脱退者数
- n：期末での残余償却年数
- LB_0：期初の給与総額
- LB_1：期末の給与総額
- P^{PSL}：給与1あたりの特別保険料率

利源分析とは，当年度剰余金（または当年度不足金）の発生原因を分析することである．一般に当年度剰余金は，公式(5.9)より当年度末予定と当年度末実績との対比でみた「剰余」であるとも理解できる．これは主に次の要因に分解することができる．

	内容	備考
利差	実際の運用利回りが予定利率と異なることにより発生． $(j-i)\cdot(F+C)$　(5.12)	・資産側の変動を説明 ・期末に行われる資金の動きは利差に影響を与えない
新規加入者差	・新規加入者の人数や年齢が予定と異なることにより発生 ・閉鎖型では誰も加入しないと見込んでおり，開放型では加入年齢で新規加入する人数だけ見込んでいる． $l'_{x'_e}V_{x'_e}-l_{x_e}V_{x_e}$　(5.13)	主に新規加入者分の負債の変動を説明

	内容	備考
昇給差	昇給実績が予定昇給率と異なることにより発生 $(r_x - r'_x)B_xV_x$ (5.14)	・主に負債の変動を説明 ・最終給与比例方式制度において,責任準備金が正のとき,予定より昇給していれば差損
脱退差	脱退実績が予定脱退率と異なることにより発生 $(V_x - A_x)(d'_x - d_x)$ (5.15)	・負債の減少だけでなく,給付支払による資産の減少も説明している ・予定よりも脱退者が多かった場合,「責任準備金 > 脱退者への給付」ならば差益
死差	死亡実績が予定死亡率と異なることにより発生	・負債の減少だけでなく,給付支払による資産の減少も説明している ・終身年金を支払う制度の場合,予定よりも年金受給権者が長生きすれば,予定よりも責任準備金が増加し,差損が発生することになる.
特別保険料収入現価の差損益	特別保険料収入現価を計算する際の給与総額,被保険者数が前回財政決算時に比べて変動することにより発生 $(LB_1 - LB_0) \cdot P^{PSL} \cdot \ddot{a}_{\overline{n}\rceil}$ (5.16)	・特別保険料収入現価の変動を説明 ・定額償却の場合は差損益は生じない

これらは暗記しておく必要はないが,利源分析に関する問題において,それぞれの要因の予定と実績がどう表されるかを意識できるようにしておくことが望ましい.損益の感覚をつかむコツとしては,年金制度を運営する立場になったときに予定と比べて実績がどうなると「嬉しい」かをイメージする

ことである．

特殊な制度における利源分析

試験にしばしば問われる2つの制度について取り上げる．以下，V_x を(x)1人あたりの責任準備金，A_x を脱退者 (x)1人あたりへの給付額，d_x を x 歳の予定脱退者数，d'_x を x 歳の実績脱退者数とする．

■定年退職者のみに給付支払を行う制度における脱退差　中途脱退時の一時金給付 $A_x=0$ であるため，

$$\text{脱退差} = V_x(d'_x - d_x) \tag{5.17}$$

となる．つまり加入年齢方式のように特定年齢以上で $V_x>0$ である場合は，予定より多く脱退すれば差益が発生することとなる．逆に開放基金方式の若年層のように $V_x<0$ の場合は，予定より多く脱退すれば差損が発生することとなる（→p.90の表）．

■「積み上げ型」の年金制度での脱退差・昇給差　資産と負債が連動しているような制度，つまり保険料を拠出した分だけ債務が増え，給付支払をした分だけ債務が減るような制度であれば，脱退差と昇給差は発生しない．例えば持分付与額=給与×持分付与率，利息付与率＝予定利率かつ脱退時に仮想個人勘定残高をそのまま一時金として支払うキャッシュバランス制度の場合，財政方式を加入年齢方式とすれば，標準保険料率=持分付与率となることから，V_x は過去の標準保険料収入の元利合計，すなわち x 歳時点での仮想個人勘定残高と一致する．つまりこの制度は常に $V_x=A_x$ を満たすため，脱退差は発生しない．さらに予定の昇給率と実績の昇給率に乖離があったとしても，標準保険料と持分付与額は同額であることから，資産と負債に加算される額は同じであり，昇給差も発生しない．すなわち，この制度では被保険者の脱退・昇給が他の被保険者の給付に何ら影響を与えないという性質を有している（→問題8.18・p.280）．

第Ⅲ部

アクチュアリー試験
「年金数理」必須問題集

この必須問題集では，年金数理を受験する上では必ず押さえておきたい問題ばかりを集めました．

年金数理という科目は特に「解き方」が重要で，十分に理解できている人が解くと数分で終わるのに，そうでない人が解くとものすごい時間がかかってしまうといったことがよく起こります．またアクチュアリー試験の解答例を見ても，必ずしも効率のよい解き方になっているものばかりであるとは言い切れません．

本書の解答は極力「試験場でそのまま使える解答」を心がけました．最初は愚直に解いてもよいですが，もしその解法よりも効率良く解ける解答が本書に見つかれば，試験までには効率のよい解答ができるよう，理解を深めていきましょう．

この必須問題集においては，特に説明がない限り，以下の仮定を置いています．

- 記号は第II部の必須公式集で定義したものとする．
- 「被保険者」とは，在職中の者をいう．
- 「年金受給権者」とは，年金受給中の者および受給待期中の者をいう．
- 「加入年齢方式」とは，「特定年齢方式」のことをいう．
- 「責任準備金」とは，給付現価から標準保険料収入現価を控除した額をいう．
- 「未積立債務」とは，責任準備金から積立金を控除した額をいう．
- 「Trowbridgeモデルの年金制度」とは，定年退職者のみに対し，定年退職時より単位年金額の終身年金を年1回期初に支払う年金制度をいい，保険料の払込は年1回期初払とする．なお，「Trowbridgeモデルの年金制度」は必ずしも定常人口を仮定するものではない．

■第６章

基礎編

6.1 年金現価

問題 6.1（確定年金と累加年金）　(1) 年金Aおよび年金Bは，いずれも年1回期初払10年確定年金である．年金Aの年金年額はKで10年間一定であり，年金Bは第t年度の年金年額が$t(1 \leq t \leq 10)$の累加年金である．年金AとBの年金現価が等しいとき，Kの値を求めよ．ただし，現価率vについて，$v=0.9524, v^{10}=0.6139$とする（小数点以下第2位を四捨五入せよ）．

(2) 2種類の期末払30年確定年金(I)と(II)がある．それぞれの年金額は次の通りである．

支給時期	1〜10年目	11〜20年目	21〜30年目
年金(I)	1	2	1
年金(II)	k	0	k

これらの年金(I)および年金(II)の現価が等しいとき，kの値を求めよ．ただし，$v^{10}=0.5$とする．

■ **key's check**

- 期初払か期末払かをきちんと見分けるように．
- 支給時期によって年金額が分かれている場合，時期ごとに年金現価を立式して，各期初までの期間を割り戻す．

【解答】

(1) 年金Aの年金現価：$K \cdot \ddot{a}_{\overline{10}|} = K \cdot \dfrac{1-v^{10}}{1-v}$

年金Bの年金現価：$I\ddot{a}_{\overline{10}|} = \dfrac{\ddot{a}_{\overline{10}|} - 10v^{10}}{1-v}$

であり，これらは等しいので，

$$K = \frac{I\ddot{a}_{\overline{10}|}}{\ddot{a}_{\overline{10}|}} = \frac{1}{1-v} - \frac{10v^{10}}{1-v^{10}} = 5.108377\ldots \approx 5.1 \quad \text{（答）}$$

(2) 年金 (I) の年金現価：$a_{\overline{10}|}+v^{10}\cdot 2a_{\overline{10}|}+v^{20}\cdot a_{\overline{10}|}$

年金 (II) の年金現価：$ka_{\overline{10}|}+v^{20}\cdot ka_{\overline{10}|}$

これらの年金現価は等しいので,

$$a_{\overline{10}|}+v^{10}\cdot 2a_{\overline{10}|}+v^{20}\cdot a_{\overline{10}|}=ka_{\overline{10}|}+v^{20}\cdot ka_{\overline{10}|}$$

$$\iff \quad k=\frac{1+2v^{10}+v^{20}}{1+v^{20}}=\frac{1+2\cdot 0.5+0.5^2}{1+0.5^2}=1.8 \quad \text{(答)}$$

問題 6.2（生命年金の変形）　すべての年齢 x，正の整数 n について，$\ddot{a}_{x:\overline{n}|}=\ddot{a}_{x+1:\overline{n}|}$ が成り立つものとする．$\ddot{a}_{x:\overline{3}|}=2.7664$ のとき，$\ddot{a}_{x:\overline{5}|}$ を求めよ．

■ **key's check**

- 与えられた条件は「年齢１つ違いの生命年金に関する関係」であり，この場合は生保数理で習った再帰式(3.124)が有効．

【解答】

再帰式 $\ddot{a}_{x:\overline{n}|}=1+vp_x\ddot{a}_{x+1:\overline{n-1}|}$ を用いて

$$\begin{aligned}\ddot{a}_{x:\overline{5}|}&=1+vp_x\ddot{a}_{x+1:\overline{4}|}=1+vp_x\ddot{a}_{x:\overline{4}|}=1+vp_x\cdot(1+vp_x\ddot{a}_{x+1:\overline{3}|})\\&=1+vp_x\cdot(1+vp_x\ddot{a}_{x:\overline{3}|})=1+vp_x\cdot(1+2.7664vp_x)\end{aligned}$$

ここで，vp_x の数値を求めるため，$\ddot{a}_{x:\overline{3}|}$ について上記と同様に変形すると，

$$\begin{aligned}\ddot{a}_{x:\overline{3}|}&=1+vp_x\ddot{a}_{x+1:\overline{2}|}=1+vp_x\ddot{a}_{x:\overline{2}|}\\&=1+vp_x\cdot(1+vp_x)=2.7664\end{aligned}$$

vp_x を１つの変数とみなして２次方程式を解けば，$0\leq vp_x\leq 1$ より $vp_x=0.92$ である．したがって，

$$\ddot{a}_{x:\overline{5}|}=1+0.92\cdot(1+2.7664\cdot 0.92)=4.26148096 \quad \text{(答)}$$

【別解・$n=2$ を代入すると…】

$n=2$ を $\ddot{a}_{x:\overline{n}|}=\ddot{a}_{x+1:\overline{n}|}$ に代入すると，$1+vp_x=1+vp_{x+1}$ なので $p_x=p_{x+1}$ が成り立つ．

すなわち，死亡率は年齢によらず一定なので，vp を新しい現価率 v' のようにみなせば，v' を用いた $\ddot{a}_{\overline{3}|}=2.7664$ のときの $\ddot{a}_{\overline{5}|}$ を求めることに帰着できる．あとは解答における vp_x を v' に置き換えて解いていけばよい．

問題 6.3（連続払終身年金）　x 歳支給開始で，t 年経過時に微小時間 dt で $\mathring{e}_{x+t}dt$ を支給する連続払終身年金がある．このとき，x 歳時の年金現価を利力 δ を用いて求めよ．

■ **key's check**

- 本問では付録Bの考え方を用いるとあっという間に解ける．
- 積分計算でも解けるようにしておこう．

【解答】

x 歳の集団 l_x 人に対して，問題文の年金がどのように支給されていくかを v^n-l_x 平面で図示してみると，t 年経過後の集団 l_{x+t} に対して微小時間 dt で $l_{x+t}\cdot\mathring{e}_{x+t}dt$ を支給するため，その年金現価は右図の斜線部のようになる．

一方，付録 B.2.1 より「δ で割る」演算は v^n-l_x 平面でいうと，「1点を連続的に右方向に増やす」操作に対応していることを考えれば，この面積は左図の $l_x\mathring{e}_x - l_x\overline{a}_x$ に δ を割ることで計算できる．すなわち，求める（x 歳1人に対する）年金現価は，$\dfrac{l_x\mathring{e}_x - l_x\overline{a}_x}{\delta l_x} = \dfrac{1}{\delta}(\mathring{e}_x - \overline{a}_x)$　（答）

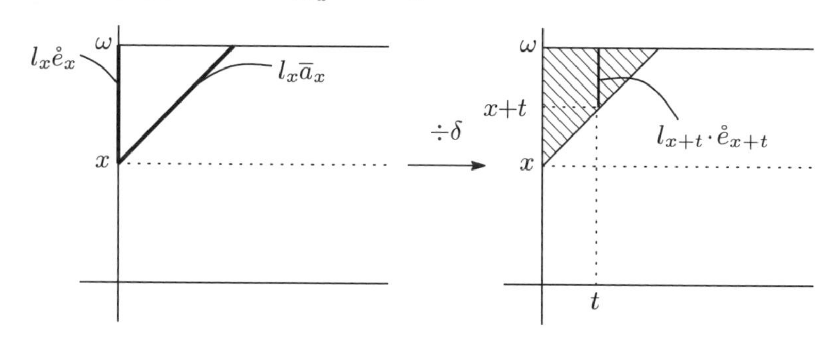

【補足】

地道に積分計算を行う場合，$\displaystyle\int_0^\infty \mathring{e}_{x+t}\cdot v^t\cdot {}_tp_x dt$ として部分積分をすればよい（$\dfrac{d}{dt}(\mathring{e}_{x+t}\cdot {}_tp_x) = -{}_tp_x$ に注意）．

問題 6.4（死亡一時金付の生命年金）　60歳支給開始，期初払，10年有期年金がある．年金支給開始前の死亡に対しては，死亡年度末に10年確定年金現価相当額を一時払いし，支給期間中の死亡に対しては死亡年度末に残存期間分の年金現価相当額を一時払いする．予定利率1.5%のもとで，55歳時の年金現価率を求めよ（小数点以下第3位を四捨五入せよ）．必要に応じて，$D_{55}=41{,}757.6$，$D_{60}=37{,}794.0$，$N_{55}=957{,}266.4$，$N_{60}=756{,}388.7$，$C_{55}=173.765$，$C_{60}=243.158$，$M_{55}=27{,}610.866$，$M_{60}=26{,}615.415$を用いよ．

■ **key's check**

- 年金開始前の死亡一時金支払は，生保数理でいう定期保険とみなせる．
- 年金開始後も，10年間生存しようがしまいが10年確定年金現価相当額を支払うことをきちんと読み取る．
- 合わせて，10年確定年金現価相当額が保険金の養老保険とみなせる．

【解答】

題意より，求める現価率は，

$$
\begin{aligned}
A_{55:\overline{5|}}\cdot\ddot{a}_{\overline{10|}} &= \frac{M_{55}-M_{60}+D_{60}}{D_{55}}\cdot\ddot{a}_{\overline{10|}} \\
&= \frac{27{,}610.866-26{,}615.415+37{,}794.0}{41{,}757.6}\cdot\frac{1-\dfrac{1}{1.015^{10}}}{1-\dfrac{1}{1.015}} \\
&= 8.695168\ldots\approx 8.70 \quad （答）
\end{aligned}
$$

【補足】

本問では生保数理的な考え方が使えたが，年金数理においては直接計算基数で立式することを心がけよう．立式の手順としては，①分母は今考えている年齢xのD_xを書き，②分子は給付時年齢yを用いて，死亡（脱退）を条件とした給付についてはC_y，生存を条件とした給付についてはD_yを書き，③分子の各項の係数は給付額を書き，それは問題文から読み解く．

問題 6.5（終身年金と個人口座）　60 歳支給開始の終身年金（年 1 回期初払）と個人口座を考える．l_x は 60 歳を 1,025 人として毎年 25 人ずつ減少し 101 歳で 0 人になるものとし，利子率は年 2% とする．60 歳時点で残高（＝年金原資）1,000 万円を保有する者 1,025 人が終身年金を受給するものとして，空欄を埋めよ．ただし，① は，小数点以下第 3 位を四捨五入し小数点以下第 2 位まで求め，以降の計算ではその値を用いよ．必要に応じて，$D_{60}=1{,}025.00$，$N_{60}=16{,}830.65$，$\overline{C}_{60}=24.75$，$\overline{M}_{60}=712.89$ を用いよ．

(1) 60 歳時点の年金原資 1,000 万円を等価な終身年金にした場合，年金額は約［　①　］万円である．

(2) 年金の期待受取回数は，［　②　］回である．1,000 万円の個人口座に年 2% の利子がつくものとして，上記 (1) で求めた年金額を取り崩して［　②　］回支払うと，最終的に残高は［　③　］（「不足」，「過不足なし」，「剰余」の中から選択）となる．

■ **key's check**

- 初めて登場する穴埋め問題．解くのに必要な知識は少ないが，問題文をきちんと理解する訓練が必要．
- 年金額は年金原資÷年金現価率．
- ③は初見の人は恐らく地道に計算してしまうが，「人口モデル」の各種公式をよく理解できている人は，②で求めているものを定常人口の概念を用いて理解し，③をほとんど計算せずに判断することができるだろう．

【解答】

以下，「万円」単位で計算する．

① 年金原資を終身年金現価率 $\ddot{a}_{60}$ で割ったものが年金額なので，

$$\frac{1{,}000}{\ddot{a}_{60}} = 1{,}000 \cdot \frac{D_{60}}{N_{60}} = 1{,}000 \cdot \frac{1{,}025}{16{,}830.65} = 60.900797\ldots \approx 60.90 \quad (答)$$

② $l_{60}=1{,}025$ 人のうち，$d_{60}=25$ 人の年金受取回数は 1 回，$d_{61}=25$ 人の年金受取回数は 2 回，$\cdots$，$d_{100}=25$ 人の年金受取回数は 41 回となるので，求める期待受取回数は，

$$\frac{1\cdot 25+2\cdot 25+\cdots+41\cdot 25}{1{,}025} = \frac{25\cdot 41\cdot 42}{2\cdot 1{,}025} = 21 \quad (答)$$

(別解) 年金受取回数が 1 回から 41 回まで同じ人数なので，平均は $\frac{1+41}{2}=21$ 回.
(補足) 求めているものは，60 以上の整数 x に対して，

$$\begin{cases} l_{x+1} = l_x - 25 \\ l_{x+t} = l_x \quad (0 \leq t < 1) \\ l_{60} = 1{,}025 \end{cases}$$

で定義される人口モデルの脱退時平均加入年数 $\dfrac{\int_{60}^{101} l_x dx}{l_{60}} = \dfrac{\sum_{x=60}^{100} l_x}{l_{60}}$ $(=e_{60}+1)$ に他ならない.

③ 年金額①の年金を②$(=21=e_{60}+1)$ 回支払うときの年金現価が 1,000 (万円) を上回るならば「不足」，1,000 (万円) を下回れば「剰余」と判断できる．今，②の (補足) で述べた人口モデルで考えれば，60 歳 1 人に対する年金現価は，

$$① \cdot \ddot{a}_{\overline{e_{60}+1}|} = \frac{1{,}000}{\ddot{a}_{60}} \cdot \ddot{a}_{\overline{e_{60}+1}|}$$

となり，公式 (3.127) の期初バージョン $\ddot{a}_x < \ddot{a}_{\overline{e_x+1}|}$ を用いると，この値は 1,000 より大きいことが分かる．つまり不足となる．　(答)

（別解 1） 21 年後の個人口座の残高 F_{21} を求めると，

$$F_{21} = 1.02^{21} \cdot 1{,}000 - 60.90 \cdot \ddot{s}_{\overline{21|}} = -85.941753\ldots < 0$$

となり，不足することが分かる，

（別解 2） $F_t = 1.02F_{t-1} - 60.90 \cdot 1.02$ の漸化式とみなせるので，$F_t - \dfrac{60.90 \cdot 1.02}{0.02}$ は公比 1.02 の等比数列である．したがって，

$$\begin{aligned} &\left(F_t - \frac{60.90 \cdot 1.02}{0.02}\right) = 1.02^t \left(F_0 - \frac{60.90 \cdot 1.02}{0.02}\right) \\ \iff\quad & F_t = 1.02^t \left(F_0 - \frac{60.90 \cdot 1.02}{0.02}\right) + \frac{60.90 \cdot 1.02}{0.02} \end{aligned}$$

あとは $t = 21$，$F_0 = 1{,}000$ を代入すると，（別解 1）と同じ結果が得られる．

（別解 3） 実際に電卓を叩いて 1,000 万円から 60.9 万円引いて 1.02 を掛けて…ということを繰り返すと 20 回目の給付で不足する[*1]．

[*1] この別解自体は単純ではあるが，時間がかかり計算ミスを起こしやすいため，よほど時間が余ったときに検算に用いるくらいがよい．

問題 6.6（死亡した日の属する月までの給付が支払われる終身年金）　年金が年 m 回期末払，かつ死亡した場合は $1/m$ 年をさらに n 期に区分し，死亡した日の属する期まで給付が支払われる場合の，x 歳における即時支給開始終身年金を考える．以下の式が x 歳におけるこの年金現価率の近似式を表すとき，空欄の①，②を m, n を用いて表わせ．

$$\frac{N_x + \boxed{①} \cdot D_x + \boxed{②} \cdot \overline{M}_x}{D_x}$$

■ **key's check**

- ①は生存部分，②は死亡部分の係数．[教科書] には登場しないが，年金数理ではこの公式は重要なので，考え方と合わせて覚えておきたい．

【解答】

${}^{(mn)}a_x^{(m)}$ の公式 (3.120) より，①：$-\dfrac{m+1}{2m}$，②：$\dfrac{n+1}{2mn}$　　(答)

【補足】

生存部分の近似式 $a_x^{(m)} \approx \ddot{a}_x - \dfrac{m+1}{2m}$ は以下のように解釈できる．

t を 0 以上の整数として，$a_x^{(m)}$ の $x+t-\dfrac{1}{2}$ 歳から $x+t+\dfrac{1}{2}$ 歳までの支払分をすべて $x+t$ 歳での支払と近似すれば，$a_x^{(m)}$ は $\ddot{a}_x$ から，「$x-\dfrac{1}{2}$ 歳〜x 歳までの支払分」を引いたものと近似できる．年 m 回期末払による「$x-\dfrac{1}{2}$ 歳〜x 歳までの支払」回数は $\dfrac{m+1}{2}$[*2]，1回あたりの支払額は $\dfrac{1}{m}$ であることから，「$x-\dfrac{1}{2}$ 歳〜x 歳までの支払分」$= \dfrac{m+1}{2m}$ となり，①が得られた．

[*2] 「線分 [0, 1] に含まれる $m+1$ 個分の m 分点のうち $\left[\dfrac{1}{2}, 1\right]$ に含まれる m 分点の個数」は $\dfrac{m+1}{2}$ である．

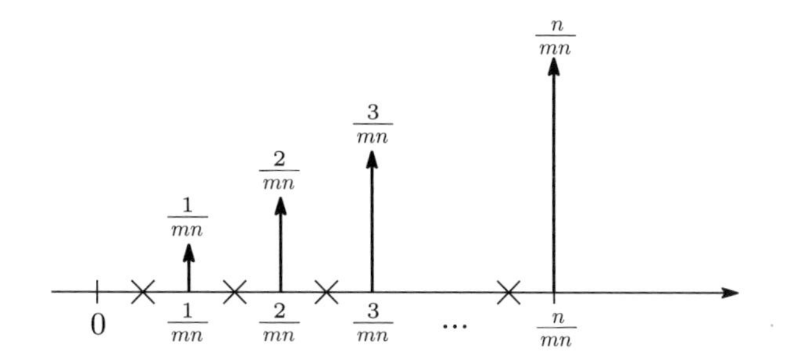

次に死亡部分の給付現価 $\dfrac{\frac{n+1}{2mn}\cdot\overline{M}_x}{D_x}$ を直感的に解釈してみよう．各 $\dfrac{1}{m}$ 年ごとに支払われる給付額の平均は $\dfrac{\frac{1}{mn}+\frac{2}{mn}+\cdots+\frac{n}{mn}}{n}=\dfrac{n+1}{2mn}$ となる．したがって，x 歳から $x+1$ 歳までの間の給付現価は，

$$\begin{aligned}&\frac{1}{D_x}\cdot\left(\frac{n+1}{2mn}\cdot C'_{x+\frac{1}{m}}+\frac{n+1}{2mn}\cdot C'_{x+\frac{2}{m}}+\cdots+\frac{n+1}{2mn}\cdot C'_{x+1}\right)\\ \approx&\frac{1}{D_x}\cdot\frac{n+1}{2mn}\cdot\overline{C}_x\end{aligned}$$

と近似できる．ここで

$$C'_{x+\frac{k}{m}}=\left(x+\frac{k-1}{m}\text{歳から}\ x+\frac{k}{m}\text{歳までの死亡者数}\right)\cdot v^{x+\frac{k-1/2}{m}}$$

を表す．よって死亡部分の給付現価は，

$$\frac{1}{D_x}\cdot\frac{n+1}{2mn}\cdot(\overline{C}_x+\overline{C}_{x+1}+\cdots)=\frac{1}{D_x}\cdot\frac{n+1}{2mn}\cdot\overline{M}_x$$

となり②が得られた．

なお，n を十分大きくとると，死亡部分の係数 $\dfrac{n+1}{2mn}$ は $\dfrac{1}{2m}$ に近似できるので，${}^{(mn)}a_x^{(m)}$ は生保数理でいうところの完全年金の公式に近似できる．すなわち，${}^{(mn)}a_x^{(m)}$ は完全年金の離散版であると考えられる．

問題 6.7（元本保証の終身年金）　「元本の 90% 保証」65 歳支給開始終身年金（年 1 回期初払）を考える．なお，「元本の 90% 保証」とは，すでに支払った年金額の合計が元本の 90% に達しない場合に死亡が起きれば，元本の 90% とすでに支払った年金額の合計との差額を，死亡年度の期末に支払うことをいう．元本を 100 とした場合の年金額について下記の計算基数を用いて求めよ（小数点以下第 2 位を四捨五入し小数点以下第 1 位まで求めよ）．

x	D_x	N_x	C_x	M_x	R_x
65	3,800	35,353	186	3,107	30,578
72	2,150	13,933	162	1,877	12,617
73	1,946	11,783	159	1,715	10,740
74	1,749	9,837	156	1,556	9,025
75	1,559	8,088	153	1,400	7,469
76	1,375	6,529	150	1,247	6,069
77	1,198	5,154	147	1,097	4,822

■ **key's check**

- 元本保証部分は保険金が減額していく定期保険とみなす．
- いつまで元本を保証するかは，元本の 90% から支払済の年金額の合計をだんだん引いていって初めてマイナスになる直前までで，給付額は元本の 90% と年金額の合計の差額，というところに着目して立式してみよう．
- 床関数や天井関数が登場したら，丁寧に場合分けすることを考えよう．

【解答】

求める年金額を α とする．

「元本の 90% 保証」部分は，元本の 90% に達するまで，死亡が起きれば「元本の 90% とすでに支払った年金額の合計額との差額」を死亡保険金として支払う定期保険とみなせる．元本 100 と年金現価は等価なので，以下の等式が成立する．

$$100=\frac{\sum_{t=0}^{\lfloor 90/\alpha\rfloor-1} C_{65+t}\cdot(90-\alpha(t+1))+\alpha\cdot N_{65}}{D_{65}}$$

α について変形すれば，

$$\alpha=\frac{100\cdot D_{65}-90\sum_{t=0}^{\lfloor 90/\alpha\rfloor-1} C_{65+t}}{N_{65}-\sum_{t=0}^{\lfloor 90/\alpha\rfloor-1}(t+1)\cdot C_{65+t}}$$

となる．ここで，

$$\sum_{t=0}^{\lfloor 90/\alpha\rfloor-1} C_{65+t}=M_{65}-M_{65+\lfloor 90/\alpha\rfloor}$$

$$\sum_{t=0}^{\lfloor 90/\alpha\rfloor-1}(t+1)C_{65+t}=R_{65}-R_{65+\lfloor 90/\alpha\rfloor}-\lfloor 90/\alpha\rfloor\cdot M_{65+\lfloor 90/\alpha\rfloor}$$

であるから，

$$\alpha=\frac{100\cdot D_{65}-90\cdot(M_{65}-M_{65+\lfloor 90/\alpha\rfloor})}{N_{65}-(R_{65}-R_{65+\lfloor 90/\alpha\rfloor}-\lfloor 90/\alpha\rfloor\cdot M_{65+\lfloor 90/\alpha\rfloor})}$$

$\lfloor 90/\alpha\rfloor$ はそのままの形では変形するのが難しいので，$\lfloor 90/\alpha\rfloor$ の値にいくらかの見当をつけて求めることにする．元本保証がないときの年金額 β は，

$$\beta=\frac{100}{N_{65}/D_{65}}=\frac{100}{35{,}353/3{,}800}=10.748734\ldots$$

なので，$\alpha\leq 10.748734\ldots$ であることが分かる．$\lfloor 90/\beta\rfloor=\lfloor 8.373079\ldots\rfloor=8$ なので，$\lfloor 90/\alpha\rfloor=8$ と仮定して α を求めると，

$$\alpha=\frac{100\cdot D_{65}-90\cdot(M_{65}-M_{65+8})}{N_{65}-(R_{65}-R_{65+8}-8\cdot M_{65+8})}$$

$$= \frac{100 \cdot 3{,}800 - 90 \cdot (3{,}107 - 1{,}715)}{35{,}353 - (30{,}578 - 10{,}740 - 8 \cdot 1{,}715)}$$
$$= 8.712844 \ldots \approx 8.7$$

と計算されるが，$\lfloor 90/\alpha \rfloor = \lfloor 10.329578 \ldots \rfloor = 10$ なので，これは仮定に矛盾する．

そこで，$\lfloor 90/\alpha \rfloor = 10$ と仮定して α を求めると，

$$\alpha = \frac{100 \cdot D_{65} - 90 \cdot (M_{65} - M_{65+10})}{N_{65} - (R_{65} - R_{65+10} - 10 \cdot M_{65+10})}$$
$$= \frac{100 \cdot 3{,}800 - 90 \cdot (3{,}107 - 1{,}400)}{35{,}353 - (30{,}578 - 7{,}469 - 10 \cdot 1{,}400)}$$
$$= 8.625591 \ldots \approx 8.6$$

となり，$\lfloor 90/\alpha \rfloor = \lfloor 10.434068 \ldots \rfloor = 10$ なので，仮定を満たす．よって $\alpha = 8.6$　（答）

年金数理Q&A・端数処理はどこまで？

Q. 数値計算の問題で，端数処理方法に指定がない場合，途中計算はどこまで端数処理して解けばいいか？

A. 公式見解がないのであくまでも私見だが，原則として変数のまま答えの形まで式変形したうえで，最後に数値代入して計算した値を理論値として計算するのが無難ではないだろうか．本書でもそのような計算方針を取っている．とはいえ，文字式のまま計算することで複雑な形になる場合は途中で計算した方が楽なケースもある．その場合，高校化学で習う有効数字の計算方法のように，求める数値の端数処理結果を有効数字として，途中計算は有効数字＋１桁の数値を使用して答えは有効数字を用いる考え方もある．直近の過去問で確認したところ，正しい立式をしていれば，理論値でも後者の手法でも正解の選択肢が変わることはないようである．

6.2　連生年金と多重脱退

問題 6.8 (連生年金現価)　年金を次のように支払う場合，$(x),(y),(z)$ の 3 人に支払う年金現価の合計を，$a_x, a_y, a_z, a_{xy}, a_{yz}, a_{xz}, a_{xyz}$ を用いて求めよ．なお，年金はいずれも年 1 回期末払とする．

- (x) が生存中は，$(y),(z)$ のうち少なくとも一方の生存を条件として (x) に年金額 A を支払い，同時に $(y),(z)$ のうち生存している者（共存の場合は両者）に年金額 B を支払う．
- (x) が死亡後に $(y),(z)$ が共存している場合，一方に年金額 A，他方には年金額 B をそれぞれ支払う．
- (x) が死亡後に $(y),(z)$ のどちらか一方だけが生存している場合，その者に年金額 A を支払う．

■ key's check

- 連生年金の公式はただ丸暗記するだけでなく，条件に合わせて立式し，式展開できるようにしておく．
- 連生においては，補足のように，ベン図を用いた解法も使える．

【解答】

求める年金現価はそれぞれ以下の通り表せる．

- $Aa_{x\overline{yz}} + B(a_{xy} + a_{xz}) = A(a_{xy} + a_{xz} - a_{xyz}) + B(a_{xy} + a_{xz})$
- $(A+B)a_{x|yz} = (A+B)(a_{yz} - a_{xyz})$
- $Aa_{x|\overline{yz}}^{[1]} = A(a_{\overline{yz}}^{[1]} - a_{x,\overline{yz}}^{[1]}) = A\{(a_y + a_z - 2a_{yz}) - (a_{xy} + a_{xz} - 2a_{xyz})\}$

求めるものはこれらの合計なので，足し合わせた結果は，

$$A(a_y + a_z - a_{yz}) + B(a_{xy} + a_{xz} + a_{yz} - a_{xyz}) \quad \text{(答)}$$

【補足】

下図のように，ベン図を書いて，問題文に沿って給付額を考慮すれば，集合論の加法定理の計算に帰着できる．すなわち，年金額Aを支払うのは$(y),(z)$の少なくとも一方が生存しているとき，年金額Bを支払うのは$(x),(y),(z)$のうち2人が生存しているとき，年金額$2B$を支払うのは全員が生存しているときなので，求めるものは，$A\cdot(a_y+a_z-a_{yz})+B\cdot(a_{xy}+a_{yz}+a_{zx}-a_{xyz})$となる．

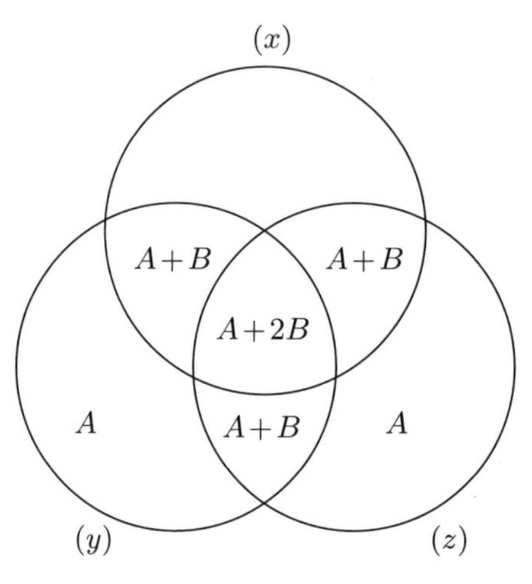

■第７章
理論編

7.1 昇給率

問題 7.1 (動態的昇給率)　25歳の給与が200,000円である被保険者について，35歳時点の給与を動態的昇給率に基づいて予測したところ300,000円であった．この動態的昇給率が，以下のx歳における給与指数b_xをもつ静態的昇給率を基礎としている場合，kの値を求めよ（小数点以下第4位を四捨五入せよ）．なお，ベース・アップなどの要因による昇給率は2.0%とする．また，ベース・アップなどの要因による昇給率をrとした場合，x歳における静態的昇給率R_xを基礎とする動態的昇給率は$(1+R_x)\cdot(1+r)-1$とする．

$$b_x = \begin{cases} 1 & (x < 15) \\ 1+k\cdot(x-15) & (x \geq 15) \end{cases}$$

■ **key's check**

- 動態的昇給率と静態的昇給率，給与指数の関係を押さえよう．
- はじめのうちは，いきなり関係式を求めずに，26歳の給与，27歳の給与，と順々に計算して法則性を見つけていこう．

【解答】

x歳の給与をB_xとする．同一被保険者におけるx歳時点の給与B_xと，1年後$x+1$歳時点の給与B_{x+1}との関係は，動態的昇給率を考慮して

$$\frac{B_{x+1}}{B_x} = (1+R_x)\cdot(1+r)$$

という関係式になる．すなわち，$\dfrac{B_{35}}{B_{25}}$は，

$$\begin{aligned} \frac{B_{35}}{B_{25}} &= \frac{B_{35}}{B_{34}} \times \frac{B_{34}}{B_{33}} \times \cdots \times \frac{B_{26}}{B_{25}} \\ &= (1+R_{34}) \times (1+R_{33}) \times \cdots \times (1+R_{25}) \times (1+r)^{10} \qquad (*) \end{aligned}$$

一方，給与指数b_xは，前年の給与指数から静態的昇給率分だけ昇給させたものだから，

$$b_x = b_{x-1} \cdot (1 + R_{x-1})$$

であるから，b_{35}はb_{25}を用いて，

$$b_{35} = b_{25}(1 + R_{25})(1 + R_{26}) \cdots (1 + R_{34})$$

となるので，$(1 + R_{25}) \times \cdots \times (1 + R_{34}) = \dfrac{b_{35}}{b_{25}}$ という関係式が得られ，(＊)に代入すると，

$$\frac{B_{35}}{B_{25}} = \frac{b_{35}}{b_{25}} \cdot (1 + r)^{10}$$

となる．したがって，$B_{35} = 300{,}000$，$B_{25} = 200{,}000$，$b_{35} = 1 + 20k$，$b_{25} = 1 + 10k$，$r = 0.020$ を代入すると，

$$\frac{300{,}000}{200{,}000} = \frac{1 + 20k}{1 + 10k} \cdot 1.02^{10}$$

$$\iff \quad k = \frac{1.5 - 1.02^{10}}{20 \cdot 1.02^{10} - 15} = 0.029958\ldots \approx 0.030 \quad (答)$$

問題 7.2 (定常人口における線形な給与制度)　定常人口に達している年金制度において，x 歳の1人あたりの給与 B_x(円) が $B_x = ax + b$ と表されるとき，以下の前提条件を満たす a および b を求めよ．

【前提条件】

加入年齢	20歳
平均年齢	40歳
平均給与	40 万円
脱退時平均加入年数	30年
脱退時平均給与	45 万円

■ **key's check**

- 本問のように定常人口かつ線形な給与制度の場合，平均給与＝平均年齢における給与，脱退時平均給与＝脱退時平均年齢における給与．知っていれば瞬殺できる問題．
- 解答ではどのような人員分布に対しても対応できるよう確率変数を用いているが，言いたいのは期待値の線形性のみである．つまりこれを認めていきなり最後の連立方程式を立式してもよい．

【解答】

X を年齢，Y を脱退時年齢の確率変数とする．このとき

$$\begin{cases} B_X(=aX+b)：\text{給与を表す確率変数} \\ B_Y(=aY+b)：\text{脱退時給与を表す確率変数} \end{cases}$$

となる．問題の条件から $E(X)=40$,　$E(B_X)=aE(X)+b=400{,}000$, $E(Y)=20+30=50$,　$E(B_Y)=aE(Y)+b=450{,}000$ より,

$$\begin{cases} 40a+b=400{,}000 \\ 50a+b=450{,}000 \end{cases}$$

よって，この連立方程式を解くと，$a=5{,}000$,　$b=200{,}000$　(答)

問題 7.3（一時金選択がある場合の給付現価）　次の条件による被保険者 A の給付現価を求めよ（千の位を四捨五入し万円単位で答えよ）．なお，退職時給与，年金額，一時金額を計算する際は，小数点以下第 1 位を四捨五入し，以後の計算には円単位の値を用いよ．

【制度内容】

定年 (60 歳) 到達者に，本人の選択により即時支給 10 年確定年金または一時金を支払う．

年金額：退職時給与×加入年数÷ 8.108,

一時金額：退職時給与×加入年数

【計算前提・計算基礎率】

計算基準日：2020 年 3 月 31 日，予定利率：2%

中途脱退率：一律 5%，昇給率：一律 3%（脱退および昇給は毎年 4 月 1 日にあるものとする），一時金選択率：50%（定年到達者のうち 50% が一時金を，50% が年金を選択するものとする）

【被保険者 A の個人データ】

生年月日：1980 年 4 月 1 日（2040 年 3 月 31 日に定年到達予定）

加入年月日：2000 年 4 月 1 日，計算基準日時点の給与：450,000 円

【計算基礎数値】

$\ddot{a}_{\overline{10|}}^{(i=5\%)} = 8.108$,　$\ddot{a}_{\overline{10|}}^{(i=2\%)} = 9.162$

$1.02^{40} = 2.208$,　$1.03^{40} = 3.262$,　$1.05^{40} = 7.040$,　$0.95^{40} = 0.129$

■ **key's check**

- 昇給率は，単独で出題される以外に，給与に比例した給付を行う年金制度での給付現価や保険料の計算問題としても出題される．
- 本問のように給付を「年金」としても「一時金」としても受け取れる場合，一時金選択をどのくらいの割合の人が選択するかの見込みとして「一時金選択率」という計算基礎率を設定する必要が

ある．使い方は簡単で，一時金選択率を 30% とすると，給付現価 $=30\%\cdot$(一時金額)$+70\%\cdot$(年金支払の給付現価) となる．つまり債務計算上，定年到達者の 3 割の人が一時金を選択するものとして計算している．

- （給付現価を計算するための）予定利率は 2%，（年金額を計算するための）給付利率は 5% となる．しっかり区別すること．

【解答】

定年（60 歳）到達時点の年金額，一時金額を求める．そのために，退職時給与の見込みを計算すると，

$$(\text{退職時給与})=450{,}000\cdot\underbrace{1.03^{20}}_{\text{昇給率}}=812{,}750.055601\ldots\approx 812{,}750$$

となる．したがって，年金額と一時金額はそれぞれ以下のようになる．

$$(\text{年金額})=812{,}750\cdot\frac{40}{8.108}=4{,}009{,}620.12827\ldots\approx 4{,}009{,}620$$
$$(\text{一時金額})=812{,}750\cdot 40=32{,}510{,}000$$

求める給付現価は，一時金選択率および定年到達率（＝給付が発生する確率 $=0.95^{20}$）を考慮して，20 年分現価に割り戻せばよい．

$$\begin{aligned}(\text{給付現価})&=0.95^{20}\cdot v^{20}\cdot\left(\frac{1}{2}\cdot 4{,}009{,}620\cdot\ddot{a}_{\overline{10}|}^{(2\%)}+\frac{1}{2}\cdot 32{,}510{,}000\right)\\&=0.129^{\frac{1}{2}}\cdot\frac{1}{2.208^{\frac{1}{2}}}\cdot\left(\frac{1}{2}\cdot 4{,}009{,}620\cdot 9.162+\frac{1}{2}\cdot 32{,}510{,}000\right)\\&=8{,}368{,}755.59342\ldots\approx 837\,(\text{万円})\quad(\text{答})\end{aligned}$$

7.2 人員分布と定常人口

問題 7.4（定常人口の年金制度における脱退者数） 次の (1), (2) の問に答えよ．

(1) 定常人口にある年金制度を考える．年金制度への加入，脱退の時期はそれぞれ期初，期末とする．期初時点における在職中の被保険者の総数を a，平均加入年数を b，各年度の脱退者の脱退時の平均加入年数を c とするとき，各年度の脱退者数を a, b, c のいずれかを用いて表せ．

(2) 定常人口に達した年金制度がある．この制度の年間の脱退者数を求めよ．ただし，新規加入者は常に 20 歳で加入するものとし，定年年齢は 60 歳，被保険者の総数は 10,000 人で脱退者の平均加入年数は 27.6 年である（小数点以下第 1 位を四捨五入し，整数で求めよ）．

■ **key's check**

- 定常人口の問題は仮定されているモデル（「一様加入モデル」，「期初ごと加入モデル」）のどちらかを読み誤らないようにしよう．
- (1) の場合は「年金制度への加入，脱退の時期はそれぞれ期初，期末」とあることから「期初ごと加入モデル（$l_x^{(T)}$ が階段関数）」．
- (2) の場合は特に明記されていない．この場合はどちらの可能性も考慮しつつ，与えられた条件で解ける方のモデルを選択する必要がある．

【解答】

(1) 「期初ごと加入モデル（$l_x^{(T)}$：階段関数）」の公式 (4.14), (4.15) を用いて，

$$a = T_{x_e}, \qquad c = \frac{T_{x_e}}{l_{x_e}^{(T)}}$$

求める1年間の脱退者数は1年間の新規加入数 $l_{x_e}^{(T)}$ に等しく，

$$l_{x_e}^{(T)} = \frac{a}{c} \quad \text{(答)}$$

(2)　脱退時平均加入年数は $\dfrac{T_{20}}{l_{20}^{(T)}} = 27.6$ である．問題で与えられているのは被保険者の総数のみであるので，$T_{20} =$ 被保険者の総数と想定され，求める年間脱退者数 $l_{20}^{(T)}$ は，

$$(\text{年間の脱退者数}) = l_{20}^{(T)} = \frac{10{,}000}{27.6} = 362.318840\ldots \approx 362 \quad \text{(答)}$$

【補足】

(1)　b は「平均年齢 $-x_e$」である．

(2)　本問において，厳密には人員分布がどのモデルを使用しているか読み取れない．一般に「期初ごと加入モデル」であれば被保険者の総数と T_{20} は一致しない．しかし，与えられた条件で解くためには，被保険者の総数と T_{20} が一致しているモデルが仮定されていると汲み取ればよく，変に悩む必要はない．

なお，本書での T_x の定義はあくまでも (4.13) 式であり，人口モデルに応じて T_x の定義は変わるものではない (例えば定義式にある $\int$ を $\sum$ に変えてはならない)．

問題 7.5（定常人口における平均年齢） 定常人口において

$\mathring{e}_x = 80 \cdot \left(1 - \dfrac{x}{100}\right)$（ただし x は 0 以上 100 未満の実数）となるとき，この人口の平均年齢を求めよ（小数点以下第 2 位を四捨五入せよ）．

■ key's check

- l_x が連続関数である場合は，だいたいの場合一様加入モデルが仮定されている．本問もその類いである．つまり，生保数理での公式を用いて解くことができる．
- 正攻法で解こうとすると，脱退時平均年齢→死力→生存数などと求める必要があるが，計算が面倒なので，公式を利用してショートカットできないかを考えよう．この形は試験で頻出である．

【解答】

公式 (3.30) $\mathring{e}_x = \dfrac{\omega - x}{k+1}$ を考えると，本問は，$\omega = 100$，$k = \dfrac{1}{4}$ のケースであるので，公式 (3.31) より，

$$\text{平均年齢} = \frac{\omega}{k+2} = \frac{100}{\frac{1}{4}+2} = \frac{400}{9} = 44.444444\ldots \approx 44.4 \quad (\text{答})$$

【補足】

公式 (4.18) を踏まえると，平均年齢は線分 $[0, 100]$ を $(1 : 1 + 1/4) = (4 : 5)$ に内分する点であることが分かる．よって，平均年齢$= 100 \cdot \dfrac{4}{9}$ と直ちに計算できる．もし期初ごと加入モデルと仮定した場合，定常人口 $l_x = l_0 \cdot \left(1 - \dfrac{x}{100}\right)^{\frac{1}{4}}$ に対して平均年齢$= \dfrac{\sum_{x=0}^{100} x\left(1 - \frac{x}{100}\right)^{\frac{1}{4}}}{\sum_{x=0}^{100}\left(1 - \frac{x}{100}\right)^{\frac{1}{4}}}$ を計算することになり，電卓で解くことは難しいため，本問は一様加入モデルについて問うているものと解釈できる．

問題 7.6（脱退時平均年齢と平均年齢，脱退時年齢の平均）　22歳以上60歳以下の実数xで定義される被保険者数$l_x^{(T)}$が

$$l_x^{(T)}=\begin{cases}\dfrac{1}{9}(x^2-80x+2{,}140) & (22\leq x<40)\\ 60 & (40\leq x<48)\\ -5x+300 & (48\leq x\leq 60)\end{cases}$$

である定常人口に達した年金制度において，新規加入者は22歳でのみ加入するものとするとき，次を求めよ（小数点以下第2位を四捨五入せよ）.

(1)　（22歳被保険者に対する）脱退時平均年齢

(2)　平均年齢

(3)　（集団全体に対する）脱退時年齢の平均

■ **key's check**

- 問題文から，(22歳以上60歳以下の<u>実数</u>で定義された）$l_x^{(T)}$が「定常人口」であると読み取れるので，「一様加入モデル」を仮定していると読み取れる.
- 正攻法で定義式を計算しようとしても積分計算がかなり面倒になるため，何かしら工夫をする必要がある.
- ここでは与えられた定常人口を考えやすい集団ごとに分けて，集団ごとに公式を適用して平均年齢などを求め，最後に全体での値を計算するという方針を取った．これは非常に汎用性が広い考え方である．例えば新規加入年齢が2つ以上ある場合，1つ1つ集団ごとに平均年齢を計算し，最後にそれらを加重平均（人数比）することで計算できる.
- (1)と(3)を混合してはならない．(1)はあくまでも22歳被保険者の推移を追っていったときの脱退時の平均年齢のことであり，(3)は各

年齢に対して(1)を計算し，その（全被保険者にわたる）平均値である．式で書くと，その違いを認識しやすい．

$$(1)\quad x_e + \frac{\displaystyle\int_{x_e}^{x_r} l_x^{(T)} dx}{l_{x_e}^{(T)}} (= x_e + \mathring{e}_{x_e}) \qquad (3)\quad \frac{\displaystyle\int_{x_e}^{x_r} l_x^{(T)} \cdot (x + \mathring{e}_x) dx}{\displaystyle\int_{x_e}^{x_r} l_x^{(T)} dx}$$

【解答】

$\dfrac{1}{9}(x^2 - 80x + 2{,}140) = \dfrac{1}{9}(x-40)^2 + 60$ に注意して，考えている定常人口を次のような2つの集団A，Bに分割する．

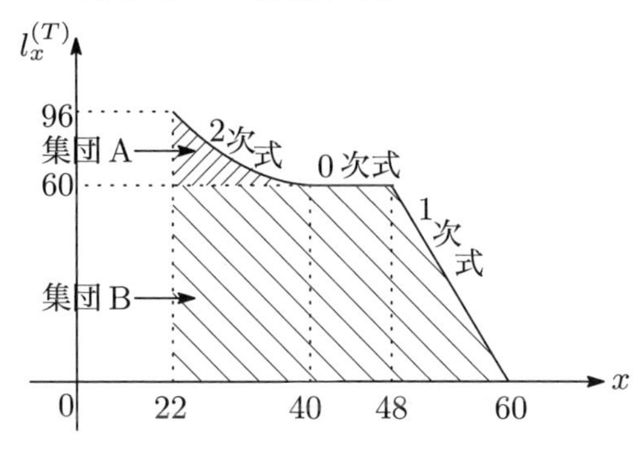

(1)　22歳で加入した人の脱退時平均年齢を集団A，Bごとに求める．

- 集団A：公式(4.17)より，[22,40]を1:2に内分する点，つまり28歳が脱退時平均年齢である．
- 集団B：48歳までは誰も脱退しないため48歳以上に着目すると，公式(4.17)より[48,60]を1:1に内分する点，つまり54歳が脱退時平均年齢である．

それぞれの集団で22歳の被保険者はAが36人，Bが60人であるため，22歳の被保険者全体に対する脱退時平均年齢は，

$$\frac{36 \cdot 28 + 60 \cdot 54}{36 + 60} = 44.25 \approx 44.3\ (歳)\quad (答)$$

(2) まず集団ごとの平均年齢を求める．

- 集団A：公式(4.18)より[22,40]を1:3に内分する点，すなわち26.5歳が平均年齢である．
- 集団B：さらに細分化して22〜48歳の集団をB1，48〜60歳の集団をB2とすると，集団B1の平均年齢は公式(4.18)より[22,48]を1:1に内分する点，すなわち35歳であり，集団B2の平均年齢は公式(4.18)より[48,60]を1:2に内分する点，すなわち52歳である．

各集団の総被保険者数は，

$$\text{A}：\int_{22}^{40}\frac{1}{9}(x-40)^2dx=216$$

$$\text{B1}：(48-22)\cdot 60=1{,}560$$

$$\text{B2}：12\cdot\frac{60}{2}=360$$

となるため，集団全体での平均年齢は，

$$\frac{26.5\cdot 216+35\cdot 1{,}560+52\cdot 360}{216+1{,}560+360}=37.005618\ldots\approx 37.0\,(\text{歳})\quad(\text{答})$$

※ Aの総被保険者数は，(1)の結果を用いれば，
$36\times(28-22)=216$と積分を用いずに計算することも可能．

(3) まず集団ごとの脱退時年齢の平均を求める．

- 集団A：公式(4.19)より[22,40]を$2:2=1:1$に内分する点，すなわち31歳が脱退時年齢の平均である．
- 集団B1：実際に脱退するのは48歳以降60歳までの間であるため，脱退時平均年齢は(1)の集団Bを参考にして，54歳である．
- 集団B2：公式(4.19)より[48,60]を2:1に内分する点，すなわち56歳が脱退時年齢の平均である．

したがって集団全体での脱退時年齢の平均は，

$$\frac{31\cdot 216+54\cdot 1{,}560+56\cdot 360}{216+1{,}560+360}=52.01124\ldots\approx 52.0\,(\text{歳})\quad(\text{答})$$

【補足】

解答では集団 A, B（B1, B2）ごとに「(22 歳被保険者の）脱退時平均年齢」,「平均年齢」,「脱退時年齢の平均」を計算した後，集団全体の値を計算するために「加重平均」を取っているが，ここを詳しくみていこう．

「(22 歳被保険者の) 脱退時平均年齢」は，22 歳被保険者集団（集団 A：36 人，集団 B：60 人）を母集団として平均値を取っており，(平均を取る前の) 脱退時年齢合計は，集団 A が $36 \cdot 28 = 1{,}008$，集団 B が $60 \cdot 54 = 3{,}240$ であるから，集団全体での脱退時年齢合計は $1{,}008 + 3{,}240 = 4{,}248$ となる．これを（全体での）22 歳被保険者集団 96 人で平均を取ることで，集団全体での平均値 $44.25 (\approx 44.3)$ が計算できるのである．

「平均年齢」,「脱退時年齢の平均」の母集団は被保険者集団全体（集団 A：216 人，集団 B1：1,560 人，集団 B2：360 人）であり，上記と同様，これらで各集団の値を加重平均する必要がある．すなわち全体での値を導出する際には，この 3 つがそれぞれ「どの母集団でみた平均なのか」を意識するのが重要である．

次に，$l_x^{(T)} = a\left(1 - \dfrac{x}{c}\right)^n \ (b \leq x \leq c)$ に対して，公式 (4.17)-(4.19) の証明を簡単に見てみよう．(4.17) は公式 (3.30) を用いて，

$$b + \mathring{e}_b = b + \frac{c-b}{n+1} = \frac{nb+c}{n+1}$$

と示される．公式 (4.18) は公式 (3.31) を一般化すればよい（公式 (3.31) は $b = 0$ の場合）．$x = b + (c-b)t$ と置換することでベータ関数の公式 (A.38) を用いて導出できる．公式 (4.19) はこれらの結果を用いて，

$$\frac{\displaystyle\int_b^c l_x^{(T)} \cdot (x + \mathring{e}_x) dx}{\displaystyle\int_b^c l_x^{(T)} dx} = \frac{\displaystyle\int_b^c l_x^{(T)} \cdot \frac{nx+c}{n+1} dx}{\displaystyle\int_b^c l_x^{(T)} dx} = \frac{n}{n+1} \cdot \frac{\displaystyle\int_b^c l_x^{(T)} \cdot x dx}{\displaystyle\int_b^c l_x^{(T)} dx} + \frac{c}{n+1}$$

$$= \frac{n}{n+1} \cdot \frac{(n+1)b + c}{n+2} + \frac{c}{n+1} = \frac{nb+2c}{n+2}$$

と示される．

問題 7.7（定常人口に達する脱退率が同じ 2 つの年金制度）　定常人口に達している年金制度 A，B の被保険者数は等しく，脱退率（脱退には加入中の死亡を含む）はともに

$$q_x = \frac{1}{60-x} \quad (x < 60)$$

に従っている．年金制度 A，B の加入年齢がそれぞれ 20 歳，30 歳であり，年金制度 A の 30 歳の被保険者数 $l_{30} = 4{,}185$ であるとき，年金制度 B の 30 歳の被保険者数に最も近いものを選択肢の中から 1 つ選べ．

(A) 7,200　　(B) 7,300　　(C) 7,400　　(D) 7,500

■ **key's check**

- 仮定されているモデルが非常に分かりにくい問題．
- 試験では次のような「経験則」が役に立つ．
  - 単に定常人口に関することを問う問題で明記のないものはモデル 1（一様加入モデル）であることが多い．
  - モデル 1（一様加入モデル）とみなして解くには条件が十分与えられていないときにはモデル 2（期初ごと加入モデル）で解いてみる．

【解答】

与えられた定常人口 l_x について，公式 (3.29) が適用でき，

$${}_tp_x = \frac{60-x-t}{60-x} \qquad (x < 60)$$

が成立する．このことからすべての年齢 x $(x < 60)$ に対して，

$$l_x = l_{30} \cdot {}_{x-30}p_{30} = l_{30} \cdot \frac{60-x}{30}$$

が成立する．問題文のみからは，モデル 1，モデル 2 のどちらのモデルかは特定できないため，ここからは，公式 (4.5)，(4.6) をもとに，モデルごとに年金制度 A と年金制度 B の被保険者数が等しい条件を立式する．

- モデル1（一様加入モデル）を仮定する場合

$$
\begin{aligned}
&\int_{20}^{60} l_x^A dx = \int_{30}^{60} l_x^B dx \\
\iff\quad &\int_{20}^{60} \frac{60-x}{30} dx \cdot l_{30}^A = \int_{30}^{60} \frac{60-x}{30} dx \cdot l_{30}^B \\
\iff\quad &l_{30}^B = \frac{\displaystyle\int_{20}^{60} \frac{60-x}{30} dx}{\displaystyle\int_{30}^{60} \frac{60-x}{30} dx} \cdot l_{30}^A = \frac{16}{9} \cdot 4{,}185 = 7{,}440
\end{aligned}
$$

- モデル2（期初ごと加入モデル）を仮定する場合

$$
\begin{aligned}
&\sum_{x=20}^{59} l_x^A = \sum_{x=30}^{59} l_x^B \\
\iff\quad &\sum_{x=20}^{59} \frac{60-x}{30} \cdot l_{30}^A = \sum_{x=30}^{59} \frac{60-x}{30} \cdot l_{30}^B \\
\iff\quad &l_{30}^B = \frac{\sum_{x=20}^{59} \frac{60-x}{30}}{\sum_{x=30}^{59} \frac{60-x}{30}} \cdot l_{30}^A = \frac{164}{93} \cdot 4{,}185 = 7{,}380
\end{aligned}
$$

よっていずれの場合でも最も近い選択肢は，(C)　（答）

7.3　定常状態と極限方程式

問題 7.8（極限方程式）　保険料の払込時期および給付の支払時期が以下のような年金制度において，それぞれ極限方程式

$$C+\boxed{①}\cdot F=\boxed{②}\cdot B$$

の①，②を，i,d,v,δ を用いて埋めよ．

制度A　保険料：期初払，給付：期初払

制度B　保険料：期初払，給付：期末払

制度C　保険料：期末払，給付：期末払

制度D　保険料：連続払，給付：連続払

制度E　保険料：期初払，給付：連続払

■ key's check

- 極限方程式は定常状態における積立金の推移を立式したものであり，難しく考える必要はない．
- 例えば制度Bを考えると，期初積立金（＋）保険料→利息付与→（－）給付→期末積立金というプロセスを考えればよい．

【解答】

制度A　$(F+C-B)\cdot(1+i)=F$ より $C+dF=B$　（答）

制度B　$(F+C)\cdot(1+i)-B=F$ より $C+dF=vB$　（答）

制度C　$F\cdot(1+i)+C-B=F$ より $C+iF=B$　（答）

制度D　積立金に対する利息は制度A～Cと同じように付くのに対し，保険料と給付は連続払であるから，その利息も連続的に付与されることに注意が必要である．すなわち $C-B$ の連続払1年終価と期初の積立金 F の合計が，定常状態より F と一致するから，

$$F\cdot(1+i)+\bar{s}_{\overline{1}|}\cdot(C-B)=F$$

ここで，$\bar{s}_{\overline{1}|}=\displaystyle\int_0^1 e^{\delta t}dt=\frac{e^{\delta}-1}{\delta}=\frac{i}{\delta}$ だから，これを代入して変形すると，$C+\delta F=B$ (答)

制度E 制度Dと同様の議論から

$$(F+C)\cdot(1+i)-\bar{s}_{\overline{1}|}\cdot B=F$$

が成立する．これを変形して $C+dF=\dfrac{d}{\delta}B$ (答)

【補足】

より一般的に，極限方程式は

$$\underbrace{F}_{\text{積立金}}=\underbrace{\mathring{a}_{\infty}^{①}\cdot B-\mathring{a}_{\infty}^{②}\cdot C}_{\text{責任準備金（将来加入が見込まれる被保険者を含む）}}$$

と書ける．ここで，$\begin{cases}\mathring{a}_{\infty}^{①}\text{は給付の支払方に応じたもの}\\ \mathring{a}_{\infty}^{②}\text{は保険料の払込方に応じたもの}\end{cases}$ とする．

$\circ$ の部分は支払方法によって変わる．すなわち，

$$\begin{cases}\text{期初払：}\mathring{a}_{\infty}=\ddot{a}_{\infty}=\dfrac{1}{d}\\ \text{期末払：}\mathring{a}_{\infty}=a_{\infty}=\dfrac{1}{i}\\ \text{連続払：}\mathring{a}_{\infty}=\bar{a}_{\infty}=\dfrac{1}{\delta}\end{cases}$$

つまり極限方程式は，将来の保険料と（現に保有する）積立金で将来の給付を賄うことを意味する．これは，集団での収支相等を表すものであり，年金数理で最も重要な関係式の１つである．極限方程式を用いる問題ではその裏側で収支相等がどのように図られているかを並行して考えることが極めて有用である．

問題 7.9（極限方程式と運用利回りの減少）　ある年金制度では期初に保険料 C が払い込まれ，期末に給付 B が支払われる．また，給付支払後の積立金は F で定常状態になっている（ここに予定利率は i とする）．ある年度の運用利回りが j $(0<j<i)$ となったため，その年度末の積立金残高が F より少なくなってしまった．そのため，翌年度の保険料を $(C+\Delta C)$ とすることにより，翌年度末の積立金残高を F に回復させることにした．翌年度の運用利回りは予定利率通りであるとして，追加保険料 ΔC を C, B, F, j を用いて表せ．

■ key's check

- 極限方程式の問題なので，プロセスをたどりながら関係式を立てて解く．運用利回りが年度により異なり，給付が期末払であることに注意せよ．
- 「ある年度」と「その翌年度」での積立金の推移を立式し，あとは最初と最後の積立金が等しいことを利用して解く．
- 本問では正解の表記方法として予定利率 i を用いないよう指示しているが，実際の試験は与えられた選択肢から選ぶ形式であるため，こういった指示はされないことも多い．ただしそういった場合でも「どういう変数を消去していけばよいか」を選択肢から読み解く必要がある．例えば選択肢がすべて予定利率 i を用いない表記となっている場合，「予定利率 i を用いないように式変形していかないと」と考えないといけない．やみくもに式変形して近い選択肢を式変形しようという考え方は，時間ばかりかかってしまい効率的でない！

【解答】

「ある年度」初の積立金 F は極限方程式

$$F=(F+C)(1+i)-B \qquad \cdots ①$$

を満たす．この年度の積立金の推移を立式すると，期末の積立金 F' は，

$$F' = (F+C)(1+j) - B \qquad \cdots ②$$

と表せる．翌年度において保険料を ΔC だけ引き上げると，翌年度末の積立金は元の積立金 F に回復したことから，

$$F = (F'+C+\Delta C)(1+i) - B \qquad \cdots ③$$

を満たす．今，ΔC を予定利率 i を用いずに表すので，①，③を用いて i を消去すると，

$$F'+C+\Delta C = F+C \quad \Longleftrightarrow \quad \Delta C = F - F'$$

を満たす．あとは②を代入して F' を消去すれば，

$$\Delta C = F - \{(F+C)(1+j) - B\} = B - (1+j)C - jF \quad \text{（答）}$$

【別解】

次のように考えれば，いきなり最後の式を立式することができる．「ある年度」の年度末の積立金は定常状態における F を ΔF だけ下回っている一方，翌年度には運用利回り i のもとで年度末積立金が F に回復しているということは，定常状態に戻っているのは，保険料 C に加えて ΔC だけ多く負担した時点であると考えられる．このとき，ΔF と ΔC は同時点であるから，$\Delta C = \Delta F = F - \{(F+C)(1+j) - B\}$ となる．

【補足】

理解が進んでいる読者にとっては，本問が次のように見えており，きっと一瞬で解いていることであろう．

問題　定常状態にあった年金制度において，ある年度に利差損（運用利回り $j<i$）が発生し，その未積立債務を1年で償却した．この特別保険料 ΔC を求めよ．

【解答】

償却期間1年（期初拠出）の特別保険料 ΔC は利差損 $(i-j)(F+C)$ そのものであるため，

$$\Delta C=(i-j)(F+C)$$

と表せる．あとは予定利率 i を消去するため，極限方程式 $F=(F+C)(1+i)-B$ を意識して変形していくと，

$$\begin{aligned}\Delta C&=(1+i)(F+C)-(1+j)(F+C)\\&=F+B-(1+j)(F+C)=B-(1+j)C-jF\end{aligned}$$

このような解答ができる人は，極限方程式を満たす積立金水準を単なる積立金とは見ずに，責任準備金，つまり将来の給付支払 B を賄うのに（保険料収入以外で）必要な積立金水準 $Ba_\infty-C\ddot{a}_\infty$ とみなしているであろう．このように捉えられていれば，「F から減った分」を「未積立債務」と認識できるため，利差損に限らずどんな積立不足が生じた場合であっても，また償却期間が1年でなく n 年であったとしても対応できる．

本書を通じて，年金制度に対するこのような本質的な理解を深めていってほしい．

問題 7.10（極限方程式と保険料の引上げ） 保険料と給付が年1回期初払で定常状態にある年金制度において，保険料を$1+\alpha$倍に引き上げ10年間払い込むことにより，積立金の利息収入だけで給付が賄えるようになった．また，その翌年度から保険料の払込を行わない状態で再び定常状態になったとする．なお，定常人口は維持されているものとする．

このとき，αを求めよ（小数点以下第2位を四捨五入せよ）．ただし，予定利率は4.5%とする．

■ **key's check**

- 定常状態にある積立金の変化に関する問題は，公式(4.22)(→p.59)などが活用できるか検討しよう．
- 「利息収入で賄える」という条件から，完全積立方式の極限方程式の問題だと思って解いてもよいが，給付支払Bは変更前後で何も変わっておらず，極力これを式に登場させたくない．
- その代わりに「変更前後で増えた積立金の正体は何か？」に注目して立式する方がよりスピーディに解ける．年金数理の問題はこのように変化に注目して立式することで時間短縮を図ることができるケースが多いので，是非慣れていってほしい．

【解答】

公式(4.22)より，10年後の積立金F'は，最初の積立金Fと保険料Cを用いて，

$$F' = F + \alpha \cdot C \cdot \ddot{s}_{\overline{10|}}$$

と表せる．一方，10年後の積立金F'は，Fと比べて「利息収入だけで給付が賄えるようになった」ことから，この差額は元の保険料収入現価と一致する．すなわち，

$$F' - F = C \cdot \ddot{a}_{\infty}$$

この両式から，

$$\alpha = \frac{\ddot{a}_{\infty}}{\ddot{s}_{\overline{10|}}} = \frac{1}{(1+i)^{10}-1} = 1.808418\ldots \approx 1.8 \quad (答)$$

【補足】

収支相等の式「$C \cdot \ddot{a}_{\infty} + F = B \cdot \ddot{a}_{\infty}$」「$(1+\alpha)C \cdot \ddot{a}_{\overline{10|}} + F = B \cdot \ddot{a}_{\infty}$」を立式しても解ける．

7.4 財政方式の定常状態における分類

問題 7.11（保険料から積立金を求める） Trowbridge モデルの年金制度が定常状態にあるものとする．保険料 C が

$$C=\left(\sum_{x=x_r}^{x_r+n-1} l_x\right)+l_{x_r+n}\cdot\ddot{a}_{x_r+n}$$

であるとき，この制度の積立金 $F=\sum_{x=\boxed{①}}^{\boxed{②}}\boxed{③}$ となる．このとき①～③を埋めよ．なお，解答中に最終年齢を用いる場合は ω で表せ．また③は終身年金現価率を用いて表せ．

■ **key's check**

- 本問のように，知っていればあっという間に解けるものもある．与えられた式の形に着目しよう．
- それが思い浮かばなければ定義式から丁寧に計算するしかない．
- 賦課方式や退職時年金現価積立方式の知識が無くても，v^n-l_x 平面に関する知識（付録 B）を知っていれば，別解 2 のように解くことができる．この場合，問題文の「終身年金現価率」が「平均余命」や「確定年金現価率」に変化しても対応することができる．

【解答】

保険料の式を眺めて ${}^PC=\sum_{x=x_r}^{\omega} l_x$, ${}^TC=l_{x_r}\cdot\ddot{a}_{x_r}$ を意識すると，与えられた保険料は x_r 歳から x_r+n-1 歳までの n 年間は賦課方式で，x_r+n 歳以降の退職時年金現価積立方式で保険料を拠出する方式であるとみなせる．

賦課方式部分の積立金は 0，退職時年金現価積立方式の積立金は $\sum_{x=x_r+n+1}^{\omega} l_x\cdot\ddot{a}_x$ であることから，この合計が答えとなる．すなわち，

①$x=x_r+n+1$，②ω，③$l_x\cdot\ddot{a}_x$　　（答）

【別解 1・式変形による導出】

式変形により導出する場合は以下のようになる．$\ddot{a}_x=1+vp_x+v^2{}_2p_x+\cdots$

を代入して v, l_x のみで表し，足し方を変えることに注意せよ（問題7.12のkey's checkの2,3点目参照）．

$$F=\frac{B-C}{d}=\frac{1}{d}\left\{\sum_{x=x_r}^{\omega} l_x-\left(\sum_{x=x_r}^{x_r+n-1} l_x\right)-l_{x_r+n}\cdot \ddot{a}_{x_r+n}\right\}$$

$$=\frac{1}{d}\left\{\left(\sum_{x=x_r+n}^{\omega} l_x\right)-l_{x_r+n}\cdot \ddot{a}_{x_r+n}\right\}=\frac{1}{d}\sum_{x=x_r+n}^{\omega}(1-v^{x-x_r-n})\cdot l_x$$

$$=l_{x_r+n+1}+(1+v)l_{x_r+n+2}+(1+v+v^2)l_{x_r+n+3}+\cdots$$

$$=(l_{x_r+n+1}+v\cdot l_{x_r+n+2}+v^2\cdot l_{x_r+n+3}+\cdots)+(l_{x_r+n+2}+v\cdot l_{x_r+n+3}+\cdots)+\cdots=\sum_{x=x_r+n+1}^{\omega} l_x\cdot \ddot{a}_x$$

【別解2・v^n-l_x 平面を用いた方法】

B, C は v^n-l_x 平面上，以下の黒丸で表せる．

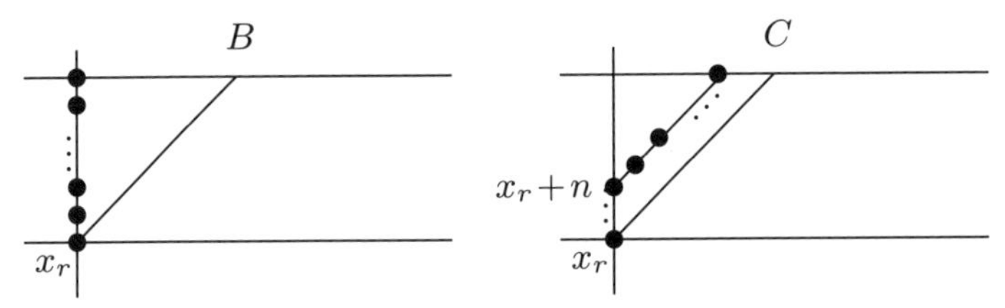

$B-C$ は左下図のように表せて，また d で割るという演算は v^n-l_x 平面では1点を右方向に無限に増やす操作に対応していることに注意すると，$F=\dfrac{B-C}{d}$ は右下図の黒丸となる．

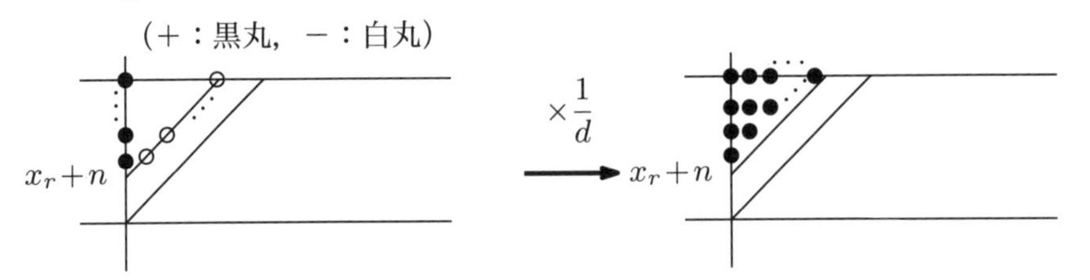

求める F は，問題文に「終身年金現価率を用いて」とあるため，↗方向に見れば，$F=\sum_{x=x_r+n+1}^{\omega} l_x\cdot \ddot{a}_x$ と表せる．なお，縦方向に見ると $F=\sum_{x=x_r+n}^{\omega} l_x e_x v^{x-x_r-n}$，横方向に見ると $F=\sum_{x=x_r+n+1}^{\omega} l_x \ddot{a}_{\overline{x-x_r-n|}}$ とも書ける．

問題 7.12（賦課方式） 以下の文章の空欄に適当な算式を埋めよ．

Trowbridgeモデルにおいて，年金制度を賦課方式にて運営する．在職中の被保険者の総数をL_a，その平均年齢を$\overline{x}_a$，受給者の総数をL_p，その平均年齢を$\overline{x}_p$，保険料をC，給付額をBで表す．保険料および給付は年1回期初払で，被保険者1人あたり保険料を一律Pとする．

財政方式として賦課方式を採用していることより，$P=\boxed{①}$である．

ここで，$A=(\overline{x}_p-\overline{x}_a)\cdot C$と定義し，$A$を検討してみる．

$$
\begin{aligned}
A&=\{(\overline{x}_p-(x_r-1))+((x_r-1)-\overline{x}_a)\}\cdot C\\
&=(\overline{x}_p-(x_r-1))\cdot B+((x_r-1)-\overline{x}_a)\cdot C\\
&=(\overline{x}_p-(x_r-1))\cdot L_p+((x_r-1)-\overline{x}_a)\cdot P\cdot L_a\\
&=\sum_{x=x_r}^{\omega}\boxed{②}\cdot l_x+P\cdot\sum_{x=x_e}^{x_r-1}\boxed{③}\cdot l_x^{(T)}\\
&=\sum_{x=\boxed{④}}^{\boxed{⑤}}\sum_{y=\boxed{⑥}}^{\boxed{⑦}}l_y+\sum_{x=\boxed{⑧}}^{\boxed{⑨}}\sum_{y=\boxed{⑩}}^{\boxed{⑪}}P\cdot l_y^{(T)}
\end{aligned}
$$

$\ddot{e}_x=\dfrac{\sum_{y=x}^{\omega}l_y}{l_x}$を用いて$A$を表すと，以下の通りとなる．

$$
A=\sum_{x=x_r}^{\omega}\boxed{⑫}+\sum_{x=\boxed{⑧}}^{\boxed{⑨}}\sum_{y=\boxed{⑩}}^{\boxed{⑪}}P\cdot l_y^{(T)}
$$

右辺第1項は，受給者が今後受取る見込みの年金の総額を表わしている．一方，右辺第2項は，在職中の各年齢の被保険者集団について，前年度までに拠出した保険料の累積額を合計したものとなっている．

■ **key's check**

- 平均年齢を立式する必要があり，人口モデルを決定する必要があるが，問題文中を見ると $\sum$ が用いられているので，「期初ごと加入モデル」が仮定されているとの前提で解いていけばよい．
- この問題を面倒にさせているのは，A についての算式の5行目にある $\sum$ の範囲についての箇所．それぞれの和がどういう形になっているか具体的に書き下してみると（例えば4行目第1項は）

$$l_{x_r} + 2l_{x_r+1} + 3l_{x_r+2} + \cdots$$

となるが，そこからどのように2つの $\sum$ につなげていくのかがポイント．
- 下図のように，タテに足している $l_\bullet$ の和を，ヨコに見て足し上げてみる，と発想を変えてみよう．

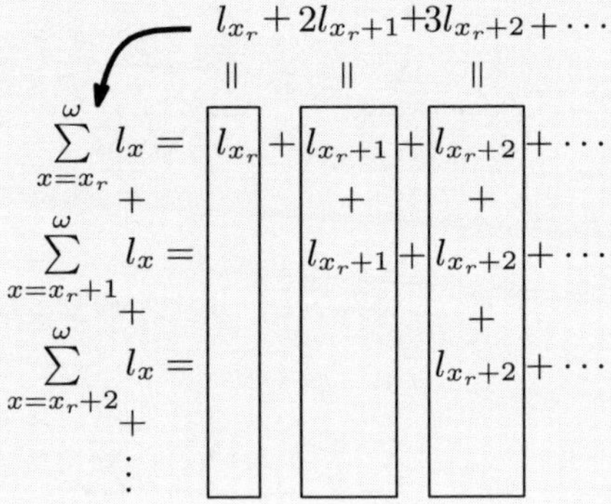

$$\begin{array}{rcccccccl}
 & & l_{x_r} & + & 2l_{x_r+1} & + & 3l_{x_r+2} & + & \cdots \\
 & & \| & & \| & & \| & & \\
\sum_{x=x_r}^{\omega} l_x & = & l_{x_r} & + & l_{x_r+1} & + & l_{x_r+2} & + & \cdots \\
+ & & & & + & & + & & \\
\sum_{x=x_r+1}^{\omega} l_x & = & & & l_{x_r+1} & + & l_{x_r+2} & + & \cdots \\
+ & & & & & & + & & \\
\sum_{x=x_r+2}^{\omega} l_x & = & & & & & l_{x_r+2} & + & \cdots \\
+ & & & & & & & & \\
\vdots & & & & & & & &
\end{array}$$

【解答】

財政方式が賦課方式であるから，年金給付を保険料のみで補うことになる．Trowbridgeモデルだから，年金給付額合計は $1 \cdot L_p = L_p$，保険料は $P \cdot L_a$ であり，これらは等しいから，$P =$ ① $\dfrac{L_p}{L_a}$.

Aの計算について3行目の式について考える．まず，$\overline{x}_p=\dfrac{\sum_{x=x_r}^{\omega} xl_x}{\sum_{x=x_r}^{\omega} l_x}, L_p=\sum_{x=x_r}^{\omega} l_x$なので，第1項は，

$$(\overline{x}_p-(x_r-1))\cdot L_p=\left(\frac{\sum_{x=x_r}^{\omega} xl_x}{\sum_{x=x_r}^{\omega} l_x}-(x_r-1)\right)\cdot\sum_{x=x_r}^{\omega} l_x$$

$$=\sum_{x=x_r}^{\omega} xl_x-\sum_{x=x_r}^{\omega}(x_r-1)l_x$$

$$=\sum_{x=x_r}^{\omega}\boxed{②\{x-(x_r-1)\}}\cdot l_x$$

第2項についても同様に，$\overline{x}_a=\dfrac{\sum_{x=x_e}^{x_r-1} x\cdot l_x^{(T)}}{\sum_{x=x_e}^{x_r-1} l_x^{(T)}}, L_a=\sum_{x=x_e}^{x_r-1} l_x^{(T)}$だから

$$((x_r-1)-\overline{x}_a)\cdot P\cdot L_a=P\cdot\sum_{x=x_e}^{x_r-1}\boxed{③(x_r-1-x)}\cdot l_x^{(T)}$$

と変形できるので，4行目は

$$A=\sum_{x=x_r}^{\omega}\{x-(x_r-1)\}\cdot l_x+P\cdot\sum_{x=x_e}^{x_r-1}(x_r-1-x)\cdot l_x^{(T)}$$

となる．この第1項をさらに変形すると，

$$\sum_{x=x_r}^{\omega}\{x-(x_r-1)\}\cdot l_x=l_{x_r}+2l_{x_r+1}+3l_{x_r+2}+\cdots$$

$$=(l_{x_r}+l_{x_r+1}+\cdots)+(l_{x_r+1}+l_{x_r+2}+\cdots)+\cdots$$

$$= \sum_{x=x_r}^{\omega} l_x + \sum_{x=x_r+1}^{\omega} l_x + \cdots = \sum_{x=\boxed{④x_r}}^{\boxed{⑤\omega}} \sum_{y=\boxed{⑥x}}^{\boxed{⑦\omega}} l_y$$

となる[*1]．第2項についても同様に，

$$P \cdot \sum_{x=x_e}^{x_r-1} (x_r - 1 - x) \cdot l_x^{(T)} = P\{(x_r - 1 - x_e) l_{x_e}^{(T)} + \cdots + 2 l_{x_r-3}^{(T)} + l_{x_r-2}^{(T)}\}$$

$$= \sum_{x=\boxed{⑧x_e}}^{\boxed{⑨x_r-2}} \sum_{y=\boxed{⑩x_e}}^{\boxed{⑪x}} P \cdot l_y^{(T)}$$

となる[*2]．$\ddot{e}_x = \dfrac{\sum_{y=x}^{\omega} l_y}{l_x}$ を用いれば，$\sum_{y=x}^{\omega} l_y = \ddot{e}_x \cdot l_x$ なので，A についての式5行目第1項は

$$\sum_{x=x_r}^{\omega} \sum_{y=x}^{\omega} l_y = \sum_{x=x_r}^{\omega} \boxed{⑫\ddot{e}_x \cdot l_x}$$

となる．

【補足】

$\overline{x}_p - \overline{x}_a$ は保険料の平均拠出時点から，年金給付の平均受取時点までの期間，すなわち拠出した保険料の平均回収期間とみなせ，A は制度の「仮想的な資産」とみなせる．したがって本問で証明されたことは，「仮想的な資産 A」と「仮想的な負債」が等しいという事実である．

[*1] この後に $\ddot{e}_x$ を用いて表すのであるから，穴埋めのみならば④〜⑦は想像がつくと思う．
[*2] ⑧は x_e+1，⑨は x_r-1，⑪は $x-1$ の組合せでも正しい．

問題 7.13 (退職時年金現価積立方式) 次の①，②に当てはまる数式を求めよ．ただし，②は終身年金現価率を用いて表すこと．

$$l_{x_r}\cdot(e_{x_r}-a_{x_r})=\sum_{x=\boxed{①}}^{\omega} l_x\cdot\boxed{②}$$

ただし，e_x は $e_x=\sum_{y=x+1}^{\omega}\dfrac{l_y}{l_x}$ とする．

■ **key's check**

- 左辺の $e_{x_r}-a_{x_r}$ という形を見て，退職時年金現価積立方式の積立金を連想できるかがカギ．
- 生保数理の知識のみでも解ける．この場合丁寧に変形していくだけ．ただし，変形にちょっと工夫が必要．

【解答】

公式 (4.59)，(4.60) より

$$\frac{l_{x_r}\cdot(e_{x_r}-a_{x_r})}{d}={}^{T}F=\sum_{x=x_r+1}^{\omega} l_x\cdot\ddot{a}_x$$

となり，$l_{x_r}\cdot(e_{x_r}-a_{x_r})=\sum_{x=x_r+1}^{\omega} l_x\cdot d\cdot\ddot{a}_x$ となるので，

①x_r+1，②$d\cdot\ddot{a}_x$ (答)

【補足】

式変形による導出は以下の通り．

$l_{x_r}\cdot(e_{x_r}-a_{x_r})=\sum_{x=x_r+1}^{\omega}(1-v^{x-x_r})\cdot l_x=dl_{x_r+1}+d(1+v)l_{x_r+2}+d(1+v+v^2)l_{x_r+3}+\cdots=d(l_{x_r+1}+v\cdot l_{x_r+2}+v^2\cdot l_{x_r+3}+\cdots)+d(l_{x_r+2}+v\cdot l_{x_r+3}+\cdots)+\cdots=\sum_{x=x_r+1}^{\omega} l_x\cdot d\cdot\ddot{a}_x$

また問題 7.11 と同様，v^n-l_x 平面を用いて瞬時に解くこともできる．

問題 7.14 (単位積立方式の「単位」の変更)　制度の被保険者が脱退したときから，以下の式で表される加入期間に応じた年金額 α_t を終身年金として支払う年金制度がある．制度からの給付を定年脱退時のみとし，単位積立方式により制度を運営しているとする．定常状態となっていたある期末時点において，各年度に割り当てる「単位」の考え方を変更して，加入期間が1年伸びることにより増加する年金額を各年度に割り当てる「単位」とした．このとき，従前の標準保険料 ${}^{U}P_x^1$ と，「単位」を変更した後の標準保険料 ${}^{U}P_x^2$ が等しくなる年齢 x を求めよ．なお，新規加入年齢を x_e 歳，定年年齢を x_r 歳とし，保険料の払込および給付の支払は年1回期初に行われるものとする．

$$\text{加入期間}\,t\,\text{に応じた年金額}：\alpha_t = t^2$$

■ **key's check**

- この問題は問題解釈がモノをいう問題であり，単位積立方式の「単位」とは何かを再考しよう．
- 「単位」とは，退職時における給付原資 $\alpha_{x_r-x_e}\cdot\ddot{a}_{x_r}$ を加入期間中の各加入年度に割り当てたものであった．どう割り当てるかは問題文の指示を読み解く必要がある．
- 変更前の「単位」は通常の単位積立方式の「単位」であり，その場合は，どの年も同一の年金額が割り当てられる．つまり x 歳〜$x+1$ 歳の年度に割り当てられる単位は，給付原資の $\dfrac{1}{x_r-x_e}$ 倍となる．
- 変更後の「単位」は，「加入期間が1年伸びることにより増加する年金額」と指示されている．つまり x 歳〜$x+1$ 歳の年度に割り当てられる単位は，給付原資の $\dfrac{\alpha_{x+1-x_e}-\alpha_{x-x_e}}{\alpha_{x_r-x_e}}$ 倍となる．
- 変更後の方法で，「給付原資」を「単位給付原資」に割り当てる考え方は，次図のように給付算定式 $\alpha_t=t^2$ のグラフに沿って割り当てていると考えれば分かりやすい．

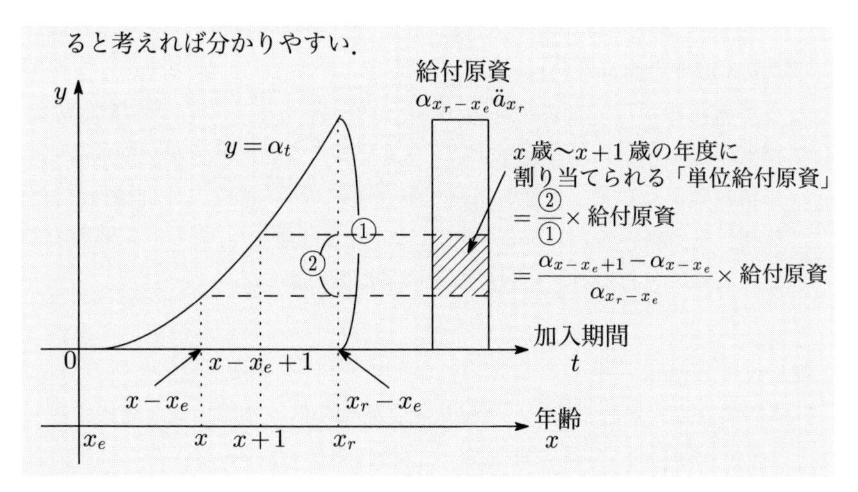

【解答】

x 歳〜x+1 歳の年度に割り当てられる「単位給付原資」は，変更前：$\frac{\alpha_{x_r-x_e}\cdot\ddot{a}_{x_r}}{x_r-x_e}$，変更後：$\frac{\alpha_{x+1-x_e}-\alpha_{x-x_e}}{\alpha_{x_r-x_e}}\cdot\alpha_{x_r-x_e}\cdot\ddot{a}_{x_r}=(\alpha_{x-x_e+1}-\alpha_{x-x_e})\cdot\ddot{a}_{x_r}$ であることから，変更前後の x 歳の標準保険料はそれぞれ，

$$
{}^{U}P_x^1=\frac{\alpha_{x_r-x_e}\cdot\ddot{a}_{x_r}}{x_r-x_e}\cdot\frac{D_{x_r}}{D_x}
$$

$$
{}^{U}P_x^2=(\alpha_{x-x_e+1}-\alpha_{x-x_e})\cdot\ddot{a}_{x_r}\cdot\frac{D_{x_r}}{D_x}
$$

と表せる．題意より求める年齢 x は ${}^{U}P_x^1={}^{U}P_x^2$ を満たす年齢であり，これを解くと，

$$
\begin{aligned}
&\alpha_{x-x_e+1}-\alpha_{x-x_e}=\frac{\alpha_{x_r-x_e}}{x_r-x_e}\\
\iff\quad &2(x-x_e)+1=x_r-x_e\\
\iff\quad &x=x_e+\frac{1}{2}\cdot(x_r-x_e-1)=\frac{x_e+x_r-1}{2}\quad\text{(答)}
\end{aligned}
$$

【補足】

変更前の割り当て方法は，「勤務期間」を基準とする方法であり，実務では「期間定額基準」と呼ばれ．変更後の割り当て方法は，「給付算定式 α_t」を基準とする方法であり，実務では「給付算定式基準」と呼ばれる．

問題 7.15（平準積立方式における保険料）　脱退者に，脱退事由にかかわらず脱退時までの加入期間の K 倍を一時金として支払う制度がある．総脱退力および利力を μ, δ（いずれも年齢または期間にかかわらない一定値）とするとき，平準積立方式の被保険者1人あたりの保険料を μ, δ を用いて表せ．なお，加入年齢を x_e，定年年齢を x_r とし，保険料の払込は連続的に行われ，給付は脱退時に即時行われるものとする．

■ **key's check**

- 平準積立方式とあるので，生保数理と同様の収支相等の式を立式することで保険料を求めることになる．定年時の「生存給付」を忘れないようにしよう．
- 総脱退力 μ，利力 δ が一定値である場合の公式 ${}_tp_x = e^{-\mu t}$，$v^t = e^{-\delta t}$ は連続払の問題において頻出．セットで覚えよう．
- 式変形が複雑な問題に対して，例えば $x_r - x_e$ など，何度も出てくる記号を自分で n などと置く工夫をして，極力計算ミスを少なくするようにしよう．こうした些細な工夫が，計算の正確性と時間の短縮を生むことに繋がる．最後に戻すのを忘れないように．
- 多項式×指数関数の積分は公式 (A.57) を必ず利用する．部分積分は極力してはならない！

【解答】

求める保険料を P とする．収支相等の式を立式すると，

$$P \cdot \int_0^{x_r - x_e} v^t \cdot {}_tp_{x_e} dt = \int_0^{x_r - x_e} K \cdot t \cdot \mu_{x_e + t} v^t {}_tp_{x_e} dt + K(x_r - x_e) v^{x_r - x_e} \cdot {}_{x_r - x_e}p_{x_e}$$

総脱退力，利力は一定なので，$v^t = e^{-\delta t}, \mu_x = \mu, {}_tp_x = e^{-\mu t}$ を代入すれば

$$P\cdot\int_0^{x_r-x_e} e^{-(\mu+\delta)t}dt=\int_0^{x_r-x_e} K\cdot t\cdot\mu\cdot e^{-(\mu+\delta)t}dt+K(x_r-x_e)e^{-(\mu+\delta)(x_r-x_e)}$$

ここで,

$$(\text{左辺})=P\cdot\frac{1}{\mu+\delta}\left[-e^{-(\mu+\delta)t}\right]_0^{x_r-x_e}=P\cdot\frac{1-e^{-(\mu+\delta)(x_r-x_e)}}{\mu+\delta}$$

$$\begin{aligned}(\text{右辺第1項})&=K\cdot\mu\left[-\left(\frac{t}{\mu+\delta}+\frac{1}{(\mu+\delta)^2}\right)e^{-(\mu+\delta)t}\right]_0^{x_r-x_e}\\&=K\cdot\mu\left(\frac{1-e^{-(\mu+\delta)(x_r-x_e)}}{(\mu+\delta)^2}-\frac{(x_r-x_e)e^{-(\mu+\delta)(x_r-x_e)}}{\mu+\delta}\right)\end{aligned}$$

となるから,

$$\begin{aligned}(\text{右辺})&=K\cdot\frac{\mu}{\mu+\delta}\cdot\frac{1-e^{-(\mu+\delta)(x_r-x_e)}}{\mu+\delta}\\&\quad+K(x_r-x_e)e^{-(\mu+\delta)(x_r-x_e)}\left(1-\frac{\mu}{\mu+\delta}\right)\\&=K\cdot\frac{\mu}{\mu+\delta}\cdot\frac{1-e^{-(\mu+\delta)(x_r-x_e)}}{\mu+\delta}\\&\quad+K\cdot\frac{\delta}{\mu+\delta}\cdot(x_r-x_e)e^{-(\mu+\delta)(x_r-x_e)}\end{aligned}$$

よって,

$$P=\left(\frac{\mu}{\mu+\delta}+\frac{\delta(x_r-x_e)e^{-(\mu+\delta)(x_r-x_e)}}{1-e^{-(\mu+\delta)(x_r-x_e)}}\right)K \quad (\text{答})$$

問題 7.16（財政方式の変更 1）　ある Trowbridge モデルの年金制度が，定常人口にある被保険者集団に対し，退職時年金現価積立方式により運営され，定常状態になっているものとする．

この制度において，ある年度から保険料をそれまでの保険料の α 倍 $(0<\alpha<1)$ に変更し，n 年間その保険料を継続することにより積立金を減らしていくこととした．そして，その結果，n 年後以降は賦課方式により運営できる積立金水準になったという．

α を e_{x_r}, a_{x_r}, v を用いて表せ．

■ **key's check**

- 要するに，退職時年金現価積立方式の積立金を，保険料を減らすことでゼロにするための，保険料の減少割合を求める問題．
- 定常状態での積立金の変化に関する問題は，公式 (4.22) などが活用できるか検討しよう．

【解答】

公式 (4.22) より，最初の積立金 ${}^{T}F$ と n 年後の積立金 ${}^{P}F$ は以下の関係がある．

$$ {}^{P}F = {}^{T}F + (\alpha-1)\cdot {}^{T}C \cdot \ddot{s}_{\overline{n}|} $$

${}^{P}F=0$ に注意して α について解くと，

$$ \alpha = 1 - \frac{{}^{T}F}{{}^{T}C\cdot \ddot{s}_{\overline{n}|}} $$

$$ \left({}^{T}C = l_{x_r}\cdot \ddot{a}_{x_r}, \quad {}^{T}F = \frac{l_{x_r}(e_{x_r}-a_{x_r})}{d}, \quad \ddot{s}_{\overline{n}|} = \frac{(1+i)^n-1}{d} \text{ より，} \right) $$

$$ = 1 - \frac{e_{x_r}-a_{x_r}}{\ddot{a}_{x_r}}\cdot\frac{1}{(1+i)^n-1} = 1 - \frac{e_{x_r}-a_{x_r}}{1+a_{x_r}}\cdot\frac{v^n}{1-v^n} \quad \text{（答）} $$

問題 7.17（財政方式の変更 2）　定常状態にある Trowbridge モデルの年金制度が，単位積立方式により運営されている．

ある期末時点において，財政方式を加入時積立方式に変えるとともに，制度に積立不足が生じないように制度変更を行い，被保険者の過去分の給付を一律 α 倍 $(0<\alpha<1)$，将来分（および将来加入が見込まれる被保険者）の給付を一律 β 倍 $(0<\beta<1)$ にすることとした．

このとき，β を，α, v, n を用いて表せ．

なお，この年金制度においては，被保険者全員が同一の加入年齢で加入するものとし，加入年齢から定年年齢までの年数を n 年 $(n \geq 10)$ とする．

■ **key's check**

- 単に「β を，α を用いて表せ」という問題であれば，各財政方式の責任準備金を知っていれば容易に解けるが，「α, v を用いて」というところがこの問題の難易度をぐっと引き上げている．
- S^a_{PS}, S^a_{FS} の変形には逓増年金，逓減年金の公式が利用できる．

【解答】

問われている制度変更前後での財政状況は以下の図のようになる[*3]（詳しい解説は【補足】を参照）．

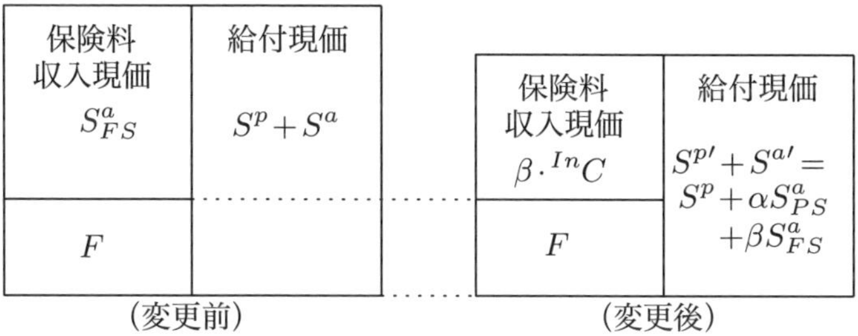

保険料収入現価 S^a_{FS}	給付現価 $S^p + S^a$
F	

（変更前）

保険料収入現価 $\beta \cdot {}^{In}C$	給付現価 $S^{p\prime} + S^{a\prime} = S^p + \alpha S^a_{PS} + \beta S^a_{FS}$
F	

（変更後）

[*3] この図は年金受給権者および在職中の被保険者を対象としており，将来加入が見込まれる被保険者は対象としていない．開放型ではなく閉鎖側の財政方式だからである．

変更前は単位積立方式にて定常状態にあるため，積立金 $F = S^p + S^a_{PS}$ である．変更後に積立不足が生じなかったことから，制度変更後においてこの積立金で収支相等，すなわち，

$$S^p + S^a_{PS} = S^p + \alpha \cdot S^a_{PS} + \beta \cdot S^a_{FS} - \beta \cdot {}^{In}C$$

が成立する．これを β について解くと，

$$\beta = (1-\alpha) \cdot \frac{S^a_{PS}}{S^a_{FS} - {}^{In}C}$$

と表せる．ここで $S^a_{FS}, S^a_{PS}, {}^{In}C$ は，${}^{T}C$ を用いて，

$$S^a_{FS} = \frac{{}^{T}C}{n} \cdot Ia_{\overline{n|}}, \quad S^a_{PS} = \frac{{}^{T}C}{n} \cdot Da_{\overline{n-1|}}, \quad {}^{In}C = \frac{{}^{T}C}{n} \cdot nv^n$$

と表せることから，逓増年金，逓減年金の公式 (3.76)，(3.80) を用いて変形すると，

$$\begin{aligned}
\beta &= (1-\alpha) \cdot \frac{Da_{\overline{n-1|}}}{Ia_{\overline{n|}} - nv^n} = (1-\alpha) \cdot \frac{Da_{\overline{n-1|}}}{Ia_{\overline{n-1|}}} = (1-\alpha) \cdot \frac{-\ddot{a}_{\overline{n|}} + n}{\ddot{a}_{\overline{n-1|}} - (n-1)v^{n-1}} \\
&= (1-\alpha) \cdot \frac{-\ddot{a}_{\overline{n|}} + n}{\ddot{a}_{\overline{n|}} - nv^{n-1}} \\
&= (1-\alpha) \cdot \frac{-(1-v^n) + n(1-v)}{(1-v^n) - n(1-v)v^{n-1}} \quad \text{(答)}
\end{aligned}$$

【別解】

後半の式変形は，

$$\begin{aligned}
&{}^{In}C = v^n \cdot {}^{T}C, \quad {}^{U}C = \frac{a_{\overline{n|}}}{n} \cdot {}^{T}C \\
&S^a_{PS} = \frac{1}{d}(v \cdot {}^{T}C - {}^{U}C) = \frac{1}{d}\left(v - \frac{a_{\overline{n|}}}{n}\right) {}^{T}C, \\
&S^a_{FS} = \frac{1}{d}({}^{U}C - v \cdot {}^{In}C) = \frac{1}{d}\left(\frac{a_{\overline{n|}}}{n} - v^{n+1}\right) {}^{T}C
\end{aligned}$$

などの関係式からも導出可能．最後の2つの式はそれぞれ逓増年金，逓減年金の公式と表裏の関係にあるものであることに注意．

【補足】

（一般に）加入時積立方式の保険料収入現価は ${}^{In}C$ である．被保険者のうち，保険料を拠出するのは新規加入者のみである．つまり，現価計算する必要はなく，単年度保険料そのものが保険料収入現価となる．

制度変更を行うと，保険料を洗い替える必要がある．今回の場合，将来分給付は一律 β 倍になっているので，保険料もそれに合わせて β 倍となる．

次に，後半の式変形に用いた S^a_{FS} の公式がなぜ成り立つかみてみよう．

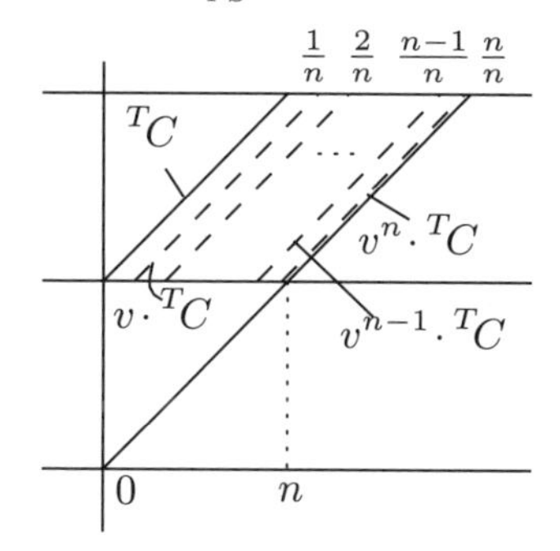

S^a_{FS} は上図でいうと，破線部分に相当する．x 歳に対応する破線は将来期間分の給付に相当するので，$\dfrac{x_r - x}{n}$ 倍する必要がある．よって，${}^{T}C$ を右に1つずつずらしていったものを足し上げることで，次のように立式できる．

$$
\begin{aligned}
S^a_{FS} &= \frac{1}{n} \cdot v \cdot {}^{T}C + \frac{2}{n} \cdot v^2 \cdot {}^{T}C + \cdots + \frac{n-1}{n} \cdot v^{n-1} \cdot {}^{T}C + \frac{n}{n} \cdot v^n \cdot {}^{T}C \\
&= \frac{1}{n} \cdot Ia_{\overline{n|}} \cdot {}^{T}C
\end{aligned}
$$

S^a_{PS} についても似たような議論ができる．

7.5　財政計画の違いによる財政方式の分類

問題 7.18（責任準備金と積立金）　ある年度の年金制度における期初の責任準備金は 1,200，期初の積立金は 650 であった．その年度の財政は予定通りに推移し，期末の責任準備金は 1,335 となった．その年度の給付（期末払）が 240，保険料（期初払）のうち標準保険料が 300，運用収益が 50 であるとき，期末の積立金を求めよ．

■ **key's check**

- 期初の責任準備金＞期初の積立金となっていることから，過去勤務債務があることがわかる．問題文に「保険料（期初払）のうち標準保険料」とあるので，過去勤務債務を償却するための特別保険料を拠出していることが分かる．
- 標準保険料と特別保険料は，責任準備金と積立金のどちらの漸化式公式に計上するのかしないのか混同しないこと．責任準備金は「積み立てておくべき」金額，いわば「理想の」積立金．理想では特別保険料を拠出しないので，責任準備金において収入源は標準保険料のみ．それに対し，積立金は「現実の」積立額なので，拠出する保険料はすべてその漸化式公式に含める必要がある．
- 運用収益は（期初の積立金＋保険料[*4]）の利息．

【解答】

予定利率（＝運用利回り）を i，特別保険料を C_{PSL}，求める期末の積立金を F とする．

予定通りに推移したので，責任準備金に関する漸化式公式 (4.92) より，

$$(1{,}200+300)(1+i)-240=1{,}335 \qquad \therefore i=\frac{1{,}335+240}{1{,}200+300}-1=0.05$$

[*4] ここでの保険料は標準保険料だけでなく特別保険料も含む．また給付は期末支払であるため，ここには含まれない．

運用収益は50なので，

$$(650+300+C_{PSL})\cdot 0.05=50 \quad \therefore C_{PSL}=\frac{50}{0.05}-(650+300)=50$$

よって，積立金の推移を式にして

$$F=(650+300+50)\cdot 1.05-240=810 \quad \text{(答)}$$

【補足】

責任準備金に関する漸化式公式（4.92）を導いておこう．本問の設定に合わせて，保険料拠出を期初，給付支払を期末とする．第0年度末の責任準備金V_0の計算において見込むことになる，予定通りに推移した場合の第n年度の標準保険料，給付額をそれぞれC_n, B_nとすると，

$$\begin{aligned}
V_0 &= (\text{給付現価})-(\text{標準保険料収入現価}) \\
&= (vB_1+v^2B_2+v^3B_3+\cdots)-(C_1+vC_2+v^2C_3+\cdots) \\
&= vB_1-C_1+v\{\underbrace{(vB_2+v^2B_3+\cdots)-(C_2+vC_3+v^2C_4+\cdots)}_{=V_1}\} \\
&= vB_1-C_1+v\cdot V_1
\end{aligned}$$

となるので，V_1について整理すれば，$V_1=(V_0+C_1)(1+i)-B_1$となる．

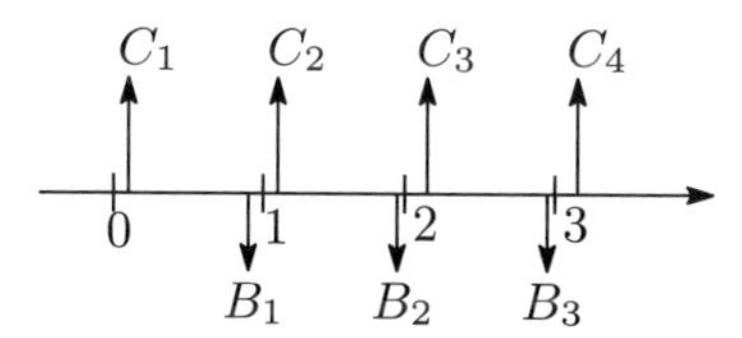

なお，第1年度（時刻0から1まで）は予定通りに推移したにもかかわらず，第1年度末に財政再計算を行い，計算基礎率を洗い替えるなどした場合は，予定する標準保険料や給付額C_n, B_nが変化するが，新しいC_n, B_nをもとにすれば，この漸化式は第2年度以降も適用可能である．

問題 7.19 (過去勤務債務)　初期過去勤務債務額 (PSL_0) 償却のため，年1回期初払で ($PSL_0/\ddot{a}_{\overline{5}|}$) 以下 ($PSL_0/\ddot{a}_{\overline{8}|}$) 以上の何らかの額を特別保険料として毎年拠出時に決定して拠出する運営の年金制度がある．当初の3年間は最大額である ($PSL_0/\ddot{a}_{\overline{5}|}$) を拠出し，第5年度および第6年度は最小額である ($PSL_0/\ddot{a}_{\overline{8}|}$) を拠出し，過去勤務債務額の償却が過不足なく完了するよう計画している．途中の第4年度の特別保険料として支払う額を (PSL_0/X) としたとき，X の値を求めよ（小数点以下第4位を四捨五入して第3位まで求めよ）．ただし，予定利率は4.0%とし，この間，差損益の発生は無いものとする．

■ **key's check**

- 過去勤務債務を償却するための特別保険料は，その収入現価が過去勤務債務と等しくなるように決定される．
- 償却が予定通りに進んでいる場合，償却途中の任意の時点において公式 (4.99) が適用できる．この公式を適用する時点をうまく選べば，計算量を少し省くことができる．
- 数値代入する前に式変形して計算を楽にすることが重要だが，どこまで変形するかの見極めをしながら演習しよう．

【解答】

第3年度末時点での収支相等の式を立式する．

第3年度末までは特別保険料 $\dfrac{PSL_0}{\ddot{a}_{\overline{5}|}}$ を拠出したため，あと2年間，特別保険料 $\dfrac{PSL_0}{\ddot{a}_{\overline{5}|}}$ を拠出していれば償却が完了していたことから，この時点での未償却過去勤務債務残高は，公式 (4.99) より，

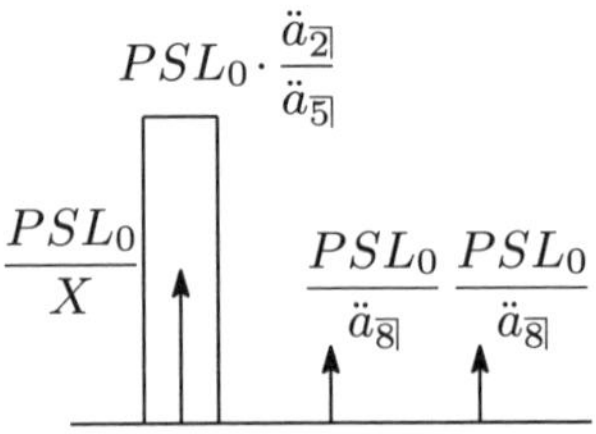

$PSL_0 \cdot \dfrac{\ddot{a}_{\overline{2}|}}{\ddot{a}_{\overline{5}|}}$　$\dfrac{PSL_0}{X}$　$\dfrac{PSL_0}{\ddot{a}_{\overline{8}|}}$　$\dfrac{PSL_0}{\ddot{a}_{\overline{8}|}}$

$$\frac{PSL_0}{\ddot{a}_{\overline{5}|}} \cdot \ddot{a}_{\overline{2}|}$$

となる[*5]. 実際には，第4年度に $\dfrac{PSL_0}{X}$，第5年度と6年度に $\dfrac{PSL_0}{\ddot{a}_{\overline{8}|}}$ を拠出すると償却が（過不足なく）完了することから，

$$\frac{PSL_0}{\ddot{a}_{\overline{5}|}}\cdot\ddot{a}_{\overline{2}|}=\frac{PSL_0}{X}+v\cdot\frac{PSL_0}{\ddot{a}_{\overline{8}|}}\cdot\ddot{a}_{\overline{2}|}$$

が成立する．したがって，あとは X について解けばよいので，

$$\begin{aligned}&\frac{1}{X}=\frac{\ddot{a}_{\overline{2}|}}{\ddot{a}_{\overline{5}|}}-v\cdot\frac{\ddot{a}_{\overline{2}|}}{\ddot{a}_{\overline{8}|}}=\ddot{a}_{\overline{2}|}\left(\frac{1}{\ddot{a}_{\overline{5}|}}-\frac{v}{\ddot{a}_{\overline{8}|}}\right)\\ \iff\quad &X=\frac{1}{\ddot{a}_{\overline{2}|}\cdot\left(\dfrac{1}{\ddot{a}_{\overline{5}|}}-\dfrac{v}{\ddot{a}_{\overline{8}|}}\right)}\approx\frac{1}{1.961538\left(\dfrac{1}{4.629895}-\dfrac{1}{7.002055\cdot1.04}\right)}\\ &=6.480669\ldots\approx6.481\quad(\text{答})\end{aligned}$$

【別解】

初年度の時点で過去勤務債務に関する収支相等の式を立てると，

$$PSL_0=\frac{PSL_0}{\ddot{a}_{\overline{5}|}}\cdot\ddot{a}_{\overline{3}|}+v^3\cdot\frac{PSL_0}{X}+v^4\cdot\frac{PSL_0}{\ddot{a}_{\overline{8}|}}\cdot\ddot{a}_{\overline{2}|}$$

となり，これを解いてもよい．しかし，この解法は，上記解答よりも計算が少し面倒になる．解答ではあらかじめ第3年度末に着目することで，

$$PSL_0-\frac{PSL_0}{\ddot{a}_{\overline{5}|}}\cdot\ddot{a}_{\overline{3}|}=v^3\cdot\frac{PSL_0}{\ddot{a}_{\overline{5}|}}\cdot\ddot{a}_{\overline{2}|}$$

分の変形を省略できていると言える．

複数の見方で解答を検証する観点で，両方ともできればよい．

---

*5 PSL_0 に対して当初，5年償却での特別保険料 $\dfrac{PSL_0}{\ddot{a}_{\overline{5}|}}$ が設定されたと考えればよい．

問題 7.20 (各償却方法による償却年数の比較)　ある年金制度の初期過去勤務債務を年1回期初払の特別保険料で償却するものとし，償却方法として，次の4通りを考えた．第4年度末で未償却過去勤務債務額が少ない順に並べた場合，正しい順番を示せ．ただし，この年金制度は被保険者数が減少傾向にあり，各期初の被保険者数は前期初より10% 減少する．また，①および②の場合で被保険者1人あたりの特別保険料の決定は，発足時人数が一定の前提で計算するものとする．なお，被保険者数の変動にかかわらず，後発過去勤務債務は発生しないものとする．予定利率は3.0 % とし，5年および6年の期初払確定年金現価率はそれぞれ $\ddot{a}_{\overline{5|}} = 4.71710$, $\ddot{a}_{\overline{6|}} = 5.57971$ である．

① 被保険者1人あたりの特別保険料の額を設定することによる5年間元利均等償却

② 被保険者1人あたりの特別保険料の額を設定するが，2回目の保険料払込までは①の 1.1 倍，それ以降は①の 0.8 倍の特別保険料を適用する償却方法

③ 制度全体として，毎期定額の特別保険料を設定することによる6年間元利均等償却

④ 前年度末未償却過去勤務債務額（発足時は初期過去勤務債務額）の一定割合 25% を償却

■ **key's check**

- 4通りの償却方法をひとつひとつ計算するので，計算量が増えがちなので，問題演習の際は計算の工夫ができないか考える習慣をつけること．だが，困ったら横着せずにひとつひとつ計算していくことも重要．
- 償却が予定通りに進んでいる場合，償却途中の任意の時点において公式 (4.99) が適用できる．この公式を適用する時点をうまく選べば，大

幅に計算量を省くことができる．本問では③は予定通りに推移しているため，この考え方が適用できる．

- ①，②は被保険者数が予定と異なっているため，予定通りに推移しておらず，地道に計算するしかない（計算上は「発足時人数が一定の前提で計算」していたため）．被保険者1人あたりの特別保険料を設定しているため，被保険者が毎年10% 減少すると特別保険料も10% 減少することになる．

【解答】

初期過去勤務債務を PSL_0，i 年度末の過去勤務債務を PSL_i とする．

①，②において，1人あたりの特別保険料は $\dfrac{PSL_0}{\ddot{a}_{\overline{5|}}\cdot L_0}=\dfrac{PSL_0}{4.71710\cdot L_0}$ となる（ここで発足時人数を L_0 とおく）．

以下，予定利率を $i(=3.0\%)$ と表記し，償却方法ごとに年度末の過去勤務債務を計算していく．

①　4年度末の未償却額 PSL_4 は，公式 (4.98) の考え方を用いて，

$$
\begin{aligned}
PSL_4 = PSL_0 \Bigg[& (1+i)^4 - \frac{1}{\ddot{a}_{\overline{5|}}}\{(1+i)^4 \\
& + 0.9(1+i)^3 + 0.9^2(1+i)^2 + 0.9^3(1+i)\} \Bigg] \\
\approx {} & 0.337066\, PSL_0
\end{aligned}
$$

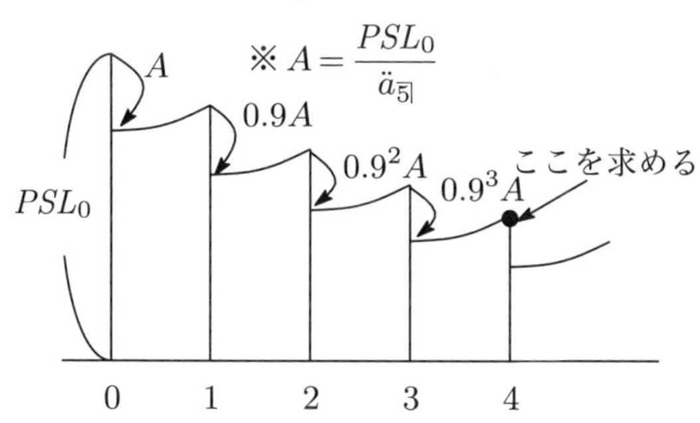

②　①と同様に考えて，

$$PSL_4 = PSL_0\left[(1+i)^4 - \frac{1}{\ddot{a}_{\overline{5}|}}\{1.1\cdot(1+i)^4 + 1.1\cdot 0.9(1+i)^3 + 0.8\cdot 0.9^2(1+i)^2 + 0.8\cdot 0.9^3(1+i)\}\right]$$
$$\approx 0.360628\,PSL_0$$

③　特別保険料 $\dfrac{PSL_0}{\ddot{a}_{\overline{6}|}}$ をあと2年分支払えば償却が（予定通り）完了することから，第4年度末の未償却額は，公式 (4.99) を用いて，

$$\frac{PSL_0}{\ddot{a}_{\overline{6}|}}\cdot\ddot{a}_{\overline{2}|} = \frac{1-v^2}{1-v^6}\cdot PSL_0 \approx 0.353222\,PSL_0$$

④　題意より，前年度末未償却過去勤務債務を75%にしてから利息分の1.03をかけることを4回繰り返せばよいので，

$$PSL_4 = (0.75\cdot 1.03)^4\cdot PSL_0 \approx 0.356118\,PSL_0$$

以上より，少ない順に①→③→④→②　　(答)

【補足】

①や②について，1年ごとに漸化式を書き下して求めてもよい．例えば①の場合，

$$PSL_1 = \left(PSL_0 - \frac{PSL_0}{\ddot{a}_{\overline{5}|}}\right)\cdot(1+i)$$
$$PSL_2 = \left(PSL_1 - \frac{PSL_0}{\ddot{a}_{\overline{5}|}}\cdot 0.9\right)\cdot(1+i)$$
$$PSL_3 = \left(PSL_2 - \frac{PSL_0}{\ddot{a}_{\overline{5}|}}\cdot 0.9^2\right)\cdot(1+i)$$
$$PSL_4 = \left(PSL_3 - \frac{PSL_0}{\ddot{a}_{\overline{5}|}}\cdot 0.9^3\right)\cdot(1+i)$$

となる．また $PSL_0 = 1$ として計算してもよい．

問題 7.21（償却途中の差損） 初期過去勤務債務額の償却のため，年 1 回期初払で 10 年元利均等償却とした額を特別保険料として毎年拠出している年金制度がある．ところが，第 5 年度期末に初期過去勤務債務額の x% に相当する額の差損が発生した．このため，第 6 年度期初より次の A + B に相当する特別保険料に変更することとしたが，この場合，償却が完了するまでに第 6 年度期初より 7 年間かかることとなった．

このときの x を，% 単位で小数点以下を四捨五入して求めよ．ただし，予定利率は 3.0% とし，他年度において差損益は発生しないものとする．

A： 初期過去勤務債務額の第 5 年度期末時点における未償却過去勤務債務残高を当初の残余償却期間で償却した場合の保険料

B： 第 5 年度期末に新たに発生した後発過去勤務債務を第 6 年度期初から年 1 回期初払で 10 年元利均等償却とした場合の保険料

n	$\ddot{a}_{\overline{n}\vert}$	n	$\ddot{a}_{\overline{n}\vert}$
1	1.00000	6	5.57971
2	1.97087	7	6.41719
3	2.91347	8	7.23028
4	3.82861	9	8.01969
5	4.71710	10	8.78611

■ **key's check**

- 方針をきちんと立てないとわからなくなってしまう問題．
- 本問では初期過去勤務債務，第 5 年度期末に新たに発生した後発過去勤務債務ともに，第 10 年度期末までは償却スケジュール通りに償却している（解答の表を参照）ため，公式 (4.99) を適用できる状況にある．このことに気付くと，解答のようにシンプルな立式ができる．もちろん，別解のように問題文に忠実に立式してもよい．

【解答】

初期過去勤務債務を U_0 とする．問題文の A，B に相当する特別保険料 C^A, C^B は，

$$C^A = \frac{U_0}{\ddot{a}_{\overline{10|}}}, \quad C^B = \frac{x}{100} \cdot \frac{U_0}{\ddot{a}_{\overline{10|}}}$$

と表せる．過去勤務債務の償却の予定と実績をまとめると次の通り．

<table>
<tr><th>過去勤務債務</th><th>発生年度</th><th>償却スケジュール（予定）</th><th>実際の償却</th></tr>
<tr><td>U_0</td><td>第 0 年度期末（初期過去勤務債務）</td><td>C^A を第 1〜10 年度拠出</td><td rowspan="2">C^A：第1〜12年度
C^B：第6〜12年度</td></tr>
<tr><td>$\frac{x}{100} \cdot U_0$</td><td>第5年度期末</td><td>C^B を第 6〜15 年度拠出</td></tr>
</table>

したがって第1〜10年度においては予定通り償却が進んでいるため，第10年度期末での未償却過去勤務債務は，公式 (4.99) を用いると，C^B による5年分の特別保険料収入現価，すなわち $C^B \cdot \ddot{a}_{\overline{5|}}$ と表せる．この第10年度期末未償却過去勤務債務に対して，実際には特別保険料 $(C^A + C^B)$ を2年間拠出することで償却が完了したことから，

$$C^B \cdot \ddot{a}_{\overline{5|}} = (C^A + C^B) \cdot \ddot{a}_{\overline{2|}}$$

が成立する．これを解いて，

$$C^B = \frac{\ddot{a}_{\overline{2|}}}{\ddot{a}_{\overline{5|}} - \ddot{a}_{\overline{2|}}} \cdot C^A \Longleftrightarrow x = \frac{\ddot{a}_{\overline{2|}}}{\ddot{a}_{\overline{5|}} - \ddot{a}_{\overline{2|}}} \cdot 100 = 71.664\ldots \approx 72 \quad (答)$$

【補足】

問題文を忠実に第5年度期末において立式すると，

$$C^A \cdot \ddot{a}_{\overline{5|}} + C^B \cdot \ddot{a}_{\overline{10|}} = (C^A + C^B) \cdot \ddot{a}_{\overline{7|}} \Longleftrightarrow x = \frac{\ddot{a}_{\overline{7|}} - \ddot{a}_{\overline{5|}}}{\ddot{a}_{\overline{10|}} - \ddot{a}_{\overline{7|}}} \cdot 100$$

とも計算できる．

問題 7.22 (責任準備金と積立金との割合の収束)　定常人口を保っているある企業が年金制度を導入することとした．過去勤務債務額の償却方法は，前年度末過去勤務債務額 (制度発足時は初期過去勤務債務額) の 40% とし，保険料の拠出および給付支払は年 1 回期初に行われるものとする．予定利率を年 4.0% とし，積立金の運用利回りが年 1.0% で続いてしまうと仮定すると，期末時点における責任準備金に対する積立金の割合はある一定値に収束していくこととなるが，その値を求めよ（% 単位で小数点以下第 2 位を四捨五入せよ）．

■ **key's check**

- ある種の極限値を問われているので，まず漸化式を立て，その両辺の極限を取ることにより求める（漸化式を解いてはならない！）．
- 積立金や責任準備金が収束すると勝手に判断してはいけない．積立金や責任準備金が発散するものの，その比は有限値に収束するという可能性も常に考慮する必要がある．
- 負債側が定常状態（定常人口かつ給付額が一定）にあれば，責任準備金の漸化式公式 (4.93) により責任準備金は一定値となる．

【解答】

負債側は定常状態に達しているため，責任準備金の漸化式公式（4.93）を用いて責任準備金 V は次の一定値となる．

$$V=\frac{B-C}{d}\Longleftrightarrow B-C=dV$$

一方，積立金の推移を表す漸化式を立てると，

$$F_{n+1}=\{F_n+C+0.4\cdot(V-F_n)-B\}\cdot 1.01=(0.6\cdot F_n+0.4\cdot V+C-B)\cdot 1.01$$

となり，この両辺を V で割ると，

$$\frac{F_{n+1}}{V}=0.606\cdot\frac{F_n}{V}+(0.4-d)\cdot 1.01$$

が成立する．この数列 $\left\{\dfrac{F_n}{V}\right\}$ は収束し，この極限値 r は，

$$r = 0.606 \cdot r + (0.4 - d) \cdot 1.01$$

$$\iff \quad r = \frac{(0.4 - d) \cdot 1.01}{1 - 0.606} = 0.926786 \ldots \approx 92.7\% \quad \text{（答）}$$

問題 7.23（加入年齢方式の特別保険料率）　ある年金制度の諸数値が以下の通りであるとき，加入年齢方式による元利均等償却（償却期間 15 年，給与の一定割合）による特別保険料率（年 1 回期初払）を求めよ（% 単位で小数点以下第 2 位を四捨五入せよ）.

S^p	年金受給権者の給付現価	1,215 百万円
S^a	在職中の被保険者の給付現価	1,906 百万円
S^a_{FS}	S^a のうち将来期間分	639 百万円
S^a_{PS}	S^a のうち過去期間分	1,267 百万円
S^f	将来加入が見込まれる被保険者の給付現価	163 百万円
G^a	在職中の被保険者の給与現価	12,107 百万円
G^f	将来加入が見込まれる被保険者の給与現価	8,764 百万円
F	積立金	2,167 百万円
$\sum LB$	在職中の被保険者の給与総額	1,335 百万円
$\ddot{a}_{\overline{15}\rvert}$	期初払 15 年確定年金現価率	13.54

■ **key's check**

- 典型的な頻出問題なので，確実に押さえておきたい問題である.
- 「特別保険料率を求めよ」と問われているので，未積立債務を求める必要があり，そのためには責任準備金を求める必要がある，と求めるものから解答方針を立てよう.
- 解答でやっていることは財政再計算の手順（5.4 節参照）そのものである.

【解答】

標準保険料 収入現価 ${}^{E}P\cdot G^{a}$	給付現価 $S^{p}+S^{a}$
F　2,167	3,121
U	

以下，百万円単位は省略する．

- 標準保険料率 ${}^{E}P=\dfrac{S^{f}}{G^{f}}=\dfrac{163}{8{,}764}$
- 責任準備金 ${}^{E}V=S^{p}+S^{a}-{}^{E}P\cdot G^{a}=1{,}215+1{,}906-\dfrac{163}{8{,}764}\cdot 12{,}107$
- 未積立債務 $U={}^{E}V-F$

より，求める特別保険料率 P' は，

$$P'=\frac{U(={}^{E}V-F)}{\sum LB\cdot \ddot{a}_{\overline{15|}}}=\frac{1{,}215+1{,}906-\dfrac{163}{8{,}764}\cdot 12{,}107-2{,}167}{1{,}335\cdot 13.54}$$

$$=0.040320\ldots\approx 4.0\%\quad（答）$$

問題 7.24（加入年齢方式における制度変更）　次の問に答えよ．

(1)　定年脱退者に脱退翌年度の期初から年額 1 の 10 年確定年金を支払う制度があるとする．今般，59 歳で脱退した者にも定年脱退者と同様に，60 歳到達年度の翌年度の期初から年額 1 の 10 年間確定年金を支払うよう制度変更を行った．制度変更前の被保険者 1 人あたりの標準保険料が 0.3285，制度変更後の被保険者 1 人あたりの標準保険料が 0.3457 であるとき，59 歳の脱退率を求めよ（% 単位で小数点以下第 2 位を四捨五入して第 1 位まで求めよ）．なお，死亡脱退および脱退後の死亡は発生しないものとする．

(前提)

- 財政方式：加入年齢方式
- 予定利率：年 1.5%
- 標準加入年齢：45 歳
- 定年年齢：60 歳
- 保険料および給付の支払時期：年 1 回期初
- 加入時期：期初

(2)　(1) において，定年脱退者には年額 1 の 10 年確定年金を支払うが，55 歳から 59 歳で脱退した場合には 60 歳到達年度の翌年度の期初から年額 0.5 の 10 年確定年金を支払うように制度を変更した．制度変更後の被保険者 1 人あたりの標準保険料を求めよ（小数点以下第 5 位を四捨五入せよ）．なお，その他の前提条件は (1) と同じものとし，脱退率はすべての年齢で同じであるものとする．

■ key's check

- 変更前後に何が変化したかに着目し，立式するよう心がけよう．

【解答】

(1)　制度変更前後で給付現価のみ変更されたことに注目して，標準保険料の比を取ると[*6]，

[*6] 変更後は 59 歳に到達したすべての被保険者に 60 歳時点から給付が支払われる．

$$\frac{0.3457}{0.3285}=\frac{\text{変更後給付現価}}{\text{変更前給付現価}}=\frac{D_{59}v\ddot{a}_{\overline{10|}}}{D_{60}\ddot{a}_{\overline{10|}}}=\frac{1}{p_{59}}$$

この式において，給与現価や D_{45} などは共通しているため記載していない．よって求める脱退率 q_{59} は，

$$q_{59}=1-p_{59}=1-\frac{0.3285}{0.3457}=0.049754\ldots\approx 5.0\%\quad\text{（答）}$$

(2)　求める標準保険料を P とする．(1) と同様に変更前後の標準保険料（給付現価）の比を考えると，

$$\frac{P}{0.3285}=\frac{\text{変更後給付現価}}{\text{変更前給付現価}}=\frac{(l_{55}-l_{60})v^{60}\cdot 0.5\ddot{a}_{\overline{10|}}+D_{60}\ddot{a}_{\overline{10|}}}{D_{60}\ddot{a}_{\overline{10|}}}$$

$$=\frac{l_{55}-l_{60}}{2l_{60}}+1=\frac{l_{55}}{2l_{60}}+\frac{1}{2}$$

題意より脱退率 $q(=q_{59})$ はすべての年齢で等しいので，$l_{60}=(1-q)l_{59}=(1-q)^2l_{58}=\cdots=(1-q)^5l_{55}$ を用いて，

$$P=0.3285\cdot\left(\frac{1}{2(1-q)^5}+\frac{1}{2}\right)=0.376519\ldots\approx 0.3765\quad\text{（答）}$$

年金数理 Q&A・到達年度の考え方

Q. 試験問題の中に，年金の支払時期が「60 歳到達年度の翌年度期初から」という設定がしばしばあるが，60 歳の翌年度なので「61 歳から支給」という意味ではないのか？

A. 違う．実はこの文章で「60 歳から支給」という意味になる．民法の「年齢計算ニ関スル法律」では，「年齢は出生の日から起算し、期間は起算日応当日の前日に満了する」と書かれている．つまり年齢が加算されるのは起算日に応当する日の前日の満了時となり，正式に年を取る時刻は誕生日前日が満了する「午後 12 時」（24 時 0 分 0 秒）と解される．誕生日が期初であるため，60 歳に到達した日は，「59 歳の年度の期末」となり，60 歳到達年度の翌年度期初と言えば，その 1 日後である「60 歳の年度の期初」となる．したがって 60 歳の誕生日から年金が支給されることになる．

問題 7.25（加入年齢方式と単位積立方式）　Trowbridge モデルの年金制度を考える．以下の前提において，年齢 x 歳 $(x_e \leq x < x_r)$ の被保険者が 1 年間に払い込む単位積立方式の被保険者 1 人あたりの標準保険料と加入年齢方式の被保険者 1 人あたりの標準保険料が等しくなるとき，x を，x_e, x_r, v を用いて求めよ．ただし，新規加入年齢から定年年齢まで，定年以外の生存脱退および死亡脱退はゼロとし，予定利率を正値とする．

■ **key's check**

- 試験本番では，問題を見た瞬間に，各財政方式の標準保険料の公式をパッと思いつくようにしなければならない．
- とはいえ，単に標準保険料を暗記していればいいわけではない．そこからどのように答えを導くかを考えるクセをつけよう．本文の場合，最後の一文の条件をうまく使う．
- 計算基数で困ったら，バラしてみよう．たいてい $l_x^{(T)}$ に関して何らかの条件が与えられており，簡単に書き下せるようになっている．

【解答】

加入年齢方式の標準保険料 ${}^{E}P = \dfrac{D_{x_r} \cdot \ddot{a}_{x_r}}{\sum_{y=x_e}^{x_r-1} D_y}$，単位積立方式の x 歳の標準保険料 ${}^{U}P_x = \dfrac{1}{x_r - x_e} \cdot \dfrac{D_{x_r} \cdot \ddot{a}_{x_r}}{D_x}$ である．題意より ${}^{E}P = {}^{U}P_x$ を満たす年齢 x を求めればよく，これを変形すると，

$$\frac{D_{x_r} \cdot \ddot{a}_{x_r}}{\sum_{y=x_e}^{x_r-1} D_y} = \frac{1}{x_r - x_e} \cdot \frac{D_{x_r} \cdot \ddot{a}_{x_r}}{D_x} \quad \Longleftrightarrow \quad D_x = \frac{\sum_{y=x_e}^{x_r-1} D_y}{x_r - x_e}$$

が成立する．今，定年以外の生存脱退および死亡脱退はゼロであるから，両辺を被保険者数 $l_x^{(T)} (= l_{x_e}^{(T)} = l_{x_{r-1}}^{(T)})$ で割って，

$$v^x = \frac{\sum_{y=x_e}^{x_r-1} v^y}{x_r - x_e} = \frac{v^{x_e}}{x_r - x_e} \cdot \ddot{a}_{\overline{x_r - x_e}|}$$

以上より，

$$x = x_e + \frac{\log \frac{1-v^{x_r-x_e}}{1-v} - \log(x_r - x_e)}{\log v} \quad (答)$$

【補足】

本問で求めている年齢は，図示すると以下の部分である．

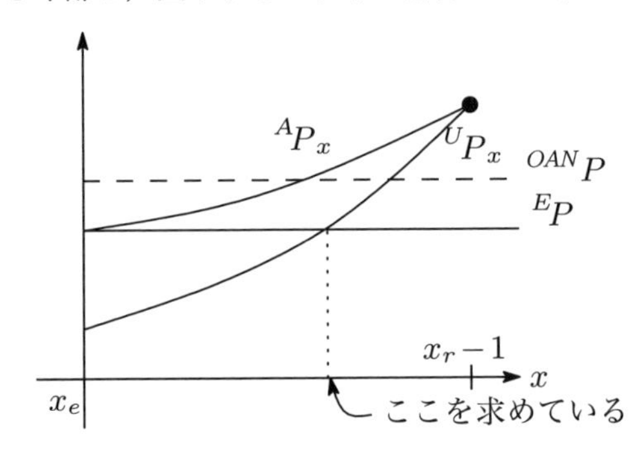

問題 7.26（加入年齢方式と加入時積立方式）　Trowbridge モデルの年金制度があり，定常状態に達しているものとする．財政方式を加入年齢方式とした場合の被保険者1人あたりの標準保険料を ${}^{E}P_{x_e}$ とし，財政方式を加入時積立方式とした場合の被保険者1人あたりの標準保険料を ${}^{In}P_{x_e}$ とすると ${}^{E}P_{x_e}=0.107$, ${}^{In}P_{x_e}=1.280$ であった．さて，この年金制度の新規加入年齢を x_e 歳から x_e+1 歳へと変更したとする．このとき，財政方式を加入年齢方式とした場合の新しい標準保険料 ${}^{E}P_{x_e+1}$ を求めよ（小数点以下第4位を四捨五入し，小数点以下第3位まで求めよ）．なお，この変更に伴い脱退率などのその他の計算基礎率については変更がないものとする．

■ key's check

- 求める形にするために，うまく変形することを考える．本問の場合，逆数を取ることで，標準保険料の和の中身を変更することができる．

【解答】

${}^{E}P_{x_e}=\dfrac{D_{x_r}\ddot{a}_{x_r}}{\sum_{x=x_e}^{x_r-1}D_x}$,　${}^{In}P_{x_e}=\dfrac{D_{x_r}\ddot{a}_{x_r}}{D_{x_e}}$ である．

一方，求めるものは ${}^{E}P_{x_e+1}=\dfrac{D_{x_r}\ddot{a}_{x_r}}{\sum_{x=x_e+1}^{x_r-1}D_x}$ である．分子が共通であることに着目すると，逆数を取ることで，

$$\frac{1}{{}^{E}P_{x_e+1}}=\frac{\sum_{x=x_e+1}^{x_r-1}D_x}{D_{x_r}\ddot{a}_{x_r}}=\frac{\sum_{x=x_e}^{x_r-1}D_x}{D_{x_r}\ddot{a}_{x_r}}-\frac{D_{x_e}}{D_{x_r}\ddot{a}_{x_r}}=\frac{1}{{}^{E}P_{x_e}}-\frac{1}{{}^{In}P_{x_e}}$$

$$\therefore\ {}^{E}P_{x_e+1}=\frac{1}{\dfrac{1}{{}^{E}P_{x_e}}-\dfrac{1}{{}^{In}P_{x_e}}}=\frac{1}{\dfrac{1}{0.107}-\dfrac{1}{1.280}}=0.116760\ldots\approx 0.117 \quad \text{（答）}$$

問題 7.27（加入年齢方式の年金制度での計算）　下記の制度内容に基づく年金制度を考える．このとき，次の①，②に当てはまる数値を答えよ．

○制度内容

加入時期	年1回期初加入
給付内容	加入期間10年以上で脱退した場合，「加入期間1年につき年額10,000円」の年金額を，脱退時から年1回期初払の10年確定年金として支給．
脱退時期	年1回期初脱退（死亡による脱退は発生しない） 定年退職は定年到達時の翌期初に脱退
保険料の拠出時期	年1回期初拠出（期初脱退者の拠出はなし，定年退職時の拠出もなし）
定年年齢	60歳
財政方式	加入年齢方式（特定年齢40歳）

この制度の脱退残存表は以下の通りである．

年齢	生存者数 $(l_x^{(T)})$	脱退者数 (d_x)
40歳	100,000	0
41歳〜49歳	100,000	0
50歳	50,000	50,000
51歳〜59歳	50,000	0
60歳（定年）	0	50,000

上記以外の年齢では脱退の見込はないものとする．

- ちょうど40歳で期初に加入し，現在，年齢が45歳の被保険者：10名
- ちょうど40歳で期初に加入し，現在，年齢が55歳の被保険者：10名
- 年金受給権者は存在しない．

このとき，年金制度の被保険者1人あたり標準保険料は ① 千円（千

円未満四捨五入)，責任準備金は ② 百万円（百万円未満四捨五入）となる．

なお，予定利率 i は年 2.5% とする．

$v^5=0.8839$，$v^{10}=0.7812$，$v^{15}=0.6905$，$v^{20}=0.6103$，$\ddot{a}_{\overline{5|}}=4.762$，$\ddot{a}_{\overline{10|}}=8.971$ を用いよ．

■ key's check

- 公式を思い浮かべるだけでは解けない．給付現価と人数現価をそれぞれ求め，人数現価は被保険者が加入期間に応じて平準的に払い込む現価を計算する．
- 年金数理において責任準備金は原則将来法で考える．ただし注目している被保険者に対して収支相等する保険料を適用している場合は過去法で考えてもよい．このことを頭に入れて，計算が楽になる方で計算するクセを付けよう．

【解答】

① 特定年齢 (40 歳) で加入する人の給付現価 S と人数現価 G を表すと，

$$S=\frac{C'_{50}\cdot 100{,}000\cdot\ddot{a}_{\overline{10|}}+D_{60}\cdot 200{,}000\cdot\ddot{a}_{\overline{10|}}}{D_{40}}$$

$$=\frac{C'_{50}+2D_{60}}{D_{40}}\cdot 100{,}000\cdot\ddot{a}_{\overline{10|}}$$

$$G=\frac{\sum_{x=40}^{59}D_x}{D_{40}}=\frac{\sum_{x=40}^{49}D_x+\sum_{x=50}^{59}D_x}{D_{40}}$$

ここで，$C'_x=v^x\cdot d_x$ としている[*7]．題意より，

$$\sum_{x=40}^{49}D_x=100{,}000\cdot v^{40}\cdot\ddot{a}_{\overline{10|}},\qquad \sum_{x=50}^{59}D_x=50{,}000\cdot v^{50}\cdot\ddot{a}_{\overline{10|}}$$

[*7] 本問では期初脱退を想定しているため，通常の計算基数 $C_x=v^{x+1}\cdot d_x$ と異なるものを用いることに注意せよ．また定年脱退者については（公式集と揃えて）l_{60} に含めている．

であることから，求める標準保険料 ${}^{E}P$ は，

$$
{}^{E}P = \frac{C'_{50} + 2D_{60}}{2v^{40} + v^{50}} \cdot \frac{100{,}000 \cdot \ddot{a}_{\overline{10|}}}{50{,}000 \cdot \ddot{a}_{\overline{10|}}} = 2 \cdot \frac{v^{10} \cdot 50{,}000 + 2v^{20} \cdot 50{,}000}{2 + v^{10}}
$$

$$
= 100{,}000 \cdot \frac{v^{10} + 2v^{20}}{2 + v^{10}} = 71{,}976.125413 \ldots \approx 72\ (\text{千円})\quad (\text{答})
$$

② 被保険者20人分の責任準備金を計算するが，全員40歳（＝特定年齢）で加入していることから，将来法で考えても過去法で考えてもよい．

- 40歳加入，現在年齢45歳の被保険者（10名）：過去法で計算すると，

$$
\text{責任準備金} = 10 \cdot \left(\frac{D_{40} + D_{41} + \cdots + D_{44}}{D_{45}} \right) \cdot {}^{E}P
$$

$$
= 10\,{}^{E}P \cdot \frac{100{,}000 \cdot \ddot{a}_{\overline{5|}}}{100{,}000 \cdot v^{5}} = 10\,{}^{E}P \cdot \frac{\ddot{a}_{\overline{5|}}}{v^{5}}
$$

- 40歳加入，現在年齢55歳の被保険者（10名）：将来法で計算すると，

$$
\text{責任準備金} = 10 \cdot \left(\frac{D_{60} \cdot 200{,}000 \cdot \ddot{a}_{\overline{10|}}}{D_{55}} - \frac{D_{55} + D_{56} + \cdots + D_{59}}{D_{55}} \cdot {}^{E}P \right)
$$

$$
= 10 \cdot \left(\frac{50{,}000 \cdot v^{5} \cdot 200{,}000 \cdot \ddot{a}_{\overline{10|}}}{50{,}000} - \frac{50{,}000 \cdot \ddot{a}_{\overline{5|}}}{50{,}000} \cdot {}^{E}P \right)
$$

$$
= 2{,}000{,}000 \cdot v^{5} \cdot \ddot{a}_{\overline{10|}} - 10\,{}^{E}P \cdot \ddot{a}_{\overline{5|}}
$$

以上より制度全体の責任準備金は，

$$
2{,}000{,}000 \cdot v^{5} \cdot \ddot{a}_{\overline{10|}} + 10 \cdot {}^{E}P \cdot \ddot{a}_{\overline{5|}} \cdot \left(\frac{1}{v^{5}} - 1 \right) = 16{,}309{,}135.304 \ldots
$$

$$
\approx 16\ (\text{百万円})\quad (\text{答})
$$

【補足】

もし問題文に「責任準備金の算出の際に用いる標準保険料については，千円未満を四捨五入した千円単位の標準保険料の金額を用いて，計算を行うものとする」という条件があった場合は，厳密には「将来法の責任準備金」＝「過去法の責任準備金」とはならないため，解答のような方法で解くことはできない．

問題 7.28（期初払・期末払の標準保険料を用いた問題） $\ddot{P}_A$ を Trowbridge モデルの年金制度における加入年齢方式の期初払標準保険料とし，P_A を同じ制度の期末払の標準保険料とする．また，Trowbridge モデルの給付に加え，期中の脱退者には期末に 1 の一時金を支払う年金制度を考え，この制度の加入年齢方式の期初払標準保険料を $\ddot{P}_B$ とする．

(1) $\ddot{P}_B$ を計算基数 M_x, N_x で表わせ．

(2) $\ddot{P}_A$, P_A, $\ddot{P}_B$ の 3 種類の保険料が与えられた場合，予定利率 i を $\ddot{P}_A$, P_A, $\ddot{P}_B$ を用いて表せ．ただし，Trowbridge モデルの年金制度および Trowbridge モデルの給付に加え一時金を支払う年金制度の両者において予定利率は共通であるとする．

■ key's check

- 計算基数を用いた立式は実は容易であり，感覚的に立式することができる（問題 6.4 の補足（→p. 118）を参照）．
- 期初払と期末払の標準保険料を用いた問題はこれまで数回出題されているので，確実に押さえておきたい．
- 生保数理での重要公式 $N_{x+1} = vN_x - M_x$ がここでも役に立つ．

【解答】

(1)
$$\ddot{P}_B = \frac{\sum_{x=x_e}^{x_r-1} C_x + D_{x_r}\ddot{a}_{x_r}}{\sum_{x=x_e}^{x_r-1} D_x} = \frac{M_{x_e} - M_{x_r} + N_{x_r}}{N_{x_e} - N_{x_r}} \quad \text{(答)}$$

(2) (1) と同様に $\ddot{P}_A$ と P_A を計算基数で表すと，

$$\ddot{P}_A = \frac{N_{x_r}}{N_{x_e} - N_{x_r}}, \quad P_A = \frac{N_{x_r}}{N_{x_e+1} - N_{x_r+1}}$$

P_A の分母はこのままでは使いづらい．そこで計算基数の公式 $N_{x+1} = vN_x - M_x$ を用いて添字を揃えることを考えると，

$$P_A=\frac{N_{x_r}}{N_{x_e+1}-N_{x_r+1}}=\frac{N_{x_r}}{(vN_{x_e}-M_{x_e})-(vN_{x_r}-M_{x_r})}$$
$$=\frac{N_{x_r}}{v(N_{x_e}-N_{x_r})-(M_{x_e}-M_{x_r})}$$

分子分母を $(N_{x_e}-N_{x_r})$ で割ると，

$$=\frac{\dfrac{N_{x_r}}{N_{x_e}-N_{x_r}}}{v-\dfrac{M_{x_e}-M_{x_r}}{N_{x_e}-N_{x_r}}}=\frac{\ddot{P}_A}{\dfrac{1}{1+i}-(\ddot{P}_B-\ddot{P}_A)}$$

あとは i について丁寧に解けばよい．

$$i=\frac{1}{\dfrac{\ddot{P}_A}{P_A}+\ddot{P}_B-\ddot{P}_A}-1 \quad \text{(答)}$$

【補足】

$\ddot{P}_B$ は生保数理で言うところの，途中脱退したらその期末に1，満期まで加入していたら満期時に $\ddot{a}_{x_r}$ を給付する養老保険の平準払の純保険料に他ならない．

問題 7.29（閉鎖型総合保険料方式と加入年齢方式の関係） 定常状態の集団に Trowbridge モデルの年金制度を新たに導入する．すでに脱退した人を含めて過去勤務期間をすべて通算する場合，設立時の積立金が 0 で閉鎖型総合保険料方式を採用したとき，第 n 年度の保険料 ${}^{C}C_n$ を，${}^{E}C, {}^{E}V$，予定利率 i を用いて表せ．なお，在職中の被保険者の人数現価と将来加入が見込まれる被保険者の人数現価は等しいものとする．

■ **key's check**

- 問題の財政方式に関する公式はすぐに思い出せるようにすることは最低条件．
- そのうえで，問題文で与えられている特別な条件がどこで適用できるかを検討するためには，一旦知っている知識を洗い出した上で適用できそうなものを検討してみるといい．
- 本問の場合，$\{{}^{C}C_n - {}^{E}C\}$ が等比数列であること（総合保険料方式の漸化式公式）を利用すればあっという間に解ける．この性質は重要なので確実に押さえておきたい．

【解答】

$\{{}^{C}C_n - {}^{E}C\}$ は等比数列であり，初項 ${}^{C}C_1 - {}^{E}C$ は，

$$\frac{S^p + S^a}{G^a} \cdot L - {}^{E}C = \frac{(S^p + S^a) \cdot L - {}^{E}P \cdot G^a \cdot L}{G^a} = \frac{L}{G^a} \cdot {}^{E}V$$

となる．ここで公比 r は，$r = \left(1 - \dfrac{L}{G^a}\right)(1+i)$ である．題意より $G^a = G^f$ であるから，

$$\frac{L}{G^a} = \frac{2L}{G} = \frac{2L}{L/d} = 2d$$

となるため，公比 $r = (1-2d)(1+i) = 1-i$ となる．したがって，

$${}^{C}C_n = {}^{E}C + (1-i)^{n-1} \cdot 2 \cdot \frac{i}{1+i} \cdot {}^{E}V \quad (答)$$

問題 7.30（到達年齢方式）　定常人口にある団体に年金制度を発足するにあたり，過去勤務期間を通算し，財政方式に到達年齢方式を使用する．

- 標準保険料：制度発足時における将来勤務期間に対応する給付のための費用として算出（総合保険料方式に基づいて算出）
- 特別保険料：発足時の過去勤務債務（過去勤務期間に対応する給付）に充てる費用として20年間拠出

制度発足時の期初（保険料拠出および給付支払前）の諸数値は以下の通りである．保険料の拠出および給付支払は年1回期初に発生し，標準保険料は毎年期初に見直すものとする．なお，財政方式に加入年齢方式を適用した場合において，毎年の新規加入に伴う過去勤務債務は発生しないとする．

- 制度発足時の期初の諸数値：
  - 在職中の被保険者の給付現価：30,000
  - うち，将来期間分の給付現価：20,000
  - 年金受給権者の給付現価：1,000
  - 在職中の被保険者の給与現価：50,000
  - 加入年齢方式の被保険者1人あたりの標準保険料：20%
  - 毎年の給付額：3,000
  - 予定利率および積立金の運用利回り：5.0%
  - 積立金：0

制度発足後，予定通りに推移したとして次の問に答えよ．

(1)　初年度の被保険者1人あたりの標準保険料を求めよ．

(2)　第2年度の被保険者1人あたりの標準保険料を求めよ．

(3)　保険料収入が，財政方式に加入年齢方式を適用したと仮定した場合の保険料収入の101%を下回るのは何年度か．

■ **key's check**

- 第2年度以降は一見難しそうに見えるが，定常人口かつ予定通りに推移したとあるので，「到達年齢方式の漸化式公式」に持ち込むことができる．
- この漸化式の収束先が加入年齢方式の標準保険料であることに気づけば，実は(3)は簡単な漸化式の問題に帰着できることが分かる．

【解答】

第n年度の被保険者1人あたりの標準保険料を${}^{A}P_n$と表す．

(1)　${}^{A}P_1 = \dfrac{S^a_{FS}}{G^a} = \dfrac{20{,}000}{50{,}000} = 40\%$　(答)

(2)　まず，給与合計Lを求める．$S = B\ddot{a}_\infty = 3{,}000 \cdot \dfrac{1.05}{0.05} = 63{,}000$より，

$$S^f = S - (S^p + S^a) = 63{,}000 - (1{,}000 + 30{,}000) = 32{,}000$$

題意より${}^{E}P = \dfrac{S^f}{G^f} = 0.2$だから，$G^f = \dfrac{32{,}000}{0.2} = 160{,}000$となるので，

$$L = \frac{G^a + G^f}{\ddot{a}_\infty} = \frac{50{,}000 + 160{,}000}{1.05/0.05} = 10{,}000$$

制度発足後，定常人口かつ予定通りに推移しているので「到達年齢方式の漸化式公式」を適用できる．このとき公比rは，

$$r = \left(1 - \frac{L}{G^a}\right)(1+i) = \left(1 - \frac{10{,}000}{50{,}000}\right)(1 + 0.05) = \frac{21}{25}$$

であり，かつ${}^{A}P_1 - {}^{E}P = 20\% (= {}^{E}P)$であることから
${}^{A}P_n - {}^{E}P = r^{n-1} \cdot ({}^{A}P_1 - {}^{E}P)$，すなわち$\dfrac{{}^{A}P_n}{{}^{E}P} = 1 + \left(\dfrac{21}{25}\right)^{n-1}$が成立する．したがって，$n = 2$を代入して，

$${}^{A}P_2 = \left\{1 + \left(\frac{21}{25}\right)^{2-1}\right\} \cdot {}^{E}P = 36.8\% \quad (答)$$

(3)　求める n は,

$$\frac{{}^{A}P_n}{{}^{E}P} < 1.01 \iff 1 + \left(\frac{21}{25}\right)^{n-1} < 1.01$$

を満たす最小の n であり，これは $n = 28$ である．この年度では特別保険料の拠出は終了しているため，28 が求める答えとなる．

【補足】

(2) を漸化式の公式を用いずに解いてみよう．第 $n-1$ 年度末の積立金と特別保険料収入現価を ${}^{A}F_n, {}^{A}U_n$ で表し，n 年度の標準保険料，特別保険料をそれぞれ ${}^{A}C_n, {}^{A}C'_n$ で表す．それぞれの推移を調べると，これらは予定通りに推移したことから,

$$\begin{aligned} {}^{A}F_2 &= ({}^{A}F_1 + {}^{A}C_1 + {}^{A}C'_1 - B)(1+i) \\ {}^{A}U_2 &= ({}^{A}U_1 - {}^{A}C'_1)(1+i) \end{aligned}$$

が成立する．これらの辺々を加えると,

$$\begin{aligned} {}^{A}F_2 + {}^{A}U_2 &= ({}^{A}F_1 + {}^{A}U_1 + {}^{A}C_1 - B)(1+i) = (S^p + S^a_{PS} + {}^{A}C_1 - B)(1+i) \\ &= (1{,}000 + 10{,}000 + 0.4 \cdot 10{,}000 - 3{,}000)(1 + 0.05) = 12{,}600 \end{aligned}$$

であることから，第 2 年度に適用される被保険者 1 人あたりの標準保険料は以下のように求められ，解答と一致する．

$$\frac{S^p + S^a - ({}^{A}F_2 + {}^{A}U_2)}{G^a} = \frac{31{,}000 - 12{,}600}{50{,}000} = 36.8\%$$

この考え方を一般化して漸化式公式を導出できる．またこの解答から，過去勤務債務の償却方法は結果に影響を与えないことが分かる[*8]．

[*8] この帰結自体は［教科書］にも説明がある通り，${}^{A}F_n + {}^{A}U_n$ は初期過去勤務債務をすべて償却した場合の積立金を表すものであることからも分かる．

問題 7.31（開放型総合保険料方式の年金制度における運用利回りの低下）

開放型総合保険料方式により財政運営をおこなっている年金制度が定常状態にある．ある年度 (第1年度とする) 以降，予定利率 $i \quad (0<i<1)$ に対して運用利回りが $i-\Delta i \quad (0<\Delta i<i)$ となった．運用利回り以外は予定通り推移した場合，次の問に答えよ．

(1) 第2年度の保険料を求めよ．

(2) 第 n 年度の保険料を求めよ．

なお解答にあたっては，定常状態の保険料 C および積立金 F を用いてもよい．保険料および給付は年1回期末に発生するものとし，保険料は毎期初に予定利率を i として見直すものとする．

■ key's check

- 開放型総合保険料方式の場合は定期的に保険料を計算し直す必要がある．その見直し頻度については問題文で与えられているので，読み落とさないこと．本問の場合，「保険料は毎期初に予定利率を i として見直す」とあることから，保険料の見直し頻度は毎年である．
- 一般に，（閉鎖型も含めて）総合保険料方式の問題は，慣れるまではいきなり収支相等の式を立てようとせず，解答のような図を書いて，$F, Ba_\infty \to C$ の順に決まることを意識した上で立式しよう．

【解答】

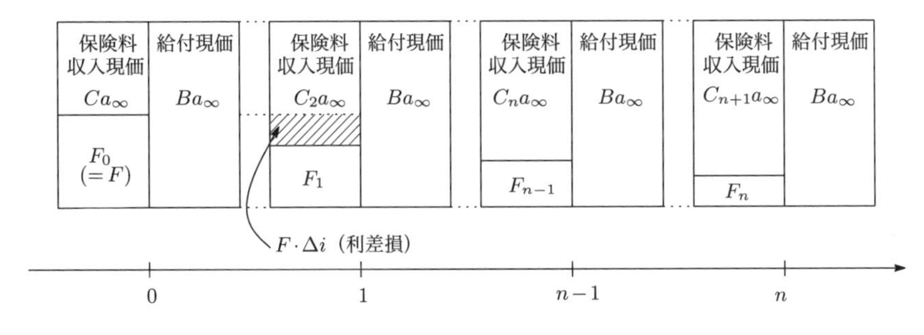

時点$n-1$からnまでを第n年度とし，第n年度末の積立金をF_n，第n年度の保険料をC_nで表している．

(1) 当初は定常状態にあったことから，

$$B \cdot a_\infty = C \cdot a_\infty + F$$

が成立している（一番左の図）．第1年度以降，運用利回りが$i-\Delta i$となったため，第1年度末の積立金は，

$$F_1 = F \cdot (1+i-\Delta i) + C - B = F \cdot (1-\Delta i)$$

となる．よって左から2つ目の図を見て，第2年度の保険料C_2は，給付現価と積立金の差額$B \cdot a_\infty - F_1$を永久償却するように設定されることから，

$$C_2 = \frac{B \cdot a_\infty - F_1}{a_\infty} = \frac{B \cdot a_\infty - F + F \cdot \Delta i}{a_\infty} = C + \frac{F \cdot \Delta i}{a_\infty} \quad \text{（答）}$$

(2) 第$n-1$年度末において，F_{n-1}が既知であるとき，第n年度の保険料C_nは，

$$C_n = \frac{B \cdot a_\infty - F_{n-1}}{a_\infty}$$

を満たす（左から3つ目の図）．これを用いて第n年度末の積立金F_nは，

$$F_n = F_{n-1} \cdot (1+i-\Delta i) + C_n - B = F_{n-1} \cdot (1-\Delta i)$$

となり，数列$\{F_n\}$は公比$1-\Delta i$の等比数列であることが分かる．つまり，

$$F_n = F \cdot (1-\Delta i)^n \quad (n=0,1,2\ldots)$$

であり，これを上記C_nの式に代入して，

$$\begin{aligned} C_n &= \frac{B \cdot a_\infty - F \cdot (1-\Delta i)^{n-1}}{a_\infty} = \frac{C \cdot a_\infty + F - F \cdot (1-\Delta i)^{n-1}}{a_\infty} \\ &= C + F \cdot i\{1-(1-\Delta i)^{n-1}\} \quad \text{（答）} \end{aligned}$$

問題 7.32 (開放型総合保険料方式の性質) 定年退職者に対して加入期間1年あたり $\dfrac{1}{x_r - x_e}$ の年金を終身給付する制度がある.
ある企業の人員構成は定常人口にあるとする. この企業が今から年金制度を実施するものとしたとき, 制度発足後の各年度の保険料は初年度の保険料と同額であることを示せ. なお, 財政方式は開放型総合保険料方式で, 過去勤務期間の通算は無く, 今後の人員構成は定常人口のまま推移するものとする.

■ **key's check**

- 開放型総合保険料方式の代表的な性質の1つ.
- 開放型でかつ定常人口にある場合, 新規加入者も含めて当初見込んでいた通りに推移する. この点に注目して給付現価や積立金の推移を立式していこう.

【解答】

保険料収入や給付支払を年1回期初と仮定して一般性を失わない. 制度発足時 $(t=0)$ の給付現価を S_0, 時刻 $t(t=0,1,\ldots)$ で支払われる予定の給付を B_t で表すと,

$$S_0 = B_0 + vB_1 + v^2 B_2 + \cdots$$

が成立する[*9]. 一方, 将来加入が見込まれる被保険者も含めて予定通りに推移するため, 1年度末 $(t=1)$ で計算する給付現価 S_1 は, $t=0$ 時点と同じ B_k を用いて,

$$S_1 = B_1 + vB_2 + v^2 B_3 + \cdots$$

と表せる. この議論を繰り返すことで, k 年度末 $(t=k)$ の給付現価 S_k は,

$$S_k = B_k + vB_{k+1} + v^2 B_{k+2} + \cdots$$

[*9] 将来加入が見込まれる被保険者を見込んでいるため, 無限級数になっていることに注意せよ.

と表せる．S_k と S_{k+1} を比較して，次の漸化式を得る．

$$\begin{aligned} S_k - B_k &= vB_{k+1} + v^2 B_{k+2} + \cdots \\ &= v(B_{k+1} + vB_{k+2} + \cdots) = vS_{k+1} \end{aligned}$$

したがって，$S_{k+1} = (S_k - B_k)(1+i)$ という関係式が成立する．

一方，財政方式が開放型総合保険料方式であることから，各年度の保険料率 P_k, P_{k+1} は，k 年度末 $(t=k)$ の積立金 F_k を用いて以下のように表せる．

$$P_k = \frac{S_k - F_k}{G}, \qquad P_{k+1} = \frac{S_{k+1} - F_{k+1}}{G}$$

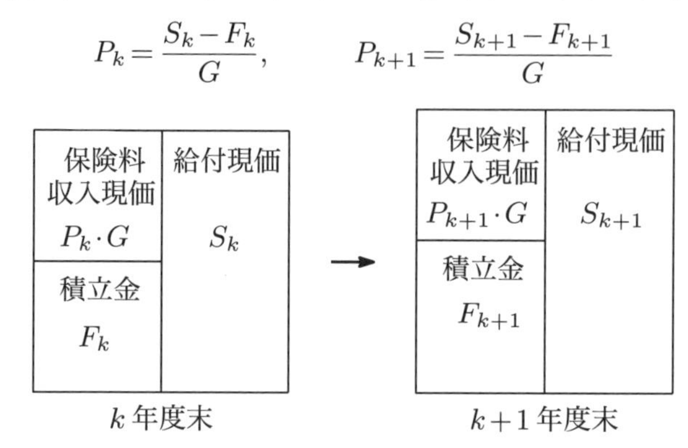

上述の給付現価に関する漸化式と積立金に関する漸化式

$$\begin{aligned} S_{k+1} &= (S_k - B_k)(1+i) \\ F_{k+1} &= (F_k + C_k - B_k)(1+i) \end{aligned}$$

の辺々を引くことで，

$$S_{k+1} - F_{k+1} = (S_k - F_k - C_k)(1+i)$$

すなわち，

$$P_{k+1} \cdot G = (P_k \cdot G - C_k)(1+i) = P_k \cdot G$$

であることから[*10]，$P_{k+1} = P_k$ が示された．

【補足】

この事実は給付内容にかかわらず成立する．

*10 最後の式変形においては $G = L\ddot{a}_\infty$ を用いていることに注意せよ．

問題 7.33 (各財政方式による保険料率の違い) 次の年金制度に関する後述の説明文の空欄に当てはまる数値を求めよ．空欄に金額を埋める場合は百万円未満を四捨五入し，保険料率を埋める場合はパーセント表示で小数点以下第3位を四捨五入した値とせよ．

定常人口の企業を仮定する．給付額は加入期間の各月の給与の累計に比例して決定されるものとし，その他の制度内容はTrowbridgeモデルに基づくものとした年金制度の諸数値は以下の通りである．

- 年金受給権者の給付現価 S^p：800百万円
- 被保険者の給付現価のうち将来期間対応分 S^a_{FS}：300百万円
- 被保険者の給付現価のうち過去期間対応分 S^a_{PS}：500百万円
- 被保険者の給付現価 S^a：800百万円
- 新規加入者の加入時給付現価（単年度分）：7.2百万円
- 将来加入が見込まれる被保険者の給付現価 S^f：［①］百万円
- 被保険者の給与現価 G^a：4,050百万円
- 新規加入者の加入時給与現価（単年度分）：150百万円
- 将来加入が見込まれる被保険者の給与現価 G^f：［②］百万円
- 積立金の残高 F：1,200百万円
- 給与総額 $\sum LB$：300百万円
- 予定利率 i：4.0%
- 15年償却の年金現価率 $\ddot{a}_{\overline{15|}}$：12.87

(1) 財政方式を加入年齢方式とし，過去勤務債務を15年償却とした場合，標準保険料率［③］，特別保険料率［④］となる．

(2) 財政方式を開放基金方式とし，過去勤務債務を15年償却とした場合，標準保険料率［⑤］，特別保険料率［⑥］となる．

(3) 将来期間について給付を一律2倍とした場合，(2)の保険料率は標準保険料率［⑦］，特別保険料率［⑧］となる．

(4) 将来期間について給付を一律2倍とし，給与を2分の1とする場

合で，財政方式は開放基金方式のとき，標準保険料率 ⑨ ，特別保険料率 ⑩ となる．

■ **key's check**

- (1) は S^f, G^f の定義を思い出してみよう．たとえば S^f は「新規加入者の加入時給付現価」×「翌期初から年金額1を支払う永久年金現価率」である．前者はすでに問題文で与えられている．後者は $v \cdot \ddot{a}_{\infty} = \dfrac{v}{d} = \dfrac{1}{i}$
- 給付や給与を2倍（1/2倍）したときに，標準保険料率，特別保険料率に与える影響を考えてから立式するようにしよう．給与比例制度（最終給与比例，累計給与比例など）の場合は，給与を変化させると給付にも影響することに注意[*11]．

【解答】

以下，百万円単位は省略する．

① $S^f = \dfrac{7.2}{0.04} = 180$　（答）

② $G^f = \dfrac{150}{0.04} = 3{,}750$　（答）

③ ${}^{E}P = \dfrac{S^f}{G^f} = \dfrac{180}{3{,}750} = 0.048 = 4.80\%$　（答）

④
$$\frac{(S^p + S^a) - {}^{E}P \cdot G^a - F}{\sum LB \cdot \ddot{a}_{\overline{15|}}} = \frac{(800+800) - 0.048 \cdot 4{,}050 - 1{,}200}{300 \cdot 12.87} = \frac{205.6}{3{,}861} = 0.053250\ldots \approx 5.33\%$$
（答）

⑤ ${}^{OAN}P = \dfrac{S^a_{FS} + S^f}{G^a + G^f} = \dfrac{300 + 180}{4{,}050 + 3{,}750} = 0.061538\ldots \approx 6.15\%$　（答）

[*11] もちろん，給付や給与を2倍（1/2倍）した後の給付現価，給与現価の諸数値をすべて計算し直してから改めて標準保険料率，特別保険料率を算出する方法を採っても何の問題もない．

⑥　開放基金方式の場合，過去勤務債務は過去分給付現価から積立金を控除した分となるため，特別保険料率は，

$$\frac{S^p+S^a_{PS}-F}{\sum LB\cdot\ddot{a}_{\overline{15}|}}=\frac{800+500-1{,}200}{300\cdot 12.87}=0.025900\ldots\approx 2.59\%\quad(答)$$

⑦　将来期間について給付を一律2倍にしたため，${}^{OAN}P$ の分子は2倍になる．分母は変わらないことから，$2\cdot 0.061538\ldots\approx 12.31\%$　　(答)

⑧　開放基金方式の特別保険料率は，⑥の分子に着目すると，過去期間にかかる給付にのみ依存しているので，今回の変更は過去期間にかかる給付に影響を与えない．つまり2.59%　　(答)

⑨　累計給与比例制度において給与を1/2倍にすると，今後積まれていく給与累計が半分となり将来期間にかかる給付は1/2倍される．一方で，過去期間にかかる給付は従前通りである．これに注意して標準保険料率を⑤と比較すると，

- (分子)：給付現価は，給付は一律2倍する一方で給与が1/2倍されるので，$2\cdot 1/2=1$ 倍
- (分母)：給与現価は1/2倍

であるから，標準保険料率は⑤の2倍，つまり12.31%　　(答)

⑩　⑨の注意を踏まえると，過去期間にかかる給付は制度変更の影響を受けず，給与現価は1/2倍されるため，特別保険料率は⑥の2倍となる．よって5.18%　　(答)

7.6 年金財政の検証

問題 7.34（給付改善による過去勤務債務の影響 1）　過去勤務債務のない定常状態に達した年金制度がある．期初の被保険者に対し給付水準を前期末の一律 1.05 倍とする給付改善を 3 年間毎期初に繰り返す．後発過去勤務債務償却のための特別保険料として給付改善直後の未償却過去勤務債務の 10% を直ちに償却する．予定利率を 5.0% とするとき，3 回目の給付改善を行ったときの償却前での未償却過去勤務債務はいくらか．小数点以下第 1 位を四捨五入し整数で求めよ．なお，後発過去勤務債務は，給付改善に伴うもの以外には発生せず，また，年金受給権者はいないものとし，当初の責任準備金を 1,000 とする．

■ **key's check**

- 問題文をきちんと読み取って，素直に式展開していくことが重要．
- 本問の場合，順番通りに未償却過去勤務債務を計算していけばよいが，前年度からの未償却分と新しく発生した分とを区別して計算する必要がある．
- 本問のように 3 年程度であれば，下手に一般化せずに電卓を繰り返し叩いた方が早く解ける．

【解答】

当初の責任準備金を $V(=1{,}000)$ とする．以下のように時系列をたどって未償却過去勤務債務を計算する．（※表中の「特 P」は特別保険料を指す）

	責任準備金	未償却過去勤務債務	備考
(給付改善前)	V	0	
1 年度初(給付改善後)	$1.05V$	$1.05V - V = 0.05V$	給付水準が 1.05 倍になったので，責任準備金も 1.05 倍
1 年度初(特 P 拠出後)	$1.05V$	$0.05V \cdot 0.9$	未償却過去勤務債務の 10% を償却
1 年度末	$1.05V$	$0.05V \cdot 0.9 \cdot 1.05 = 0.04725V$	利息を付与
2 年度初(給付改善後)	1.05^2V	$(1.05^2V - 1.05V) + 0.04725V = 0.09975V$	給付改善による責任準備金の増加額が新たに追加
2 年度初(特 P 拠出後)	1.05^2V	$0.09975V \cdot 0.9$	
2 年度末	1.05^2V	$0.09975V \cdot 0.9 \cdot 1.05 = 0.09426375V$	
3 年度初(給付改善後)	1.05^3V	$(1.05^3V - 1.05^2V) + 0.09426375V = 0.14938875V$	

したがって，$V = 1{,}000$ を代入すれば，求める未償却過去勤務債務は，
$0.14938875 \cdot 1{,}000 = 149.38875 \approx 149$ (答)

問題7.35（給付改善による過去勤務債務の影響2）　給付および保険料が給与比例制の年金制度において，加入年齢方式で財政運営している現時点の諸計数は以下の通りである．現時点で被保険者の給与を一律1.4倍とし，この一律1.4倍された給与を用いて制度変更後の退職者の給付を算定する制度変更を行うものとした場合の制度変更後の過去勤務債務額を求めよ．

積立金：1,000，年金受給権者の給付現価：300，在職中の被保険者の給付現価：1,600，給与現価：15,000，標準保険料率：0.05

■ key's check

- 「給付が給与比例」「現時点で被保険者の給与を一律1.4倍」から，在職中の被保険者の給付（給与）現価が1.4倍になることを読み取る．また，結果として標準保険料率は制度変更前と変わらないことに注意．
- 本問では「制度変更後の退職者の給付」しか言及がなく，このことから制度変更前に退職した者については，今回の制度変更の影響を受けないと解釈できる．

【解答】

現時点で被保険者の給与が1.4倍になったとき，給付は給与に比例する制度なので，$S^{a\prime}=1{,}600\cdot 1.4=2{,}240$，　$G^{a\prime}=15{,}000\cdot 1.4=21{,}000$ となる．

制度変更後の責任準備金 ${}^{E}V'$ は，

$$\begin{aligned}{}^{E}V' &= S^{p}+S^{a\prime}-{}^{E}P\cdot G^{a\prime}=300+2{,}240-0.05\cdot 21{,}000\\ &=1{,}490\end{aligned}$$

したがって，制度変更後の過去勤務債務額 U は，

$$U={}^{E}V'-F=1{,}490-1{,}000=490\quad (\text{答})$$

【補足】

この過去勤務債務490の発生要因を意識すると，「給付改善前の過去勤務債務：150($=1{,}150-1{,}000$)」，「給付改善により増加する責任準備金：340($=850\cdot 0.4$)（在職中の被保険者分のみ増加）」と分解できる．

問題 7.36（予定利率引き下げによる過去勤務債務への影響）　ある年金制度は加入年齢方式を採用しており，定常状態で推移していたが，ある年度の期初に予定利率を i（ただし，$i > 2.5\%$）から 2.5% に引き下げることとした．予定利率を引き下げることによって，一年間に支払う標準保険料は予定利率見直し前の責任準備金の 1% 相当額増加し，予定利率引き下げによる責任準備金の増加分の 50% を特別保険料として期末に支払うこととした．ところが，この年度の運用利回りが 13.0% となったため，期末において責任準備金と積立金が一致することとなった．引き下げ前の予定利率を求めよ（% 単位で小数点第 2 位を四捨五入せよ）．なお，保険料の拠出および給付支払は年 1 回期末に行われるものとする．

■ **key's check**

- 以下に挙げる，予定利率を引き下げ時の一般的な影響を瞬時にイメージできるようになっておこう．
  - ① 保険料が引き上がる：予定利率を引き下げるということは，より運用収益に頼らずに将来の給付支払に備えようとするため，保険料が引き上がる．また下記②の償却のため，特別保険料の設定が必要となる場合がある．
  - ② 積立不足が発生する：予定利率を引き下げると過去分の給付現価も増加し，現時点の積立てではこの増加分を賄えなくなるため．（将来分の給付現価も増加するが，これは①の標準保険料の引き上げによりある程度賄える）

【解答】

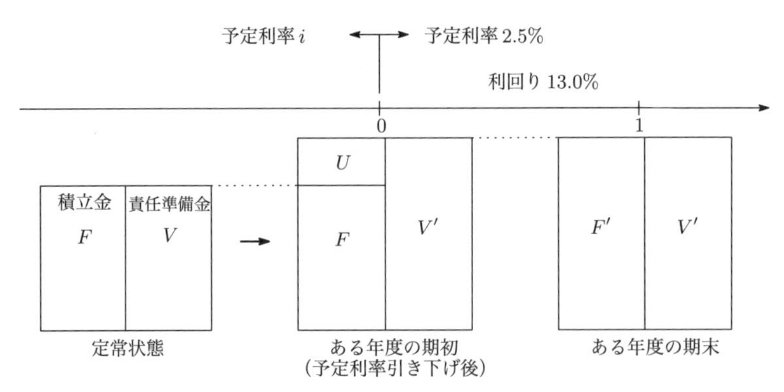

定常状態における給付額を B，保険料収入を C で表す．人員の推移は定常状態に達しているため，公式 (4.93) を用いて責任準備金は次のように表される．

- 予定利率引き下げ前：$V=\dfrac{B-C}{i}(=Ba_{\infty}-Ca_{\infty})$
- 予定利率引き下げ後：$V'=\dfrac{B-C'}{0.025}$

一方，予定利率を引き下げることで，

- 予定利率引き下げ後の標準保険料収入 $C'=C+0.01V$
- 特別保険料収入 $=0.5\cdot(V'-V)$

と増加することに注意して，年度末の積立金は，

$$V\cdot(1+0.13)+C'+0.5\cdot(V'-V)-B=0.64V+0.5V'-(B-C)$$

と表せる．題意よりこれは V' に等しいため，

$$0.64V-(B-C)=0.5V' \quad \Longleftrightarrow \quad \frac{0.64}{i}-1=\frac{0.5}{0.025}\left(1-\frac{0.01}{i}\right)$$

これを解いて，$i=4.0\%$　(答)

問題 7.37 (剰余金を用いた給付改善)　定常状態にあった年金制度の第 n 年度末において剰余金 M が発生した．このため，第 n 年度末時点で制度設計を次のように見直すこととした．

- 第 $n+1$ 年度以降の給付を毎年 ΔB ずつ引き上げる（給付改善）ことを t 回繰り返し，第 $n+t$ 年度以降の給付水準を当初の給付より $\Delta B \cdot t$ だけ増額する．
- 給付改善の原資は剰余金 M を用い，第 $n+1$ 年度以降の保険料は従前と同水準に据え置く．

給付改善を剰余金 M の範囲で実施する場合，上のような給付改善を行うことができる回数 t を，i を用いて求めよ（必要ならば，床関数 $\lfloor \cdot \rfloor$ を用いよ）．なお，予定利率は $i(>0)$ とし，給付は年 1 回期末払とする．

■ **key's check**

- 回数の最大値を求める問題なので，問題文から読み取れる不等式を立てて評価していけばよい．
- 本問の場合，剰余金を用いて給付改善をするので，給付改善に必要な原資は剰余金を超えてはいけない．
- 現価計算においては，極力生保数理で習った記号を用いて立式し，公式を用いて展開するようにしよう．

【解答】

給付改善に必要な原資は，$I_{\overline{t|}}a_{\infty}\cdot\Delta B$ であり，これを第 n 年度末時点での剰余金で賄うため，$M \geq I_{\overline{t|}}a_{\infty}\cdot\Delta B$ が成立する．公式 (3.82) を用いて，

$$a_{\overline{t|}} \leq \frac{dM}{\Delta B} \quad \Longleftrightarrow \quad v^t \geq 1-\frac{idM}{\Delta B} \quad \Longleftrightarrow \quad t \leq \frac{\log\left(1-\dfrac{idM}{\Delta B}\right)}{\log v}$$

よって求める t は，$t = \left\lfloor \dfrac{\log\left(1-\dfrac{i^2M}{(1+i)\Delta B}\right)}{\log\dfrac{1}{1+i}} \right\rfloor$　　(答)

問題 7.38 (新規加入者数の減少の影響)　定常人口のもとにある年金制度の第 n 年度末の財政状況が次の状態にある．

- S^f：4,500 百万円
- S^a_{FS}：6,000 百万円
- S^a_{PS}：10,000 百万円
- S^p：10,000 百万円
- G^f：180,000 百万円
- G^a：240,000 百万円
- 積立金 F：16,070 百万円
- $\ddot{a}_{\overline{20}|}$：13.1
- $\ddot{a}_{\infty}$：21.0

なお，給付・保険料はいずれも年 1 回期初払とし，特別保険料率は総給与に対する一定割合とする．

(1)　定常人口であることを用いて，この年金制度の被保険者の総給与を求めよ．(百万円単位で小数点以下第 1 位を四捨五入せよ)

(2)　第 n 年度末時点で計算した開放基金方式による標準保険料率，特別保険料率（20 年償却）を求めよ．(% 単位で小数点以下第 2 位を四捨五入せよ)

(3)　第 n 年度末時点で被保険者の 1/2 が脱退し被保険者の規模が 1/2 となったため，標準保険料率と特別保険料率（20 年償却）の合計が (2) と変わらないように今後脱退する被保険者の給付水準（将来期間分・過去期間分）を一律 x% 引き下げることとした．x を求めよ．(% 単位で小数点以下第 1 位を四捨五入せよ)

< (3) の前提>

- 第 n 年度末の被保険者の脱退により，人員規模が 1/2 に縮小したが，被保険者の年齢階層毎の人員構成比は変化しなかった．
- 第 n 年度末の被保険者の脱退に伴う計算基礎率の見直しは行わないが，将来加入が見込まれる被保険者の規模は，人員規模の縮小に伴い従前の 1/2 の見込みに変更した．
- 第 n 年度末に脱退した被保険者は全員年金受給権者となり，過去の

加入期間に対する給付現価を給付原資とした年金給付であった.

■ **key's check**

- 「人員規模が変化」→「将来加入する被保険者の見込みを変化させるかもしれない」と瞬時に反応できるようにしよう.
- 年金数理において間違いやすいのは，期中に被保険者から年金受給権者に移った人の取り扱いである．本問では彼らの給付現価の計上を忘れないようにしたい.

【解答】

(1)　被保険者の総給与を LB とおく．このとき，$LB\cdot\ddot{a}_{\infty}=G$ だから，

$$LB=\frac{G^a+G^f}{\ddot{a}_{\infty}}=\frac{240{,}000+180{,}000}{21.0}=20{,}000\,(\text{百万円})\quad(\text{答})$$

(2)　標準保険料率 ${}^{OAN}P$ は，

$${}^{OAN}P=\frac{S^a_{FS}+S^f}{G^a+G^f}=\frac{6{,}000+4{,}500}{240{,}000+180{,}000}=2.5\%\quad(\text{答})$$

一方，特別保険料率 ${}^{OAN}P_{PSL}$ は，

$${}^{OAN}P_{PSL}=\frac{S^p+S^a_{PS}-F}{LB\cdot\ddot{a}_{\overline{20}|}}=\frac{10{,}000+10{,}000-16{,}070}{20{,}000\cdot 13.1}=1.5\%\quad(\text{答})$$

(3)　変更前後での諸数値の変化をまとめると次の通り（変更後を $'$ 付きで表すことにする).

- $S^{p\prime}=S^p+\dfrac{1}{2}S^a_{PS}$
- $G^{a\prime}=\dfrac{1}{2}G^a$
- $S^{a\prime}{}_{PS}=\dfrac{1}{2}S^a_{PS}\cdot\left(1-\dfrac{x}{100}\right)$
- $G^{f\prime}=\dfrac{1}{2}G^f$
- $S^{a\prime}{}_{FS}=\dfrac{1}{2}S^a_{FS}\cdot\left(1-\dfrac{x}{100}\right)$
- $LB'=\dfrac{1}{2}LB$
- $S^{f\prime}=\dfrac{1}{2}S^f\cdot\left(1-\dfrac{x}{100}\right)$

なお，題意より第 n 年度末に脱退した被保険者は全員年金受給権者となり，その給付は過去の加入期間に対する給付現価を給付原資とした年金給付であることから，$S^{p\prime}$ にはこの脱退者分の給付現価 $\frac{1}{2}\cdot S^{a}_{PS}$ を加えている[*12].

これを用いて変更後の保険料率を求めると，

$$\begin{aligned} {}^{OAN}P' &= \frac{{S^{a\prime}}_{FS}+S^{f\prime}}{G^{a\prime}+G^{f\prime}} = \frac{S^{a}_{FS}+S^{f}}{G^{a}+G^{f}}\cdot\left(1-\frac{x}{100}\right) \\ &= {}^{OAN}P\cdot\left(1-\frac{x}{100}\right) \end{aligned}$$

$$\begin{aligned} {}^{OAN}{P'}_{PSL} &= \frac{S^{p\prime}+{S^{a\prime}}_{PS}-F}{LB'\cdot\ddot{a}_{\overline{20}|}} = \frac{S^{p}+S^{a}_{PS}-F-\dfrac{S^{a}_{PS}\cdot x}{200}}{\dfrac{1}{2}LB\cdot\ddot{a}_{\overline{20}|}} \\ &= 2\cdot{}^{OAN}P_{PSL}-\frac{S^{a}_{PS}}{LB\cdot\ddot{a}_{\overline{20}|}}\cdot\frac{x}{100} \end{aligned}$$

題意より ${}^{OAN}P+{}^{OAN}P_{PSL}={}^{OAN}P'+{}^{OAN}{P'}_{PSL}$ なので，これを解くと，

$$\begin{aligned} x &= \frac{{}^{OAN}P_{PSL}}{\dfrac{S^{a}_{PS}}{LB\cdot\ddot{a}_{\overline{20}|}}+{}^{OAN}P}\cdot 100 = \frac{0.015}{\dfrac{10{,}000}{20{,}000\cdot 13.1}+0.025}\cdot 100 \\ &= 23.746223\ldots\approx 24(\%) \quad (答) \end{aligned}$$

[*12] 脱退後に給付水準の引き下げが行われるため，この給付現価には給付水準の引き下げは適用されない．

問題 7.39 (弾力償却) 予定利率 2.0% のある年金制度では財政決算時の未積立債務を元利均等償却方式で一定期間特別保険料を払い込むことにより償却を行っているが，その特別保険料（率）に一定の幅をもたせ，その幅の中で特別保険料（率）を決定する弾力償却を採用している．保険料の払込は期初月払で特別保険料率は下限 18.2% としている．当初の計画では，下限の特別保険料を払い込み続けるものとし，この場合の残余償却年月は第 t 年度末において 8 年であったが，実際には第 t 年度に特別保険料 41.0% の払込を行った．このとき，当初の計画に比べ短い期間で未積立債務を償却できることになるが，第 t 年度末における新たな残余償却年月を計算せよ．

なお，新たな残余償却年月とは，特別保険料の下限を適用して算定した第 t 年度末の特別保険料収入現価が，第 t 年度末の未積立債務を下回らない範囲で最短となる償却年月とする．また，被保険者の給与合計に変動はないものとし，月払の年金現価率（月額に対する乗率）については次の表を使用せよ．

期間	年金現価率	期間	年金現価率	期間	年金現価率	期間	年金現価率
8年0ヵ月	88.78191	7年6ヵ月	83.63554	7年0ヵ月	78.43795	6年6ヵ月	73.18865
7年11ヵ月	87.92772	7年5ヵ月	82.77284	6年11ヵ月	77.56667	6年5ヵ月	72.3087
7年10ヵ月	87.07211	7年4ヵ月	81.90872	6年10ヵ月	76.69396	6年4ヵ月	71.4273
7年9ヵ月	86.21509	7年3ヵ月	81.04318	6年9ヵ月	75.8198	…	…
7年8ヵ月	85.35666	7年2ヵ月	80.1762	6年8ヵ月	74.94419		
7年7ヵ月	84.49681	7年1ヵ月	79.30779	6年7ヵ月	74.06715	1年0ヵ月	11.88196

■ **key's check**

- 弾力償却で下限特別保険料より大きな特別保険料を 1 年間拠出した場合の「新たな残余償却年月」を求める問題．
- 弾力償却においては常に下限特別保険料での償却期間がベースとなるが，本問では第 t 年度において下限特別保険料よりも大きい特別保険料を拠出したため，求める答えはもともとの8年よりも必ず短い年月となるはず．基本的には公式(4.105)を適用するだけであるが，問題に細かい指定があるため，それに合った形で公式を適用する必要がある．

【解答】

給与合計をBで表す．公式(4.105)を念頭に今回のケースにあてはめる．

① 新たな償却年月をAとした場合の，特別保険料の下限を適用して算定した第t年度末の特別保険料収入現価：$B\cdot P^{PSL}_{下限}\cdot\ddot{a}^{(12)}_{\overline{A}|}$

② 第t年度末の未積立債務：$B\cdot P^{PSL}_{下限}\cdot\ddot{a}^{(12)}_{\overline{8}|}-B\cdot(P^{PSL}_{実績}-P^{PSL}_{下限})\cdot\ddot{s}^{(12)}_{\overline{1}|}$

題意より求めるAは①≥②なる最小のAである．すなわち，

$$B\cdot P^{PSL}_{下限}\cdot\ddot{a}^{(12)}_{\overline{A}|}\geq B\cdot P^{PSL}_{下限}\cdot\ddot{a}^{(12)}_{\overline{8}|}-B\cdot(P^{PSL}_{実績}-P^{PSL}_{下限})\cdot\ddot{s}^{(12)}_{\overline{1}|}$$

$$\Longleftrightarrow \ddot{a}^{(12)}_{\overline{A}|}\geq\frac{P^{PSL}_{下限}\cdot\ddot{a}^{(12)}_{\overline{8}|}-(P^{PSL}_{実績}-P^{PSL}_{下限})\cdot\ddot{s}^{(12)}_{\overline{1}|}}{P^{PSL}_{下限}}$$

$$=\frac{0.182\cdot 88.78191-0.228\cdot 1.02\cdot 11.88196}{0.182}=73.599115\ldots$$

よって，Aは6年7ヵ月 ($\ddot{a}^{(12)}_{\overline{A}|}=74.06715$)　(答)

【補足】

本問は以下の図でイメージすると立式しやすい．

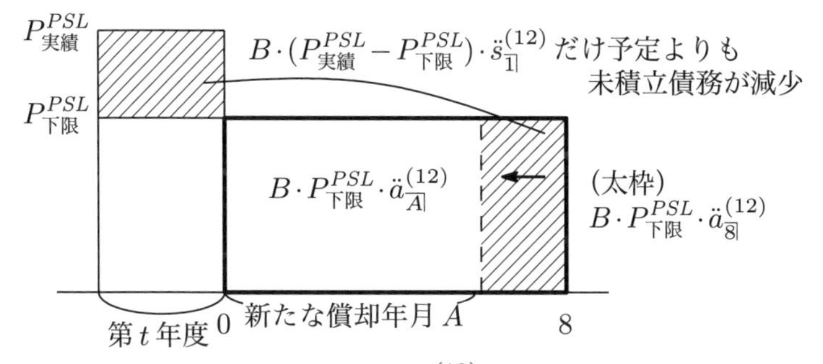

なお解答において月払の年金現価率として$\ddot{a}^{(12)}_{\overline{8}|}$などと表現しているが，これは定義式(3.68)で定義されているものとは異なる（12倍だけ違う）ことに注意されたい．

問題 7.40（過去勤務債務の償却年数の短縮）　毎年度一定額の特別保険料 P_{PSL} を払い込んで過去勤務債務を償却する年金制度がある．ある年度に過去勤務債務の償却を早めるために，特別保険料 $(1+s)P_{PSL}$ を払い込んだところ，年度初の残余償却年数 n 年に対し，年度末の残余償却年数が $n-1-t$ 年となった．このとき，s を n と t，および期末払確定年金現価率を用いて表せ．
ただし，予定利率を i，特別保険料の払込は期初払とし，当該年度の後発過去勤務債務は発生しないものとする．

■ **key's check**

- 特別保険料を多く支払ったことで過去勤務債務が減り，残余償却年数を短縮することができたということ．
- 本問では年度末に財政再計算を行い，特別保険料が変化しないように償却期間を短縮した状況を想定していると思われる．
- 状況は異なるが，問題 7.39 の考え方を参考に，「多く拠出した分だけ過去勤務債務が減った」と考えて立式しよう．

【解答】

題意より当該年度には後発過去勤務債務は発生していないため，年度末の過去勤務債務は，予定通り推移した場合の特別保険料収入現価 $P_{PSL}\cdot\ddot{a}_{\overline{n-1|}}$ と比べて，年度初に多めに払った特別保険料 $s\cdot P_{PSL}$ だけ減ったと考え，年度末の過去勤務債務は，

$$P_{PSL}\cdot\ddot{a}_{\overline{n-1|}}-s\cdot P_{PSL}\cdot(1+i)$$

と表される．今，これを償却するために（特別保険料を変更せず）償却期間を変更したことから，短縮後の償却期間 $n-1-t$ は次の式を満たす．

$$P_{PSL}\cdot\ddot{a}_{\overline{n-1}|}-s\cdot P_{PSL}\cdot(1+i)=P_{PSL}\cdot\ddot{a}_{\overline{n-1-t}|}$$

$$\Longleftrightarrow\quad s\cdot(1+i)=\ddot{a}_{\overline{n-1}|}-\ddot{a}_{\overline{n-1-t}|}$$

$$\Longleftrightarrow\quad s=a_{\overline{n-1}|}-a_{\overline{n-1-t}|}\quad(\text{答})$$

【補足】

本問は以下の図でイメージすると立式しやすい．

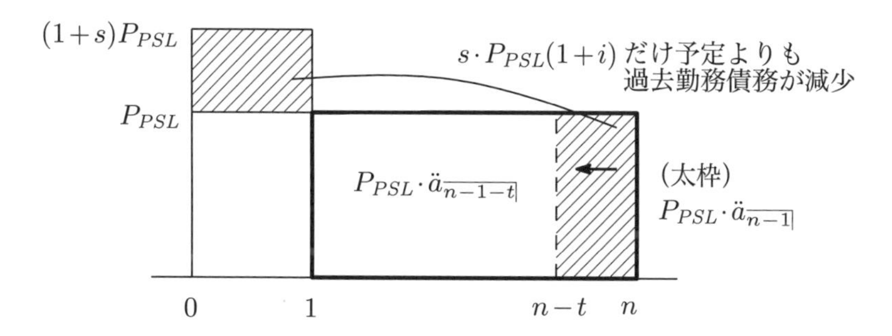

図の斜線部だけ過去勤務債務が減少したと読み取れば，直ちに

$$s\cdot P_{PSL}\cdot(1+i)=P_{PSL}\cdot\ddot{a}_{\overline{n-1}|}-P_{PSL}\cdot\ddot{a}_{\overline{n-1-t}|}$$

と立式できる．

直感的には，多めに特別保険料を払い込んだ後の期末に残余償却年数 $n-1$ 年を $n-1-t$ 年にするから，それぞれの期末払年金現価率の差額分だけ余分に払い込む必要がある，と考えられ，明らかといえば明らかであろう．

また，別解として時点 0 での現在価値に着目して $s\cdot P_{PSL}=P_{PSL}\cdot\ddot{a}_{\overline{n}|}-P_{PSL}\cdot\ddot{a}_{\overline{n-t}|}$ との立式もできる．

問題 7.41 (過去勤務期間と実加入期間に依存する給付制度)　共通の被保険者集団に対して共通の計算基礎率および財政方式（加入年齢方式）を用いて，制度発足時の過去勤務期間 τ 年，実加入期間 t 年の脱退者に対する給付を①$\alpha_{\tau+t}+\beta_t$，②$\alpha_t+\beta_{\tau+t}$，③$\alpha_t+\beta_t$ として発足させた 3 つの一時金制度を想定する．制度発足後，一定期間経過した現在の責任準備金および未積立債務は，それぞれ①V_1 および U_1，②V_2 および U_2，③V_3 および U_3 である．今，③の制度を，過去勤務期間をすべて通算する制度に給付改善した場合，未積立債務を V_*, U_* を用いて表わせ．

■ **key's check**

- 一見「こんな条件で求められるのか？」と思えてしまうが，与えられた制度間の違いは給付水準しかない．
- 例えば「ある一時金制度の給付」=2×「制度①の給付」+5×「制度②の給付」の場合，その制度の給付現価や保険料水準は「2× 制度①+ 5× 制度②」に一致する．こうした「線形性」に着目することがこの問題を解くカギとなる．

【解答】

過去勤務期間をすべて通算する制度の給付は $\alpha_{\tau+t}+\beta_{\tau+t}$ であり，これを

$$(\alpha_{\tau+t}+\beta_t)+(\alpha_t+\beta_{\tau+t})-(\alpha_t+\beta_t)$$

と分解すると，この制度の給付水準は，制度①+制度②−制度③とみなせる．これらの被保険者集団や計算基礎率，財政方式はすべて共通しているので，給付現価や保険料もすべて「制度①+制度②−制度③」となり，責任準備金は，$V_1+V_2-V_3$ となる．

一方，題意より積立金は制度③と等しく，V_3-U_3 であるから，求める未積立債務は，

$$(V_1+V_2-V_3)-(V_3-U_3)=V_1+V_2-2V_3+U_3 \quad (\text{答})$$

問題 7.42（キャッシュフローと分析表を用いた利源分析）　Trowbridgeモデルの年金制度について，n 年度における 1 年間の財政運営の状況について考察する.

<資料 I><資料 II>をもとに，責任準備金と積立金の推移について，被保険者，年金受給権者および積立金から生じる運用収益を区分した<分析表>の空欄 (A)〜(H) のそれぞれに当てはまる数値を求めよ.

なお，分析上は，年度末積立金残高の予定と実績との差額はすべて，運用収益の予定と実績との差により生じた差益 (F) に区分するものとする.

財政方式は加入年齢方式を採用しており，n 年度の 1 年間において特別保険料は存在せず，新たに年金受給権者になったものはいなかったとする.

また，表の中の各項目について，「▲」は負の値を示すものとし，計算過程において小数点以下の端数が生じた場合には，小数点以下第 1 位を四捨五入し整数値として計算せよ.

<資料 I>年度末の財政状況に関する資料

項目		$n-1$ 年度末	n 年度末
S^p	年金受給権者の給付現価	6,000	5,600
S^a	在職中の被保険者の給付現価	17,000	18,000
S^f	将来加入が見込まれる被保険者の給付現価	6,000	5,750
G^a	在職中の被保険者の給与現価	39,000	40,000
G^f	将来加入が見込まれる被保険者の給与現価	24,000	23,000
F	積立金残高	13,250	13,700
${}^EP$	標準保険料	0.25	
i	予定利率	2.0%	

<資料II>1年間の資金収支（キャッシュフロー）

B	受給者に対する年金給付額（期初払）	500
C	年金制度への保険料拠出額（期初払）	600
ΔF	積立金に対する運用収益	?

<分析表>

<table>
<tr><th colspan="2">n年度初における被保険者などの区分</th><th>(1) 責任準備金の変動（予定額）</th><th>(2) 積立金の変動（予定額）</th><th>(3) 予定と実績との差損益</th><th>合計損益
(2)+(3)−(1)</th></tr>
<tr><td rowspan="2">①被保険者</td><td>現在の被保険者</td><td>(A)</td><td>?</td><td>(E)</td><td>?</td></tr>
<tr><td>将来加入が見込まれる被保険者</td><td>?</td><td>(C)</td><td>?</td><td>?</td></tr>
<tr><td colspan="2">②年金受給権者</td><td>▲(B)</td><td>?</td><td>?</td><td>▲(G)</td></tr>
<tr><td colspan="2">③積立金から生じる運用収益</td><td>—</td><td>?</td><td>(F)</td><td>?</td></tr>
<tr><td colspan="2">合計損益
(①+②+③)</td><td>?</td><td>(D)</td><td>?</td><td>(H)</td></tr>
</table>

※?の項目は各自推測すること．

※分析表における「現在の被保険者」は期初の新規加入者を含む．

※「1年間の財政運営の推移」とは新規加入者の加入，保険料の払い込み，給付の支払が発生する直前の時点から次のそれらが起こる直前までとする．

■ **key's check**

- やみくもに(A)から順に計算してしまうと，各項目が何を表すかがだんだん分からなくなってくるので，まず記号のままで表を埋めるクセを付けよう．
- その後，列ごとに合計したものがちゃんと問われているものを表していることを確認しよう（例えば下表を見ると(D)$=F_n-F_{n-1}$となっており，これは「積立金の変動（予定額）」をちゃんと表している！）．
- 最後に，全体の合計損益(H)が「未積立債務減少額」と一致することを確認したら，あとは記号に数値を代入して，問われているところのみをピンポイントで計算できる．

【解答】

以下，n年度末の数値については実績値を「$'$」を付けて表すものとする．

n年度初における被保険者などの区分		(1) 責任準備金の変動（予定額）	(2) 積立金の変動（予定額）	(3) 予定と実績との差損益	合計損益 (2)＋(3)－(1)
①被保険者	現在の被保険者	$V_n^a - V_{n-1}^a$	$C\cdot(1+i)$	$V_n^a - V_n^{a'}$	$V_{n-1}^a - V_n^{a'} +$ $C\cdot(1+i)$
	将来加入が見込まれる被保険者	0	0	0	0
②年金受給権者		$V_n^p - V_{n-1}^p$	$-B\cdot(1+i)$	$V_n^p - V_n^{p'}$	$V_{n-1}^p - V_n^{p'} -$ $B\cdot(1+i)$
③積立金から生じる運用収益		—	$F_{n-1}\cdot i$	$F'_n - F_n$	$F'_n - F_n$ $+F_{n-1}\cdot i$
合計損益（①＋②＋③）		$V_n - V_{n-1}$	$F_n - F_{n-1}$	$(F'_n - V'_n)$ $-(F_n - V_n)$	$(F'_n - V'_n)-$ $(F_{n-1}-V_{n-1})$

①の「将来加入が見込まれる被保険者」欄について，$n+1$ 年度初に新規加入者が発生するので，この新規加入者分の責任準備金が表には入るが，特定年齢での加入のため，この責任準備金は0である．結果として表には0が入ることになる．

各年度の数値は以下のように計算される．

- $n-1$ 年度末の数値：
  $V^a_{n-1}=17{,}000-0.25\cdot 39{,}000=7{,}250,\quad V^p_{n-1}=S^p_{n-1}=6{,}000,$
  $V_{n-1}=V^a_{n-1}+V^p_{n-1}=13{,}250,\quad F_{n-1}=13{,}250$
- n 年度末の予定値：
  $V^a_n=(V^a_{n-1}+C)\cdot(1+i)=8{,}007,\quad V^p_n=(V^p_{n-1}-B)\cdot(1+i)=5{,}610$[*13],
  $V_n=V^a_n+V^p_n=13{,}617,\quad F_n=(F_{n-1}+C-B)\cdot(1+i)=13{,}617$
- n 年度末の実績値：
  $V^{a\prime}_n=18{,}000-0.25\cdot 40{,}000=8{,}000,\quad V^{p\prime}_n=S^p_n=5{,}600,$
  $V'_n=V^{a\prime}_n+V^{p\prime}_n=13{,}600,\quad F'_n=13{,}700$

(A)　$V^a_n-V^a_{n-1}=757$　(答)

(B)　$V^p_n-V^p_{n-1}=-390\to 390$　(答)

(C)　0　(答)

(D)　$F_n-F_{n-1}=367$　(答)

(E)　$V^a_n-V^{a\prime}_n=7$　(答)

(F)　$F'_n-F_n=83$　(答)

(G)　$V^p_{n-1}-V^{p'}_n-B\cdot(1+i)=-110\to 110$　(答)

(H)　$(F'_n-V'_n)-(F_{n-1}-V_{n-1})=100$　(答)

[*13] 一般には最初の等式の右辺に新たに年金受給権者となったものの責任準備金を加算する必要があるが，本問の場合はそのような者はいなかったとあるため，この式が成立する．

【補足】

分析表をすべて埋めると，以下のようになる．

n年度初における被保険者などの区分		(1) 責任準備金の変動（予定額）	(2) 積立金の変動（予定額）	(3) 予定と実績との差損益	合計損益 (2)+(3)−(1)
①被保険者	現在の被保険者	(A)757	612	(E)7	▲138
	将来加入が見込まれる被保険者	0	(C)0	0	0
②年金受給権者		▲(B)390	▲510	10	▲(G)110
③積立金から生じる運用収益		—	265	(F)83	348
合計損益（①+②+③）		367	(D)367	100	(H)100

$n-1$年度末に被保険者であったもののうち，n年度中に年金受給権者になる者に対するn年度末の給付現価は，もちろんS_n^aではなくS_n^pに含まれている．本問については，題意より「新たに年金受給権者となったものはいなかった」とあるため，このような対象を考慮する必要はないが，このような前提が無い場合は，(1)①に含まれるn年度末責任準備金は，n年度末に被保険者である集団の責任準備金V_n^aでは足りず，新たに年金受給権者となった集団の責任準備金も足さなくてはならず，同様に(1)②に含まれるn年度責任準備金は，n年度末に年金受給権者となった集団の責任準備金V_n^pでは多すぎて，ここから新たに年金受給権者となった集団の責任準備金を控除しなければならない．つまりこの表はあくまでもn年度初における被保険者などの区分に応じて分類するものであり，n年度中に区分が変更する人についても変更前の区分に応じて表に記載する必要がある．

年金数理 Q&A・予定と実績との差損益

Q. 資料IIに示されている「積立金に対する運用収益 (ΔF)」を次の通り計算した．$F_{n-1}+C-B+\Delta F=F_n \iff \Delta F=13{,}700-(13{,}250+600-500)=350$

これは分析表中③「積立金から生じる運用収益」における「積立金の変動」の実績額と考え，(2)③「積立金の変動（予定額）」が265であることを用いて，(F)「予定と実績との差損益」を $350-265=85$ と算出したが結論（83）と一致しない．

A. (F)を求めるのに分析表の(2)③「積立金の変動（予定額）」265を予定額として用いたのが間違いである．これは<u>期初積立金にかかる</u>予定収益 $F_{n-1}\cdot i(=265)$ であって，<u>保険料収入や給付支払を織り込んだ</u>（正しい）予定収益 $(F_{n-1}+C-B)\cdot i(=267)$ ではない（267を予定額とすれば，$350-267=83$ と正しく計算される）．

ではなぜ(2)には正しい予定額が記載されていないのか？ それはもともとの分析表の作り方を思い出せば，①，②は x 歳集団での責任準備金 V_x に関する漸化式 $V_{x+1}^{①}=(V_x^{①}+Pl_x^{(T)})\cdot(1+i)$，$V_{x+1}^{②}=(V_{x+1}^{②}-l_x)\cdot(1+i)$ を年齢ごとに足し合わせた式 $V_n^a=(V_{n-1}^a+C)\cdot(1+i)$，$V_n^p=(V_{n-1}^p-B)\cdot(1+i)$ が元になっており，(2)「積立金の変動（予定額）」$=F_{n-1}\cdot i+C\cdot(1+i)-B\cdot(1+i)(=367)$ のうち，$C\cdot(1+i)(=612)$ が①に，$-B\cdot(1+i)(=-510)$ が②に含められ，残る $F_{n-1}\cdot i(=265)$ だけが③に含められているからである．このように③の行で，(2)（=期初積立金のみにかかる予定収益）と(3)（=保険料収入や給付支払にかかる分も含めた運用収益の実績）の整合が少し取れておらず，そのため問題文に，「なお，分析上は，年度末積立金残高の予定と実績との差額はすべて，運用収益の予定と実績との差により生じた差益(F)に区分するものとする」と書かれているのである．(F)を求める際は，(2)③を用いずに導出することを心がけよう．

問題 7.43（年齢の関数とみた保険料率の関係）　次のグラフは，定常状態にある Trowbridge モデルの年金制度の様々な財政方式に対する保険料率の関係を表したものである．次の①から⑥までの保険料率に当てはまるグラフを図中の (A)〜(J) から選びなさい．ただし (C)，(D) に該当するものが1つである場合，どちらを選んでも正解とする．

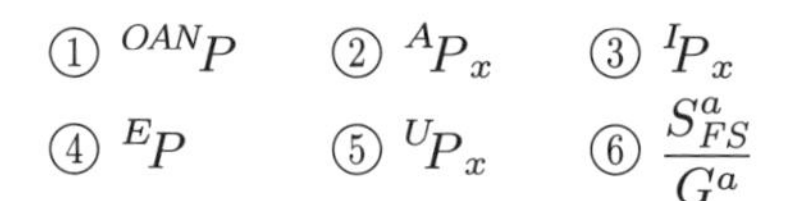

① ${}^{OAN}P$　② ${}^{A}P_x$　③ ${}^{I}P_x$
④ ${}^{E}P$　⑤ ${}^{U}P_x$　⑥ $\dfrac{S_{FS}^{a}}{G^{a}}$

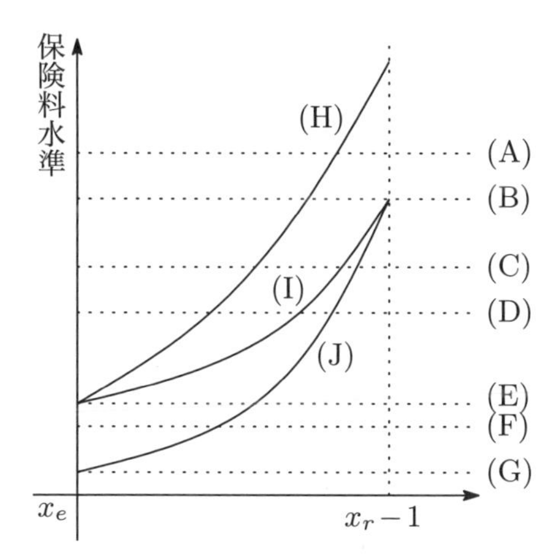

■ **key's check**

- p.89 のグラフや不等式 (4.158) を思い起こせば，試験本番で不等式評価を再現せずにすんなり解ける．
- こうした視覚的なイメージがあれば，加重平均で表せないものが直感的に分かるようになる．

【解答】

まず，② ${}^{A}P_x$，③ ${}^{I}P_x$，⑤ ${}^{U}P_x$ は年齢 x によって保険料率が変化するので，

これらは(H)，(I)，(J)のいずれかであると分かる．このうち，${}^{I}P_{x_e}={}^{A}P_{x_e}$ かつ $x>x_e$ で ${}^{I}P_x>{}^{A}P_x$ であることから②は(I), ③は(H)であることが分かり，残る⑤は(J)となる．

また，${}^{E}P={}^{I}P_{x_e}={}^{A}P_{x_e}$ なので，④は(E)である．

残るは①と⑥であるが，①は不等式(4.158)から②と⑤とある年齢で一致するところがある．すなわち(I)と(J)と交わるグラフなので(C)または(D)である．⑥は ${}^{A}P_x$ の加重平均であることから(I)と交わる(C)または(D)のいずれかである．①と⑥を比較すると，①${}^{OAN}P$ は④${}^{E}P$ と⑥$\dfrac{S^a_{FS}}{G^a}$ の加重平均と表せるので，④<①<⑥，すなわち①：(D)，⑥：(C)．

したがって，①：(D)，②：(I)，③：(H)，④：(E)，⑤：(J)，⑥：(C)（答）

【補足】

解答では「$\dfrac{S^a_{FS}}{G^a}$ が ${}^{A}P_x$ の加重平均で表せる」という事実を用いたが，これは公式(4.157)の一部を取り出しただけであり，具体的に書くと以下のように表せる．

$$\frac{S^a_{FS}}{G^a}=\frac{\displaystyle\sum_{x=x_e}^{x_r-1}{}^{A}P_x\cdot\frac{N_x-N_{x_r}}{D_x}\cdot l_x^{(T)}}{\displaystyle\sum_{x=x_e}^{x_r-1}\frac{N_x-N_{x_r}}{D_x}\cdot l_x^{(T)}}$$

これを用いると(4.157)は次のように表せ，${}^{OAN}P$（①）は，$\dfrac{S^a_{FS}}{G^a}$（⑥）と ${}^{E}P$（④）の加重平均で表せるともいえる．

$${}^{OAN}P=\frac{\displaystyle\sum_{x=x_e}^{x_r-1}\frac{S^a_{FS}}{G^a}\cdot\frac{N_x-N_{x_r}}{D_x}\cdot l_x^{(T)}+\frac{v}{d}\cdot{}^{E}P\cdot\frac{N_{x_e}-N_{x_r}}{D_{x_e}}\cdot l_{x_e}^{(T)}}{\displaystyle\sum_{x=x_e}^{x_r-1}\frac{N_x-N_{x_r}}{D_x}\cdot l_x^{(T)}+\frac{v}{d}\cdot\frac{N_{x_e}-N_{x_r}}{D_{x_e}}\cdot l_{x_e}^{(T)}}$$

なお，この事実自体は，

$${}^{OAN}P=\frac{S^a_{FS}+S^f}{G^a+G^f}=\frac{G^a}{G^a+G^f}\cdot\frac{S^a_{FS}}{G^a}+\frac{G^f}{G^a+G^f}\cdot\frac{S^f}{G^f}$$

と表せることからも確認できる（公式(A.78)の解説を参照）．

一般に定数 A が $\{{}^{X}P_x\}$ の加重平均として表せる場合, 定数 A は

$$\min_x\{{}^{X}P_x\} \leq A \leq \max_x\{{}^{X}P_x\}$$

を満たす．これを視覚的に言うと，横線 A はグラフ ${}^{X}P_x$ の最大値と最小値の間にあることを表し，この観点から例えば次の命題はともに偽であることがすぐに分かる．

- ${}^{U}P_{x_e}$ は ${}^{A}P_x$ の加重平均である．
- ${}^{U}P_{x_e}$ は ${}^{A}P_x$ と ${}^{E}P$ の加重平均で表せる．

どちらも定数 ${}^{U}P_{x_e}$ はどのグラフよりも下にあるため，これが他のグラフの加重平均で表されるはずがないためである．

7.7　正誤問題

問題 7.44（正誤問題）

(1)　Trowbridgeモデルの年金制度を開放基金方式で運営した場合と平準積立方式で運営した場合での，定常状態における積立金の差を表すものを選べ．

(A)　$\displaystyle\sum_{x=x_e+1}^{x_r-1} l_x^{(T)}\cdot\frac{N_{x_r}}{D_x}\cdot\left(\frac{N_x-N_{x_r}}{N_{x_e}-N_{x_r}}-\frac{x_r-x}{x_r-x_e}\right)$

(B)　$\displaystyle {}^{L}P\cdot\sum_{x=x_e}^{x_r-1} l_x^{(T)}\cdot\ddot{a}_{\overline{x-x_e}|}-\sum_{x=x_r}^{\omega} l_x\cdot\frac{1}{x_r-x_e}\cdot v^{x-x_r}\cdot Ia_{\overline{x_r-x_e}|}$

(C)　$\displaystyle\sum_{x=x_e+1}^{x_r-1} l_x^{(T)}\cdot\left(\frac{x-x_e}{x_r-x_e}\cdot\frac{D_{x_r}\ddot{a}_{x_r}}{D_{x_e}}-{}^{L}P\cdot\sum_{y=x_e}^{x-1}\frac{D_y}{D_{x_e}}\right)$

(D)　$\displaystyle\sum_{x=x_r}^{\omega} l_x\cdot\frac{1}{x_r-x_e}\cdot v^{x-x_r}\cdot Da_{\overline{x_r-x_e}|}-{}^{L}P\cdot\sum_{x=x_e}^{x_r-2} l_x^{(T)}\cdot\sum_{t=0}^{x_r-x-1}(1+i)^t$

(2)　定常状態に達しているTrowbridgeモデルの年金制度における財政方式に関する説明のうち，正しいものを選べ．

(A)　開放型総合保険料方式を採用する年金制度に関して，ある年度に利差損が発生したとする．この状況で保険料の見直しを行い，翌年度以降，年金制度が予定通りに推移すると積立金の額は増加する．

(B)　平準積立方式は単位積立方式との比較において相対的に制度全体として積立金の利息に対する依存度が高い．したがって平準積立方式の方が保険料の額は小さく，積立金の水準は高いということになる．

(C)　1つの加入年齢に対応する標準保険料率を一律に適用する特定年齢方式を採用する場合，脱退率が0でさえなければ（特定年齢で加入する）標準加入者のうちある時点まで脱退していないもの1人に対する標準保険料の積立終価は積立段階のどの時点をとっても，そのときの標準加入者の責任準備金を常に下回ることになる．

■ **key's check**

- (1) の元ネタは，数ある似たような算式から正しいものを選ぶ，いわゆる「視力検査」問題．選択肢を絞るのにも v^n-l_x 平面は活躍する．
- (1) は公式から導出することもできるが，数式をやみくもに書き下して式変形していくアプローチでは，真にこの選択肢が誤りかどうかを判定することは難しい．つまり 1 つの式変形で選択肢に到達できなかったとき，「もっと良い式変形を行えば選択肢に到達できるのでは？」という可能性を排除することは難しい．
- 財政方式の性質に関する正誤問題は [教科書] 記載の文章が出題されることが多い．まずは暗記したうえで，数式を用いても説明できるようにしておこう．

【解答】

(1) ${}^{OAN}F = S^p + S^a_{PS}$, ${}^{L}F = S^p + S^a - {}^{L}P \cdot G^a$ なので，

$$
\begin{aligned}
{}^{OAN}F - {}^{L}F &= (S^p + S^a_{PS}) - (S^p + S^a - {}^{L}P \cdot G^a) \\
&= {}^{L}P \cdot G^a - S^a_{FS} \cdots (*)
\end{aligned}
$$

さらに公式 (4.70), (4.71) から $S^a - {}^{L}P \cdot G^a = {}^{L}P \cdot \widetilde{G}^a$

(ここで $\widetilde{G}^a = \sum_{x=x_e+1}^{x_r-1} l_x^{(T)} \cdot \dfrac{\sum_{y=x_e}^{x-1} D_y}{D_x}$) を用いて変形すると，

$$
{}^{OAN}F - {}^{L}F = S^a_{PS} - {}^{L}P \cdot \widetilde{G}^a \qquad \cdots (**)
$$

この $\widetilde{G}^a$ は v^n-l_x 平面上でいうと次の図の点の集合である．

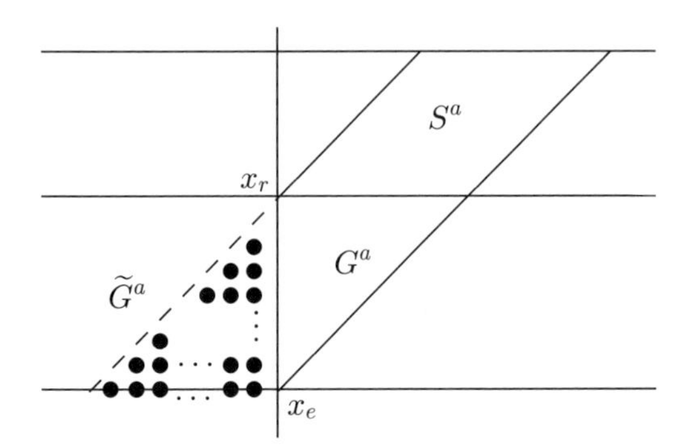

以下，この2式(＊)，(＊＊)を選択肢に沿うよう，それぞれ数式に書き下していく．(A)，(C)が「計算基数を用いた表記」，(B)，(D)が「確定年金現価率を用いた表記」であることが分かるので，付録Bでいう「斜め方向」と「横方向」に書き下せばよいことが分かる．

(A)　(＊)を「斜め方向」に書き下すと次図のようになる．

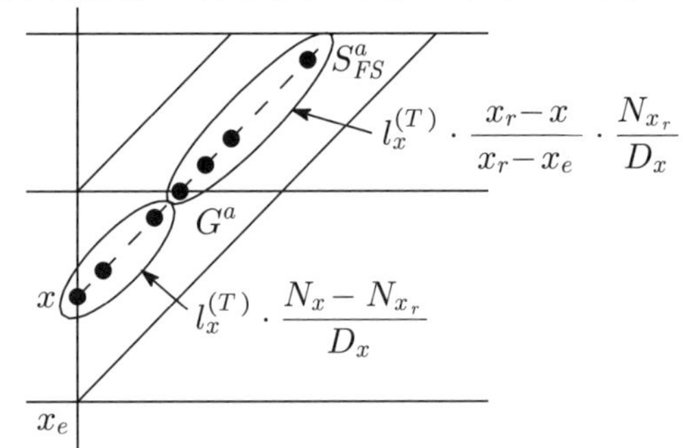

${}^LP \cdot \sum_{x=x_e}^{x_r-1} l_x^{(T)} \cdot \frac{N_x - N_{x_r}}{D_x} - \sum_{x=x_e}^{x_r-1} l_x^{(T)} \cdot \frac{x_r - x}{x_r - x_e} \cdot \frac{N_{x_r}}{D_x} = \sum_{x=x_e}^{x_r-1} l_x^{(T)} \cdot \frac{N_{x_r}}{D_x} \cdot \left(\frac{N_x - N_{x_r}}{N_{x_e} - N_{x_r}} - \frac{x_r - x}{x_r - x_e} \right)$ と変形できる．$x = x_e$ のときの $\sum$ の中身はゼロとなるので，$x = x_e + 1$ からの和としてよい．よって正しい．

(B) (∗)を「横方向」に書き下すと次図のようになる[*14].

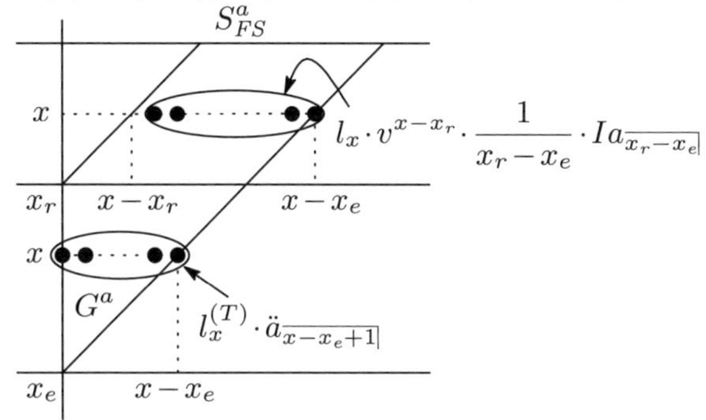

上図より ${}^LP \cdot \sum_{x=x_e}^{x_r-1} l^{(T)}_x \cdot \ddot{a}_{\overline{x-x_{e+1}}|} - \sum_{x=x_r}^{\omega} l_x \cdot \frac{1}{x_r - x_e} \cdot v^{x-x_r} \cdot Ia_{\overline{x_r - x_e}|}$ となるので誤り.

(C) $l^{(T)}_x$ の年齢と分母の D_{x_e} の年齢が一致していないため図示できない(補足参照). よって誤り. なお分母の $D_{x_e} \to D_x$ とすれば正しい.

(D) (∗∗)を「横方向」に書き下すと次図のようになる.

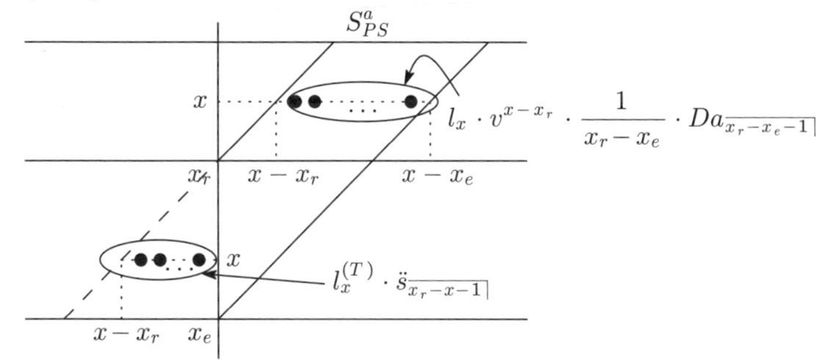

図より $\sum_{x=x_r}^{\omega} l_x \cdot \frac{1}{x_r - x_e} \cdot v^{x-x_r} \cdot Da_{\overline{x_r - x_e - 1}|} - {}^LP \cdot \sum_{x=x_e}^{x_r-2} l^{(T)}_x \cdot \sum_{t=1}^{x_r-x-1} (1+i)^t$ となり, 誤り.

[*14] 付録Bの考え方に従って, S^a_{FS} を表す部分の格子点1つ1つを数式で表して足していくと, 累加年金で表せることが分かる.

(2) (A) 誤り．利差損をΔFとして，見直し後の保険料C'は，

$$C' = \frac{S-(F-\Delta F)}{G}\cdot L = C + \frac{\Delta F}{G}\cdot L = C + \frac{\Delta F}{\ddot{a}_{\infty}}$$

となる．これは利差損ΔFを永久償却していることに他ならず，未積立債務は減少しない．すなわち翌年度の未積立債務$=\left(\Delta F - \frac{\Delta F}{\ddot{a}_{\infty}}\right)(1+i) = \Delta F$となり，積立金も変化しない．

(B) 正しい．

この選択肢の意味を説明しておこう．収支相等の原則より両者のx_r歳時点での保険料収入終価は等しくなるが，この終価の利殖回数は下図[*15]のようになり，どこを見ても平準積立方式の方が利殖回数が大きく，平準積立方式の方がより利息収入に頼っている方式であると言える．つまり，「終価＝（保険料収入）＋（利息収入）」と分解して考えた場合，保険料の額は平準積立方式の方が小さくなることが分かる．

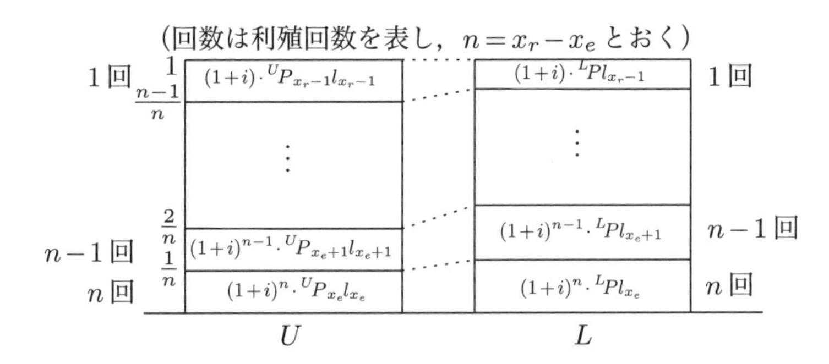

(C) 正しい．

念のためこの性質の意味するところを確認しておく．特定年齢方式において，標準加入者の責任準備金は，将来法で考えても過去法で考えても一致する．すなわちx歳の標準加入者について，

$$V_x^{将来} = \frac{D_{x_r}}{D_x}\cdot\ddot{a}_{x_r} - \frac{N_x - N_{x_r}}{D_x}\cdot{}^{E}P$$

[*15] この図は p.49 の図とは異なり，両者の終価を表している．

$$V_x^{過去} = \frac{N_{x_e} - N_x}{D_x} \cdot {}^E P$$
$$\left(= \frac{v^{x_e} l_{x_e} + v^{x_e+1} l_{x_e+1} + \cdots + v^{x-1} l_{x-1}}{v^x l_x} \cdot {}^E P\right)$$

は等しい．（標準加入者の）標準保険料の積立終価は，

$$\ddot{s}_{\overline{x-x_e}|} \cdot {}^E P \left(= \frac{v^{x_e} + v^{x_e+1} + \cdots + v^{x-1}}{v^x} \cdot {}^E P\right)$$

となり，これは脱退率が0でさえなければ，過去法の責任準備金より小さくなる．つまり将来法の責任準備金より小さくなることが分かる．

【補足】

解答中に用いた公式
$S^a - {}^L P \cdot G^a = {}^L P \cdot \widetilde{G}^a \Longleftrightarrow$
$S^a = {}^L P \cdot (G^a + \widetilde{G}^a)$
も v^n-l_x 平面を用いて確かめることができる．

${}^L P = \dfrac{S_{x_e}}{G_{x_e}}$ であることから，「${}^L P$ を掛ける」という操作は，右図でいう①を②に変換する操作とみなせる．

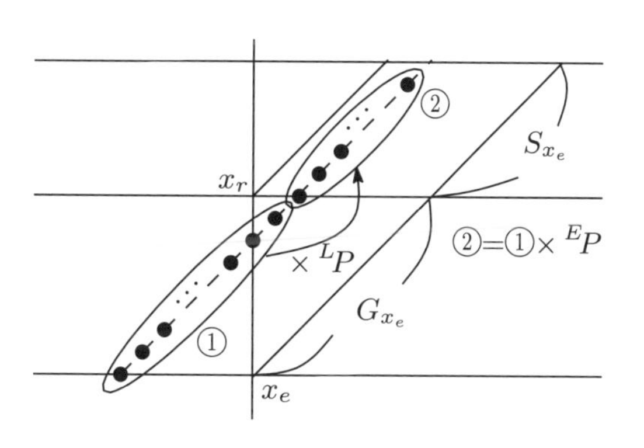

このことから $\widetilde{G}^a$ は，「${}^L P$ を掛けて S^a になる部分から G^a を除いたもの」，つまり解答中に示したような図のようになることが分かる．

このように $\widetilde{G}^a$ を理解しておけば，その（三角形の）領域の端点，例えば「下の線は $\widetilde{G}^a$ に含むか含まないか？」と悩んだとき，「S^a は下の線をその領域に含んでいるから $\widetilde{G}^a$ も含むはずである」などと感覚的に導くことができる．

選択肢自体を図に表してみて，目標の図と一致しているかで正誤が判定で

きる．例えば誤りの選択肢である (1)(D) を図で表すとどういう点であるかを確かめてみるとよい（たいてい端点だけが異なるような図になる）．

B.2.2 を意識すると，計算基数を用いた式で図示できるためには，$l_x^{(T)} \cdot \dfrac{分子}{D_x}$ というかたまりを持つ必要がある（そうでないと v^n-l_x 平面上で移動できない！）．その観点から，(1)(C) は $l_x^{(T)}$ と分母 D_{x_e} と年齢が揃っていないので直ちに誤りと見抜くことができる．

(2)(B) の結果は本質的に Tea Time「$a_x < a_{\overline{e_x}|}$ を直感的に解釈すると…」で述べた不等式と同じ理由で成り立つ．つまり，年齢 y を用いて Tea Time と同じ手法で証明ができる．${}^UP_x$ と ${}^LP$ のグラフに注目すると，ある年齢 y が存在して，

- $x \leq y \Longrightarrow {}^UP_x \leq {}^LP$
  かつ
- $x > y \Longrightarrow P_x > {}^LP$

が成立する．この年齢 y を用いて，

$$
\begin{aligned}
0 &= \sum_{x=x_e}^{x_r-1} {}^UP_x l_x v^{x-x_e} - \sum_{x=x_e}^{x_r-1} {}^LP l_x v^{x-x_e} \\
&= \sum_{x=x_e}^{y} ({}^UP_x l_x - {}^LP l_x) v^{x-x_e} + \sum_{x=y+1}^{x_r-1} ({}^UP_x l_x - {}^LP l_x) v^{x-x_e} \\
&< \sum_{x=x_e}^{y} ({}^UP_x l_x - {}^LP l_x) v^{y-x_e} + \sum_{x=y+1}^{x_r-1} ({}^UP_x l_x - {}^LP l_x) v^{y-x_e} \\
&= \sum_{x=x_e}^{x_r-1} ({}^UP_x l_x - {}^LP l_x) v^{y-x_e} = ({}^UC - {}^LC) v^{y-x_e}
\end{aligned}
$$

したがって，${}^UC > {}^LC$ を得る．

■第 8 章

実務編

8.1 企業年金における給付設計

問題 8.1（ポイント制の給付制度における制度変更）　ある企業はポイント制の企業年金制度を実施している．標準保険料は年間付与ポイントに標準保険料率を乗じた額（開放型総合保険料方式については，保険料は年間付与ポイントに保険料率を乗じた額）とするとき，加入年齢方式による標準保険料率は0.1，開放基金方式による標準保険料率は0.12，開放型総合保険料方式による保険料率は0.16となった．また，在職中の被保険者の給与現価は，将来加入が見込まれる被保険者の給与現価の1.5倍であった．この企業はある年度において，将来加入する被保険者の見込みを現在の2倍とするとともに，将来の年間付与ポイントを2倍に引き上げた（過去期間対応分の給付現価は変動がない）．この年度の開放型総合保険料方式による保険料率を求めよ（計算結果は小数点以下第4位を四捨五入し小数点以下第3位まで求めよ）．なお，将来加入する被保険者の見込みを除き，この制度変更に伴う計算基礎率などの変更はないものとする．

■ **key's check**

- ポイント制に関する問題．年金額や保険料率を決定する際に，それぞれ累計ポイント，単年度ポイント（年間付与ポイント）比例で考える，ということにすぎない．
- 本問では，将来の年間付与ポイント（つまり「給与」）が2倍になるので，将来加入する被保険者の見込み人数の2倍と合わせて，将来加入が見込まれる被保険者の給付現価と給与現価は4倍になる．
- ポイント制以外は，理論編でやったことの復習にすぎない！

【解答】

与えられた条件より，

$$ {}^{E}P = \frac{S^f}{G^f} = 0.1 \quad \Longleftrightarrow \quad S^f = 0.1G^f $$

$$ {}^{OAN}P = \frac{S^a_{FS} + S^f}{G^a + G^f} = 0.12 \quad \Longleftrightarrow \quad S^a_{FS} + S^f = 0.12(G^a + G^f) $$

$$ {}^{O}P = \frac{S^p + S^a + S^f - F}{G^a + G^f} = 0.16 \quad \Longleftrightarrow \quad S^p + S^a + S^f - F = 0.16(G^a + G^f) $$

$$ G^a = 1.5G^f $$

よって，$(S^p + S^a_{PS} - F,\ S^a_{FS},\ S^f,\ G^a) = (0.1G^f,\ 0.2G^f,\ 0.1G^f,\ 1.5G^f)$ と表せる．

ある年度以降，将来加入する被保険者の見込み人数を2倍とし，将来の年間付与ポイントを2倍としたため，開放型総合保険料方式の保険料率 ${}^{O}P'$ は，

$$ \begin{aligned} {}^{O}P' &= \frac{S^p + S^a_{PS} + 2S^a_{FS} + 4S^f - F}{2G^a + 4G^f} \\ &= \frac{0.1 + 2 \cdot 0.2 + 4 \cdot 0.1}{2 \cdot 1.5 + 4} \\ &= 0.128571\ldots \approx 0.129 \quad \text{（答）} \end{aligned} $$

問題 8.2（キャッシュバランス制度）　加入中に各期初に定額 R を付与し，脱退時に過去に付与された R の年利率 j による元利合計を一時金として支給する制度を想定する．加入年齢を x_e，定年年齢を x_r，定年到達前の脱退は事由を問わず期末に発生するものとし，本問では脱退残存表による計算基数を C_x, D_x とする．保険料を年1回期初払として加入年齢方式による被保険者1人あたりの標準保険料 ${}^{E}P$ を考察する．以下の①～⑥の空欄を埋めよ．

期初 y 歳の被保険者が定年到達以外の事由で脱退する場合の給付額 B_y は，次の通りである．

$$B_y = \sum_{z=x_e}^{y} R\cdot\left(\boxed{①}\right)^{y-z+1} \quad (x_e \leq y < x_r)$$

また，定年到達による給付額 B_{x_r} は次の通りである．

$$B_{x_r} = \sum_{z=x_e}^{x_r-1} R\cdot\left(\boxed{①}\right)^{x_r-z}$$

したがって，x_e 歳の被保険者1人あたりの給付現価 S_{x_e} は計算基数を使うと以下の通りとなる．

$$S_{x_e} = \frac{\sum_{y=x_e}^{x_r-1} B_y\cdot\boxed{②} + B_{x_r}\cdot\boxed{③}}{D_{x_e}}$$

計算基数を展開して，予定利率 i を用いて整理すると，次の通りとなる．

$$S_{x_e} = R\cdot\frac{\sum_{y=x_e}^{x_r-1}\sum_{z=x_e}^{y} d_y\cdot v^z\cdot\left(\boxed{④}\right)^{y+1-z} + \sum_{z=x_e}^{x_r-1} l_{x_r}\cdot v^z\cdot\left(\boxed{④}\right)^{x_r-z}}{D_{x_e}}$$

今，$i=j$ として S_{x_e} を計算基数を用いて整理すると，

$$S_{x_e} = R\cdot\frac{\sum_{y=x_e}^{x_r-1}\boxed{⑤}}{D_{x_e}}$$

となる．したがって，$i=j$ の場合は ${}^{E}P=R$ であることが確認できた．一方，$i>j$ の場合は $\boxed{④}<1$ であるため，${}^{E}P$ と R の大小関係は ${}^{E}P\,\boxed{⑥}\,R$ であることが確認できる（⑥は不等号（< または >）で答えよ）．

■ **key's check**

- 仮想個人勘定残高 B_y が持分付与額 R と利息付与率 j を用いてどのように増加していくかを意識しよう．
- 仮想個人勘定残高をそのまま支払うキャッシュバランス制度の場合，標準保険料率の計算に用いる指標（利息付与率など）の見込みが予定利率と等しい場合，持分付与率と標準保険料率は等しくなる．

【解答】

B_y は毎年期初に付与される持分付与額 R の年利率 j による元利合計であることから，

$$B_y=\sum_{z=x_e}^{y}R\cdot\left(\boxed{①1+j}\right)^{y-z+1}\quad(x_e\leq y<x_r)$$

$$B_{x_r}=\sum_{z=x_e}^{x_r-1}R\cdot\left(\boxed{①1+j}\right)^{x_r-z}$$

x_e 歳の被保険者1人あたりの給付現価 S_{x_e} を計算すると，

$$S_{x_e}=\frac{\sum_{y=x_e}^{x_r-1}B_y\cdot\boxed{②C_y}+B_{x_r}\cdot\boxed{③D_{x_r}}}{D_{x_e}}$$

$$=\frac{1}{D_{x_e}}\cdot\left\{\sum_{y=x_e}^{x_r-1}\left(\sum_{z=x_e}^{y}R\cdot(1+j)^{y-z+1}\right)\cdot C_y+\sum_{z=x_e}^{x_r-1}R\cdot(1+j)^{x_r-z}\cdot D_{x_r}\right\}$$

$$=\frac{R}{D_{x_e}}\cdot\left\{\sum_{y=x_e}^{x_r-1}\left(\sum_{z=x_e}^{y}(1+j)^{y-z+1}\right)\cdot v^{y+1}d_y+\sum_{z=x_e}^{x_r-1}(1+j)^{x_r-z}\cdot v^{x_r}\cdot l_{x_r}\right\}$$

$$=\frac{R}{D_{x_e}}\cdot\left\{\sum_{y=x_e}^{x_r-1}\sum_{z=x_e}^{y}d_y\cdot v^z\cdot\left(\boxed{④\frac{1+j}{1+i}}\right)^{y+1-z}+\sum_{z=x_e}^{x_r-1}l_{x_r}\cdot v^z\cdot\left(\boxed{④\frac{1+j}{1+i}}\right)^{x_r-z}\right\}$$

特に $i=j$ の場合,

$$S_{x_e}=\frac{R}{D_{x_e}}\cdot\left\{\sum_{y=x_e}^{x_r-1}\sum_{z=x_e}^{y}d_y\cdot v^z+\sum_{z=x_e}^{x_r-1}l_{x_r}\cdot v^z\right\}$$

$\{\ \}$ 内第1項の $\sum$ の順序を交換して,

$$=\frac{R}{D_{x_e}}\cdot\left\{\sum_{z=x_e}^{x_r-1}\sum_{y=z}^{x_r-1}d_y\cdot v^z+\sum_{z=x_e}^{x_r-1}l_{x_r}\cdot v^z\right\}$$

$$=\frac{R}{D_{x_e}}\cdot\sum_{z=x_e}^{x_r-1}(d_z\cdot v^z+d_{z+1}\cdot v^z+\cdots+d_{x_r-1}\cdot v^z+l_{x_r}\cdot v^z)$$

$$=\frac{R}{D_{x_e}}\cdot\sum_{z=x_e}^{x_r-1}l_z\cdot v^z=\frac{R}{D_{x_e}}\cdot\sum_{y=x_e}^{x_r-1}\boxed{⑤D_y}$$

$i>j$ の場合, $X=\dfrac{1+j}{1+i}$ とおいて ${}^EP$, S_{x_e} を X に関する多項式 ${}^EP(X)=\dfrac{S_{x_e}(X)}{G_{x_e}}$ とみなすと, この多項式の係数は正値であることから $X>0$ の範囲において単調増加である. したがって, $i>j$ より $X<1$ となるから,

$${}^EP(X)\boxed{⑥<}{}^EP(1)=R$$

【補足】

$i=j$ のとき ${}^EP=R$ であることは, $S_{x_e}=\dfrac{R}{D_{x_e}}\cdot\sum\limits_{y=x_e}^{x_r-1}D_y$ のうち, $\dfrac{\sum\limits_{y=x_e}^{x_r-1}D_y}{D_{x_e}}$ が人数現価となっていることから確かめられる.

また, 次のように感覚的にも確かめられる.

- x_e 歳の給付現価：加入期間中は毎期初 R が付与され, それが年利率 $j(=i)$ で複利で増えていく. 脱退時点でその元利合計が支払われる.
- x_e 歳の標準保険料収入現価：加入期間中は毎期初 ${}^EP$ が拠出され, それが年利率 i で複利で増えていく. 脱退するともちろんこの値は0になる.

収支相等の式より ${}^{E}P$ はこの両者の値が等しくなるようなものであるが，${}^{E}P=R$ とすれば，この両者の増え方は一致し，どの時点を取ってみても両者は一致する．つまり ${}^{E}P=R$ が求める解である．

⑥の結果については，R の割合で利率 j で積み上げる資金と，${}^{E}P$ の割合で利率 i で積み上げる資金（の終価）を等価にするので，$i>j$ の状況下であると後者の方がより利息収入に頼れることから感覚的に ${}^{E}P<R$ と考えられる．

年金数理 Q&A・仮想個人勘定残高

Q. なぜ「仮想個人勘定残高」という用語が使われるのか？

A. 次のような「仮想的な銀行口座」の預金残高のことを指していると考えるとよい．

持分付与額	毎年度初に会社が口座に振り込んでくれる額
利息付与額	口座に預金していると毎年付く利息
仮想個人勘定残高	口座の預金残高

Q. なるほど，会社が従業員のために「持分付与額」を金融機関に支払ってくれているということか．

A. それは違う．これはあくまでも仮想の話で，実際に企業が金融機関に拠出するのは「持分付与額」ではなく「保険料」．つまり「保険料」を拠出して積立金を形成し運用することで将来の仮想個人勘定残高分の給付支払に備えようとしている．

Q. 難しい…．どうして企業はこんな複雑な制度を導入するのか？

A. 利息付与率（国債の利回りなど）と運用利回りがある程度連動するので，キャッシュバランス制度は財政上比較的安定した制度であると言える．つまり仮想個人勘定残高の形成とその支払に充てる積立金の形成はある程度連動するため，キャッシュバランス制度では財政上剰余も不足も発生しにくいと言うことができる．

問題 8.3 (年金種類の変更)　ある会社が退職一時金の 50% 相当額を，退職一時金に代えて利率 i を前提とした年 1 回期初払 15 年確定年金として支払うこととしていた．この会社は，この利率を現行より低い j に変更することを希望している．利率 j を前提とすると退職一時金に代わる年金額が低下するため，減少した額に等しい年金額を，利率変更後の年 1 回期初払 15 年確定年金に上乗せして，当初の 10 年だけ支払うことができるよう退職一時金から追加移行することとした．上乗せの年金支払のため，追加して移行した退職一時金額は，当初の退職一時金の何％相当となるか（小数点以下第 2 位を四捨五入せよ）．ただし，10 年および 15 年の年 1 回期初払確定年金のそれぞれの利率での現価率は次の通りである．

$\ddot{a}^{i}_{\overline{10}|}=7.61052$,　$\ddot{a}^{i}_{\overline{15}|}=9.92661$,　$\ddot{a}^{j}_{\overline{10}|}=8.23941$,　$\ddot{a}^{j}_{\overline{15}|}=11.16331$

■ **key's check**

- 問題文の i, j は「一時金から年金を計算する際に用いる利率」，すなわち「(年金) 給付利率」であり，債務評価をするための予定利率とは異なる概念であることに注意せよ．これは年金数理独自の概念である．
- 問題文を数式で表すとどうなるかに着眼を置いて，関係式を立ててみよう．

【解答】

追加移行前の退職一時金を S とする．退職一時金の 50% 相当額 $0.5S$ を，利率 i を前提とした 15 年確定年金とした場合，その年金額 R_i は，$\dfrac{0.5S}{\ddot{a}^{i}_{\overline{15}|}}$ で表される．同様に，利率 j を前提とした場合の年金額 R_j は，$\dfrac{0.5S}{\ddot{a}^{j}_{\overline{15}|}}$ となる．

減少した額に等しい年金額は，

$$R_i - R_j = \frac{0.5S}{\ddot{a}^{i}_{\overline{15}|}} - \frac{0.5S}{\ddot{a}^{j}_{\overline{15}|}}$$

となる．追加移行する額は，これを利率 j の 10 年確定年金として支払える現価なので，

$$\left(\frac{0.5S}{\ddot{a}^{i}_{\overline{15}|}}-\frac{0.5S}{\ddot{a}^{j}_{\overline{15}|}}\right)\ddot{a}^{j}_{\overline{10}|}=0.0459766\ldots\times S\approx 0.046\,S$$

となる．よって，追加移行額の当初の退職一時金に占める割合は，4.6%（答）

【補足】

本問の（企業年金制度に関する）制度変更内容を要約すると次の通り（下図も参照）．

- （年金）給付利率を j に引き下げ
- 従来は退職一時金として支払っていた 50% の部分のうち 4.6% 部分（下図の左側の斜線部分）を原資として，上乗せ 10 年確定年金を企業年金制度に移行（もちろん給付利率は j）

したがって，この会社の従業員が受け取れる退職金（企業年金制度部分も含む）は以下のように変わり，この制度変更は退職金制度全体で考えると従業員にとって不利な変更（いわゆる不利益変更）と言える．

- 制度変更前：退職一時金 50% ベース＋(年金)給付利率 i での 15 年確定年金（下図の右側の，縦の長さが $\dfrac{0.5S}{\ddot{a}^{i}_{\overline{15}|}}$ の長方形全体）

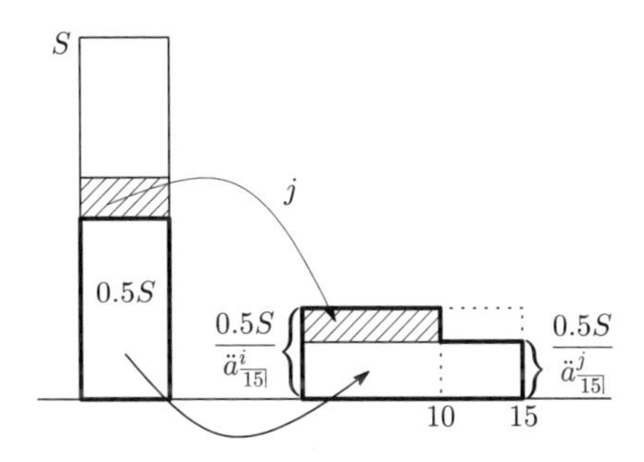

- 制度変更後：退職一時金 45.4% ベース＋(年金)給付利率 j での 15 年確定年金（ただし 15 年のうち最初の 10 年間は現行ベースの年金額になるよう上乗せ年金を支給，つまり図の右の太枠部分)

8.2　企業年金に係る年金数理

問題 8.4（被保険者数・給与指数と標準保険料率の関係）　定年退職者に対し，定年時給与を年金額とする終身年金を年 1 回期初に支払う 2 つの年金制度 A, B を考える．いずれの年金制度も財政方式は加入年齢方式とするとき，次の (1)〜(3) について，各年金制度の標準保険料率 $P^A_{x_e}, P^B_{x_e}$ の大小関係を導け．なお，記載していない前提については年金制度 A, B で同一であるものとする．

(1)
$$\begin{cases} l^A_x = l_{x_e} - k^A(x - x_e) \\ l^B_x = l_{x_e} - k^B(x - x_e) \end{cases}$$

ただし，$k^A > k^B > 0$（ともに固定値），$b^A_x = b^B_x \quad (x_e \leq x \leq x_r)$
が成り立つ場合．

(2)
$$\begin{cases} b^A_x = \alpha(x - x_e) + b_{x_e} \\ b^B_x = \beta\alpha(x - x_e) + b_{x_e} \end{cases}$$

ただし，$1 < \alpha,\quad 1 < \beta,\quad l^A_x = l^B_x \quad (x_e \leq x \leq x_r)$
が成り立つ場合．

(3)
$$\begin{cases} l^A_x = l_{x_e} - k(x - x_e) \\ l^B_x = -a(x - x_e)^2 + l^A_x \end{cases} \quad (a, k > 0),\ b^A_x = b^B_x\ (x_e \leq x \leq x_r)$$

が成り立つ場合．

■ **key's check**

- 2 つの年金制度を図示することで，どの公式が適用できるかを考える．
- 比較する上でのポイントは，両者の総給付現価が一致しているかどうかである．定年退職者のみの給付の場合は l_{x_r} が一致していればよく，この場合は公式を忘れたとしてもすぐに標準保険料率の大小関係を容易に導くことができる．
- (3) のように [教科書] や本書公式集に記載の結果がそのまま適用できない場合でも，「l_x に定数を一律乗じる」など標準保険料率に影響を与えない操作を行うことで，両者の l_{x_r} を一致させられないか考えよう．

【解答】

(1)　それぞれの脱退残存表をグラフに表わしてみると，5.2.1 のケース②(p.95) の結果を適用でき，$P^A_{x_e} < P^B_{x_e}$　(答)

(2)　それぞれの給与指数をグラフに表わしてみると，5.2.1 のケース④(p.96) の結果を適用でき，$P^A_{x_e} < P^B_{x_e}$　(答)

(3)　脱退残存表 l^A_x と l^B_x のグラフを描いてみると，右図のようになる.「定年年齢への残存率が上昇すると標準保険料も上昇する傾向になる」ことから A の標準保険料率の方が大きくなるのではと考えられるので，これを示す．新しい脱退残存表 $l^{A'}_x$ を，

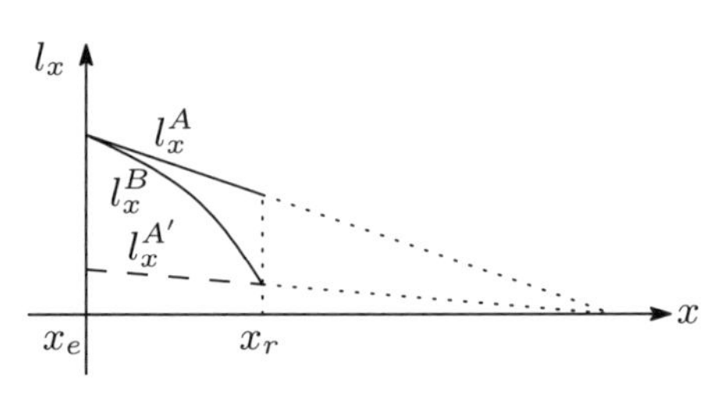

$$l^{A'}_x = \frac{l^B_{x_r}}{l^A_{x_r}} \cdot l^A_x \quad (x_e \leq x \leq x_r)$$

と定義し，A と A' の標準保険料率を比較すると，両者の脱退残存表はすべての年齢に対して定数倍の関係にあるため，$P^A_{x_e} = P^{A'}_{x_e}$ となる．
$l^{A'}_x$ を図示すると上図の破線のようになり，A' と B に対して，両者の x_r 歳での人数は等しく，それ以外の年齢では B の方が常に脱退残存数が多いため，両者の給付現価は等しく，給与現価は B の方が大きいため，標準保険料率は B の方が小さくなる．
以上より $P^A_{x_e} = P^{A'}_{x_e} > P^B_{x_e}$　(答)

【補足】

(3) の解答において，A', B の給付現価と給与現価を比較しているが，これは標準保険料率の定義にある分子分母ではなく，これらに $b_{x_e}D_{x_e}$ を掛けたものである．簡単のため Trowbridge モデルの場合で説明すると，

$$P_{x_e} = \frac{D_{x_r}/D_{x_e}}{(D_{x_e} + \cdots + D_{x_r-1})/D_{x_e}} \ddot{a}_{x_r} = \frac{D_{x_r}}{D_{x_e} + \cdots + D_{x_r-1}} \ddot{a}_{x_r}$$

の真ん中の項ではなく，右の項の分子分母を A', B について比較するものである．

(3) の方法を一般化すれば，(1)，(2) を証明することができる．(1) は (3) の l_x^B のグラフを 1 次関数に変えただけなので本質的な議論は変わらない．(2) は新しい給与指数 $b_x^{A'}$ を，

$$b_x^{A'} = \frac{b_{x_r}^B}{b_{x_r}^A} \cdot b_x^A \quad (x_e \leq x \leq x_r)$$

と定義し，A' と B の標準保険料率を比較すると，両者の総給付現価は一致し，給与現価は B の方が小さいため，$P_{x_e}^B > P_{x_e}^{A'} = P_{x_e}^A$ であると分かる．

なお，[教科書] には (1)，(2) を式変形によって評価する証明が載っているが，その不等式評価において公式 (A.78) や公式 (A.81) を断りなしに用いている．

問題 8.5（予定脱退率が標準保険料率に与える影響）　下記の制度内容に基づく年金制度を考える．

- 財政方式：加入年齢方式．予定利率を i とし，$v=\dfrac{1}{1+i}$ とする．
- 年1回期初拠出．
- 給付内容：脱退の翌期初より n 年間の確定年金を支給する．
  加入期間 τ 年（1年未満の端数切捨て）の退職者への年金額は $\alpha_\tau=\tau(1+i)^{\tau+1}$ とする．

財政再計算を実施し，財政再計算前後の脱退残存表（特定年齢 x_e歳における被保険者数 l_{x_e}人）を比較したところ，x_e+t歳の予定脱退者数が財政再計算前よりも $0.02l_{x_e}$人増える一方で，x_e+2t 歳の予定脱退者数が財政再計算前よりも $0.02l_{x_e}$人減っていた．なお，その他の年齢における予定脱退者数に変わりはなかった．

今，財政再計算の前後で，標準保険料率 P_{x_e} が変わらなかったとすると，この場合に P_{x_e} を v,t のみ用いて表わせ．

■ **key's check**

- 財政再計算前後において違うのは，脱退残存表が異なる，ということ．
- 変化のあったところに着目するのは時間内に問題を解き切るのに重要なスキル！

【解答】

標準保険料の計算において財政再計算前後で変化するものは，

- 給付現価の増加分
  （x_e+t 歳の脱退者が $0.02l_{x_e}$人増え，x_e+2t 歳の脱退者が $0.02l_{x_e}$人減った分）$=\dfrac{1}{l_{x_e}}\cdot(0.02l_{x_e}\cdot v^{t+1}\cdot\alpha_t-0.02l_{x_e}\cdot v^{2t+1}\cdot\alpha_{2t})\cdot\ddot{a}_{\overline{n}|}=\dfrac{1}{l_{x_e}}\cdot 0.02l_{x_e}\cdot v^{t+1}\cdot\ddot{a}_{\overline{n}|}(\alpha_t-v^t\cdot\alpha_{2t})$

- 給与現価の増加分
  (x_e+t+1 歳からの x_e+2t 歳までの被保険者が (すべての年齢で) $0.02l_{x_e}$ 人減った分) $=-\dfrac{1}{l_{x_e}}\cdot(0.02l_{x_e}\cdot v^{t+1}\cdot\ddot{a}_{\overline{t}|})$

この給付現価の増加分は，この給与現価増加分の標準保険料収入現価により賄われるはずなので，

$$\frac{1}{l_{x_e}}\cdot 0.02l_{x_e}\cdot v^{t+1}\cdot\ddot{a}_{\overline{n}|}(\alpha_t-v^t\cdot\alpha_{2t})=-\frac{1}{l_{x_e}}\cdot(0.02l_{x_e}\cdot v^{t+1}\cdot\ddot{a}_{\overline{t}|})\cdot P_{x_e}$$

が成立する．したがって，

$$\begin{aligned}P_{x_e}&=-\frac{\ddot{a}_{\overline{n}|}(\alpha_t-v^t\cdot\alpha_{2t})}{\ddot{a}_{\overline{t}|}}=-\frac{(1-v^n)\cdot(t\cdot v^{-t-1}-2t\cdot v^t\cdot v^{-2t-1})}{1-v^t}\\&=\frac{(1-v^n)\cdot t}{v^{t+1}\cdot(1-v^t)}\quad\text{(答)}\end{aligned}$$

問題 8.6（最終給与比例制・定年のみの給付の制度）　ある定常人口に達している企業において，最終給与比例制の年金制度導入を考える．この企業の x 歳の社員の給与は $A\cdot(1+\alpha)^x$ で表わされる（ここに A，α は正の定数）．年金給付は，定年年齢 x_r 歳で退職した者にのみ $A\cdot(1+\alpha)^{x_r}\cdot B$ の年1回期初払年金を終身にわたって支給する（ここに B は正の定数）．入社後即時に制度に加入する制度（以下「制度①」という）と，入社後 t 年経過した時点から制度に加入する制度（以下「制度②」という）で，それぞれ加入期間中保険料を拠出する制度を考えている（ここに t は正の定数）．それぞれの制度に関して以下の問に答えよ．ただし，この企業には x_e 歳で全員入社してくるものとする．また財政方式は加入年齢方式を採用し，保険料を年1回期初払とする．

(1)　加入年齢が x_e 歳の場合の制度①の標準保険料率 ${}^{①}P_{x_e}$ と，加入年齢が x_e+t 歳の場合の制度②の標準保険料率 ${}^{②}P_{x_e+t}$ の大小関係を比較せよ．ただし $x_e+t<x_r$ とする．

(2)　この企業が x 歳の社員の給与を $A\cdot(1+\alpha')^x$ に変更した場合（ただし $\alpha<\alpha'$）に，制度①の加入年齢方式の標準保険料率が，給与を変更する前のそれと変わらないように予定利率 i を i' に変更することとした．変更後の予定利率 i' を求めよ．ただし，この企業の年金給付は，退職金移行であるため，変更後給与を前提として予定利率 i の場合と予定利率 i' の場合での年金原資が変わらないよう，係数 B を B' に調整するものとしている．

■ **key's check**

- 変化のあったところのみ注目して立式するのはスピーディに解くのに重要．本問の (1) は給付内容に変化はないため，給与現価にのみ注目すればよい．
- ベースアップ前後でどういう前提を変更しているかを整理しながら立式しよう．
- 「退職金移行」の企業年金制度では，もともとの退職一時金を年金化して支給しているが，本問では変更前後で退職一時金額が変わらないように年金額を調整している．

【解答】

(1) 計算基数を用いて表記した場合，両者の標準保険料算定の分子は等しいため，給与現価のみに着目すると，${}^{①}P_{x_e}$ と比べて ${}^{②}P_{x_e+t}$ の方が少ない期間で同じ給付現価分の積み立てを行う必要があるので，

${}^{①}P_{x_e} < {}^{②}P_{x_e+t}$ (答)

式で書くと以下の通り．

$$\frac{{}^{①}P_{x_e}}{{}^{②}P_{x_e+t}} = \frac{\sum_{x=x_e+t}^{x_r-1} D_x \cdot A \cdot (1+\alpha)^x}{\sum_{x=x_e}^{x_r-1} D_x \cdot A \cdot (1+\alpha)^x} < 1$$

(2) 予定利率が i' の場合の計算基数や現価率を $'$ 付きで表記することにする．

変更後給与を前提として，予定利率変更前後で年金原資が変わらないように B を調整することから，

$$A \cdot (1+\alpha')^{x_r} \cdot B \cdot \ddot{a}_{x_r} = A \cdot (1+\alpha')^{x_r} \cdot B' \cdot \ddot{a}'_{x_r} \iff B \cdot \ddot{a}_{x_r} = B' \cdot \ddot{a}'_{x_r}$$

が成立する．題意より制度①の標準保険料率は，変更前（ベースアップ前，予定利率 i，係数 B）と変更後（ベースアップ後，予定利率 i'，

係数 B'）とで変わらないので，

$$\frac{D_{x_r}\cdot A\cdot(1+\alpha)^{x_r}\cdot B\cdot\ddot{a}_{x_r}}{\sum_{x=x_e}^{x_r-1}D_x\cdot A\cdot(1+\alpha)^x}=\frac{D'_{x_r}\cdot A\cdot(1+\alpha')^{x_r}\cdot B'\cdot\ddot{a}'_{x_r}}{\sum_{x=x_e}^{x_r-1}D'_x\cdot A\cdot(1+\alpha')^x}$$

が成立する．B' の条件を代入すると，この方程式は，

$$\frac{D_{x_r}\cdot(1+\alpha)^{x_r}}{\sum_{x=x_e}^{x_r-1}D_x\cdot(1+\alpha)^x}=\frac{D'_{x_r}\cdot(1+\alpha')^{x_r}}{\sum_{x=x_e}^{x_r-1}D'_x\cdot(1+\alpha')^x}$$

と変形され，これを満たす予定利率 i' は，すべての x ($x_e\leq x\leq x_r$) に対して，

$$D_x\cdot(1+\alpha)^x=D'_x\cdot(1+\alpha')^x \quad\Longleftrightarrow\quad \left(\frac{1+\alpha}{1+i}\right)^x=\left(\frac{1+\alpha'}{1+i'}\right)^x$$

を満たす，すなわち　$i'=(1+i)\cdot\dfrac{1+\alpha'}{1+\alpha}-1$　（答）

問題 8.7（新規加入年齢の保険料率への影響）　生存退職者に加入期間1年あたり1単位の年金額を定年年齢 x_r 歳の期初から終身にわたり給付する制度を考える．保険料は毎年期初払とし，財政方式を加入年齢方式とし，予定利率を正値とする．このとき，各年齢における生存脱退率がすべて0の場合，加入年齢が上昇すれば標準保険料率も上昇することを示せ．

■ key's check

- 標準保険料率を計算する加入年齢を増加させたとき，標準保険料率がどのように変化するかを調べるには，加入年齢を1だけずらした標準保険料率との比をとり，公式 (A.78) を利用することが常套手段．

【解答】

生存脱退率がすべて0であるため，標準保険料率算定上は定年到達時の給付のみを考慮すればよく，加入年齢を x 歳とした標準保険料率 P_x は，

$P_x = \dfrac{(x_r - x)\cdot D_{x_r}\ddot{a}_{x_r}}{\sum_{y=x}^{x_r-1} D_y}$ と表せる．よって，$\dfrac{P_{x+1}}{P_x} = \dfrac{x_r - x - 1}{\sum_{y=x+1}^{x_r-1} D_y}\cdot\dfrac{\sum_{y=x}^{x_r-1} D_y}{x_r - x}$ が

1より大きいことを示せばよい．数列 $\left\{\dfrac{D_x}{1}\right\}$ は狭義単調減少数列であることから，公式 (A.78) より，

$$\frac{\sum_{y=x}^{x_r-1} D_y}{x_r - x} > \frac{\sum_{y=x+1}^{x_r-1} D_y}{x_r - x - 1} \iff \frac{x_r - x - 1}{\sum_{y=x+1}^{x_r-1} D_y}\cdot\frac{\sum_{y=x}^{x_r-1} D_y}{x_r - x} > 1$$

となり，題意は示された．

【補足】

$^{A}P_x = \dfrac{x_r - x}{x_r - x_e} \cdot \dfrac{D_{x_r} \cdot \ddot{a}_{x_r}}{\sum_{y=x}^{x_r-1} D_y}$ であり，$\dfrac{1}{x_r - x_e}$ が定数であることを踏まえれば，本問は $^{A}P_x$ が x について単調増加関数であることを示していることと本質的に同じである．

問題 8.8（予定新規加入者の見込み方）　次の問に答えよ．

(1)　被保険者数が L，給与総額が B の年金制度に対して，新規加入者の人数と給与を次のように見込んでいる．計算基準日における集団を定常人口にあるものとし，計算基準日以降の脱退および昇給が予定通りに推移するとした場合に，被保険者数および給与総額が計算基準日のものと同一となるように見込む．このとき，新規加入者の人数と給与の見込みを脱退残存者数 l_x，給与指数 b_x を用いて表せ．なお，加入年齢を x_e，定年年齢を x_r とする．

(2)　ある年金制度は定常人口で，被保険者の総人数 L が 100,000，総給与 B が 10,800,000 であった．毎年期初に x_1 歳と x_2 歳で新規加入があり，それぞれの年齢の毎年の新規加入者の人数比が 2 : 1，x_1 歳での新規加入者の平均給与が 100 のとき，x_2 歳での新規加入者の平均給与は，［　　　］となった．（計算結果は小数点以下第 2 位を四捨五入し小数点以下第 1 位まで求めよ．）ただし，x 歳の脱退残存者数を l_x（定年年齢は x_r），給与指数を b_x とし，以下の計算基礎数値を使用すること．

・計算基礎数値

年齢 x	l_x	b_x	$\sum_{y=x}^{x_r-1} l_y$	$\sum_{y=x}^{x_r-1} b_y$	$\sum_{y=x}^{x_r-1} b_y l_y$
x_1	100,000	1.000	482,804	6.375	509,620
x_2	84,486	1.050	290,890	4.350	315,308

■ **key's check**

- (1) は公式 (5.1)，(5.2) の証明を問うたもの．
- 新規加入者が今後予定通りに脱退・昇給したときに形成される定常人口についてイメージできるようにしよう．

- (2) のように定常人口の被保険者総数や給与総額に注目する場合は，公式 (5.3)，(5.4) が便利.

【解答】

(1)　求める新規加入者数を，脱退残存者数 l_x を用いて αl_{x_e} とおくと，この新規加入者が今後予定通りに脱退したときに形成される定常人口は，各年齢 x の人数が αl_x と等しくなるような人員分布となる．今，この総被保険者数が L と等しくなるような α を求めればよく，

$$L=\sum_{x=x_e}^{x_r-1}\alpha l_x \iff \alpha=\frac{L}{\sum\limits_{x=x_e}^{x_r-1} l_x}$$

となる．よって求める新規加入者数は $\alpha l_{x_e}=\dfrac{L\cdot l_{x_e}}{\sum\limits_{x=x_e}^{x_r-1} l_x}$ となる.

次に求める新規加入者数の給与の見込みを，給与指数 b_x を用いて βb_{x_e} とおくと，この新規加入者が今後予定通りに脱退，昇給したときに形成される定常人口は，各年齢 x の人数が αl_x，1人あたりの給与が βb_x と等しくなるような人員分布となる．今，この給与総額が B と等しくなるような β を求めればよく，

$$B=\sum_{x=x_e}^{x_r-1}(\alpha l_x)\cdot(\beta b_x) \iff \beta=\frac{B}{\alpha\sum\limits_{x=x_e}^{x_r-1} l_x b_x}=\frac{B\sum\limits_{x=x_e}^{x_r-1} l_x}{L\sum\limits_{x=x_e}^{x_r-1} l_x b_x}$$

よって求める新規加入者の給与の見込みは

$$\beta b_{x_e}=\frac{B\sum\limits_{x=x_e}^{x_r-1} l_x}{L\sum\limits_{x=x_e}^{x_r-1} l_x b_x}\cdot b_{x_e} \qquad \text{(答)}$$

(2)　x_1 歳と x_2 歳での毎年の新規加入者を $2A, A$，平均給与を s_1, s_2 としたとき，これらで形成される定常人口の総人数や総給与に着目すると公式 (5.3)，(5.4) より，

$$2A \cdot \frac{\sum_{x=x_1}^{x_r-1} l_x}{l_{x_1}} + A \cdot \frac{\sum_{x=x_2}^{x_r-1} l_x}{l_{x_2}} = L$$

$$s_1 \cdot 2A \cdot \frac{\sum_{x=x_1}^{x_r-1} b_x l_x}{b_{x_1} l_{x_1}} + s_2 \cdot A \cdot \frac{\sum_{x=x_2}^{x_r-1} b_x l_x}{b_{x_2} l_{x_2}} = B$$

が成立する．数値を代入すると，

$$2A \cdot \frac{482{,}804}{100{,}000} + A \cdot \frac{290{,}890}{84{,}486} = 100{,}000$$

$$100 \cdot 2A \cdot \frac{509{,}620}{1.000 \cdot 100{,}000} + s_2 \cdot A \cdot \frac{315{,}308}{1.050 \cdot 84{,}486} = 10{,}800{,}000$$

A, s_2 の連立方程式を解けば，

$A = 7{,}634.09\ldots,\quad s_2 = 111.26\ldots \approx 111.3$　（答）

問題 8.9 (平均脱退率と過去勤務債務)　ある年金制度では毎年期初に x_1 歳と x_2 歳（ただし，$x_1 < x_2$ とする.）で 2 : 3 の割合で新規加入があるとし，被保険者集団はすでに定常人口になっているとする．また，制度内容は Trowbridge モデルの年金制度とし，期初の被保険者の総数を L，脱退残存表による x 歳の被保険者数を l_x，x 歳の平均脱退率を $\dfrac{1}{\varepsilon_x} = \dfrac{l_x}{\sum_{y=x}^{x_r-1} l_y}$ とする．

この年金制度を加入年齢方式で運営するとし，標準保険料を決定するために加入年齢 x_1 歳を用いた場合，毎年発生する後発過去勤務債務を $\varepsilon_{x_1}, \varepsilon_{x_2}, L, N_x, D_x$ を用いて表せ．

■ **key's check**

- 頻出問題の 1 つ．確実に解けるようにしておきたい．
- 定常人口の被保険者総数に注目する場合は，公式 (5.3) が便利．
- 年金数理において責任準備金は原則将来法で考えるが，注目している被保険者に対して収支相等する保険料を適用している場合は過去法で考えてもよい．このことを頭に入れて，計算が楽になる方で計算するクセを付けよう．

【解答】

x_1 歳と x_2 歳それぞれの新規加入者数 A_1, A_2 は，条件と公式 (5.3) より次の連立方程式を満たす．

$$\begin{cases} A_1 : A_2 = 2 : 3 \\ A_1 \cdot \varepsilon_{x_1} + A_2 \cdot \varepsilon_{x_2} = L \end{cases}$$

これを解いて，$A_1 = \dfrac{2L}{2\varepsilon_{x_1} + 3\varepsilon_{x_2}}$,　$A_2 = \dfrac{3L}{2\varepsilon_{x_1} + 3\varepsilon_{x_2}}$

求める後発過去勤務債務は新規加入者の責任準備金であるので，x_1 歳の責任準備金と x_2 歳の責任準備金をそれぞれ求めればよい．

今，標準保険料を決定するための加入年齢は x_1 歳なので，x_1 歳の責任準備金は0である．したがって，x_2 歳での新規加入者1人に対する責任準備金を V_{x_2} としたとき，求めるものは，

$$\begin{aligned} A_2 \cdot V_{x_2} &= A_2 \cdot \frac{N_{x_1} - N_{x_2}}{D_{x_2}} \cdot {}^{E}P_{x_1} \\ &= \frac{3L}{2\varepsilon_{x_1} + 3\varepsilon_{x_2}} \cdot \frac{N_{x_r}}{D_{x_2}} \cdot \frac{N_{x_1} - N_{x_2}}{N_{x_1} - N_{x_r}} \quad \text{(答)} \end{aligned}$$

なお，式変形においては過去法の責任準備金の式を用いた．

【補足】

本問では，加入年齢方式の標準保険料を決定するための加入年齢と異なる年齢での新規加入者が毎年発生するため，この新規加入者にかかる責任準備金分の過去勤務債務が毎年恒常的に発生することになる．本問ではこの過去勤務債務の計算が求められている．

8.3　年金制度の合併・分割

問題 8.10（年金制度の合併）　2つの年金制度（AおよびB）が合併することとなった．これらの年金制度は以下の内容となっている．

- Bの規模（被保険者数，給与合計）はAのちょうど20%である．
- AとBの被保険者の年齢構成，加入期間構成，給与構成は互いに等しい．
  （すなわち，AとBは規模が異なるだけで，人員構成は等しい．）
- A，Bともに年金受給権者は存在しない．
- A，Bともに加入年齢方式を採用しており，計算基礎率も等しい．これらについては，合併後も変更しない．
- Bの給付水準はAの一律2倍であり，Bの積立金はAの60%であった．
- Aの未積立債務はAの積立金の80%であり，Aの特別保険料率は合併直前における給与合計がその後も一定の前提でちょうど10年間一定額を拠出し償却完了する率となっている．

合併後の給付水準をAの$(1+k)$倍とし$(0<k<1)$，Aの被保険者については過去の加入期間についても$(1+k)$倍に引き上げ，Bの被保険者については過去の加入期間についても$(1+k)/2$倍に引き下げることを検討する．償却方式・年数についてはAの方法から変更しないとするとき，特別保険料率が合併前のAの率の120%を上回らないようにしたい．kの最大値を求めると，0.［　　］となる．（小数点以下第3位を切り捨て小数点第2位まで求めよ．）

■ **key's check**

- 合併・分割問題を攻略するカギは，合併前後の関係（人数規模，給付水準など）を正確に把握すること．
- 本問の場合，B の給付水準が A の一律 2 倍だからといって，B の給付現価は A の給付現価の 2 倍であると早合点してはならない．これはあくまでも 1 人あたりの給付現価が 2 倍であるという意味であり，制度の人数規模の違いも考慮に入れる必要がある．
- 合併・分割問題も財政計算の一種であるので，5.4 節で紹介した財政計算の流れを意識し，変更前後のバランスシートを書くと解きやすくなる．

【解答】

A の特別保険料率と合併後の特別保険料率を比較することを念頭に，問題の条件から合併前後の年金制度を比較すると，以下の通りである（年金制度 A を 1 とする）．

	A	B	合併後
人数規模	1	0.2	1.2
給与水準	1	1	1
給付水準	1	2	$1+k$
積立金	1	0.6	1.6

よって年金制度 A と合併後制度との責任準備金と積立金は次の関係にある．

$$V_{A+B}=1.2(1+k)V_A$$

$$F_{A+B}=1.6F_A$$

したがって，合併後の未積立債務は $U_{A+B}=1.2(1+k)V_A-1.6F_A$

ここで題意より，$U_A=0.8F_A$，$V_A=U_A+F_A=1.8F_A$ であることから，

$$U_{A+B}=\{2.16(1+k)-1.6\}\cdot F_A$$

と表せる．これを償却する特別保険料率を計算することで，求めるkは，次を満たす最大のkとなる（Aの総給与をB_Aとする）．

$$\frac{U_{A+B}}{1.2B_A} \leq 1.2 \cdot \frac{U_A}{B_A} \iff \frac{2.16(1+k)-1.6}{1.2} \leq 1.2 \cdot 0.8$$
$$\iff k \leq 0.274074\ldots$$

よって，求める$k = 0.27$　（答）

【補足】

変更前後のバランスシートは次のようになる．ここでP_*G_*は標準保険料収入現価を表す．

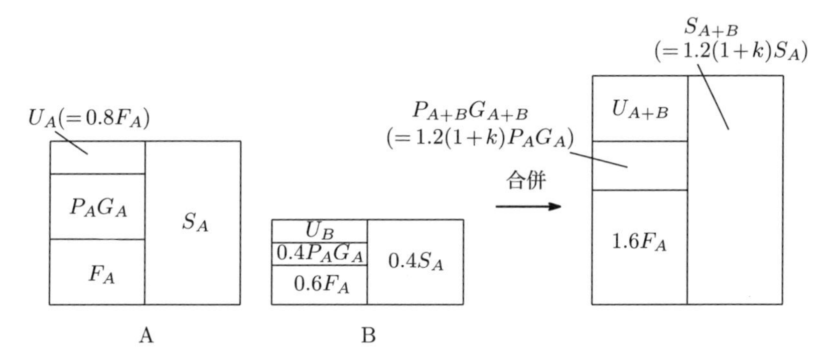

問題 8.11（年金制度の分割）　A 社および B 社が共同で実施している年金制度（以下，分割前制度という）があるが，今般この年金制度を分割し，A 社，B 社それぞれ単独で年金制度を実施することとした．

年金制度分割時の下記の前提，諸数値を用いて，分割後の A 社および B 社の年金制度の特別保険料率をそれぞれ求めよ（% 単位で小数点以下第 2 位を四捨五入し小数点以下第 1 位まで求めよ）．

（前提）

- A 社の被保険者の規模（被保険者の総人数・総給与）は B 社の 3 倍．
- A 社と B 社は被保険者の年齢構成，加入期間構成，年齢別給与構成は互いに等しい．
  （すなわち，A 社と B 社は規模が異なるだけで人員構成は等しい．）
- A 社および B 社とも年金受給権者は存在しない．
- 分割後の A 社，B 社の年金制度はともに分割前制度の計算基礎率を使用する．
- 分割後の A 社年金制度の給付水準は分割前制度の一律 1.2 倍とし，B 社年金制度の給付水準は分割前制度と同じとする．
- 分割前制度の積立金は，分割前制度の A 社の被保険者にかかる責任準備金と，B 社の被保険者にかかる責任準備金の比で按分し，分割後の A 社および B 社の年金制度にそれぞれ配分する．
- 分割後の A 社の年金制度は開放基金制度で運営し，B 社の年金制度は加入年齢方式で運営する．
- 分割後の A 社および B 社の年金制度の過去勤務債務は，それぞれ 20 年で元利均等償却する．（ここで，$\ddot{a}_{\overline{20|}} = 15.3$）

（分割前制度の諸数値）

- $S^f = 500$ 百万円
- $S^a_{FS} = 700$ 百万円
- $S^a_{PS} = 800$ 百万円
- $G^f = 20{,}000$ 百万円
- $G^a = 25{,}000$ 百万円
- $F = 700$ 百万円
- 給与総額$= 400$ 百万円

■ **key's check**

- 今度は逆に年金制度を分割する問題．積立金の分割に用いる比率（本問では責任準備金比）が分割前の責任準備金なのか分割後の責任準備金なのかを混同しないよう，注意が必要．
- 積立金の分割に用いる比率は，前提からA社の規模とB社の規模の比率（つまり3：1）．一方，分割後には，A社の年金制度の給付水準は1.2倍する．ここをごちゃごちゃにしてしまうと間違いが起きやすい．

【解答】

問題の条件から合併前後の年金制度を比較すると，以下の通りである（年金制度Bを1とする）．

	分割前	A	B
人数規模	4	3	1
給与水準	1	1	1
給付水準	1	1.2	1
積立金[*1]	4	3	1

- 年金制度Aについて
  積立金 $F_A = \dfrac{3}{4} \cdot F = 525$，責任準備金は財政方式が開放基金方式であることに注意すると，責任準備金 $V_A = S^p(A) + S^a_{PS}(A) = 0 + \dfrac{3}{4} \cdot 1.2 \cdot S^a_{PS} =$

[*1] 分割にあたり積立金は題意より分割前制度の責任準備金比で按分するが，この責任準備金比は人数規模比に等しい．

720 なので，未積立債務 $U_A = V_A - F_A = 195$ となる．以上より，A 社の特別保険料率は，

$$\frac{195}{\frac{3}{4}\cdot 400\cdot 15.3} = 0.042483\ldots \approx 4.2\% \quad (答)$$

- 年金制度 B について
  積立金 $F_B = \frac{1}{4}\cdot F = 175$，分割前後で給付水準は同じなので，
  標準保険料率 $= \frac{S^f}{G^f} = \frac{500}{20{,}000} = 0.025$．したがって責任準備金 $V_B = S^p(B) + S^a(B) - 0.025\cdot G^a(B) = 0 + \frac{1}{4}\cdot 1\cdot S^a - 0.025\cdot \frac{1}{4}\cdot G^a = 375 - 156.25 = 218.75$ で，未積立債務 $U_B = V_B - F_B = 43.75$ となる．以上より，B 社の特別保険料率は，

$$\frac{43.75}{\frac{1}{4}\cdot 400\cdot 15.3} = 0.028594\ldots \approx 2.9\% \quad (答)$$

【補足】

分割後の両制度のバランスシートは次のようになる．

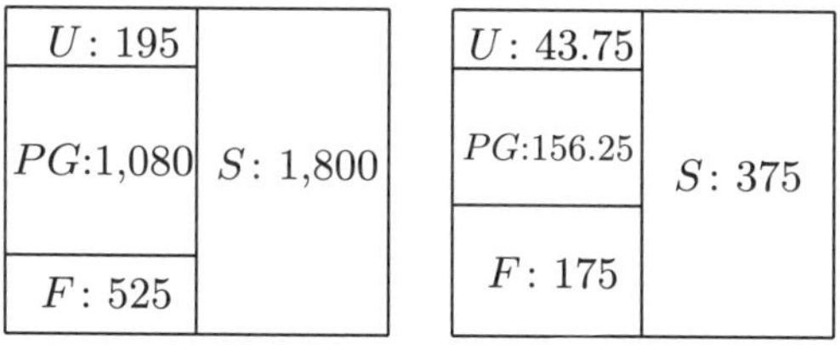

A	
U: 195	S: 1,800
PG:1,080	
F: 525	

A

B	
U: 43.75	S: 375
PG:156.25	
F: 175	

B

8.4 財政計算と財政決算

問題 8.12（損益の計算）

(1) ある年金制度のある年度に関して次の計数が分かっている．この年度は利差以外の損益は発生しなかったとして，この年度の実際利回りを求めよ．

- 年度初の責任準備金：2,550
- この年度の年間標準保険料（期初払）：350
- この年度の年間特別保険料（期初払）：150
- この年度の年間給付額（期末払）：200
- 年度初の積立金：1,500
- 年度末過去勤務債務額：950
- 予定利率：年 4.0%

(2) 過去勤務債務額の償却を各期初過去勤務債務額の 20% としているある年金制度のある年度の財政状況は次の通り推移した．この年度における利差損益以外の差損益を求めよ（□の差益（または差損）という形式で答えよ）．

期初責任準備金：1,500，期初過去勤務債務額：400，
保険料総額（標準＋特別保険料，期初払）：500，
給付（期末払）：250，
予定利率：3.5%，実際利回り：1.0%，期末責任準備金：1,800.

■ **key's check**

- 損益の計算問題は，B/S の図を書き，分かっているところから数字を埋めていくようにすれば解きやすい．
- そのためには 5.5.1 の各種公式を押さえておく必要がある．
- 利差の計算は頻出．確実に計算できるようになっておこう．

【解答】

(1)　求める実際利回りを j とする．年度末の責任準備金 V_1 を求めると

$$V_1 = (V_0 + C)(1+i) - B = (2{,}550 + 350)(1 + 0.04) - 200 = 2{,}816$$

実際利回りを求めるには，年度末の積立金 F_1 を求める必要があるが，これは $F_1 = V_1 - U_1 = 2{,}816 - 950 = 1{,}866$ となる．したがって，積立金の推移を考えれば，

$$(F_0 + C + C^{PSL})(1+j) - B = F_1$$

$$\iff \quad j = \frac{F_1 + B}{F_0 + C + C^{PSL}} - 1 = \frac{2{,}066}{2{,}000} - 1 = 0.033\ (3.3\%) \quad （答）$$

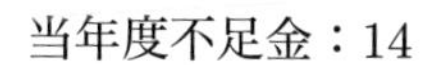

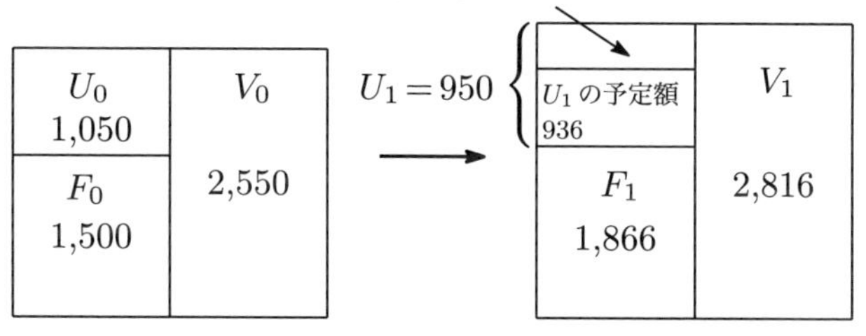

(2)　期初の積立金 $F_0 = V_0 - U_0 = 1{,}500 - 400 = 1{,}100$ である．利差損益を求めると，予定利率 $i = 3.5\%$ に対して実際利回り $j = 1.0\%$ と下回っていることに注意して，

$$\text{利差損益} = (F_0 + C + C^{PSL})(j - i) = (1{,}100 + 500)(0.01 - 0.035) = -40$$

となる．これを当年度剰余金から引いたものが求めるものである．

今,「過去勤務債務額の償却を各期初過去勤務債務額の20% としている」とあるため，当年度剰余金を計算する際において，期初の過去勤務債務 U_0 の全額が（繰越不足金ではなく）特別保険料収入現価 A_0 であるとみなせ，過去勤務債務は予定通りに償却されていることに注意して，公式 (5.9), (5.11) を用いると，

$$
\begin{aligned}
\text{当年度剰余金} &= (F,V\ \text{の差損益}) = (U_0 - C^{PSL})\cdot(1+i) - U_1 \\
&= 331.2 - 434 = -102.8
\end{aligned}
$$

となる（図参照）．よって求める利差損益以外の差損益は $102.8 - 40 = 62.8$ の差損　（答）

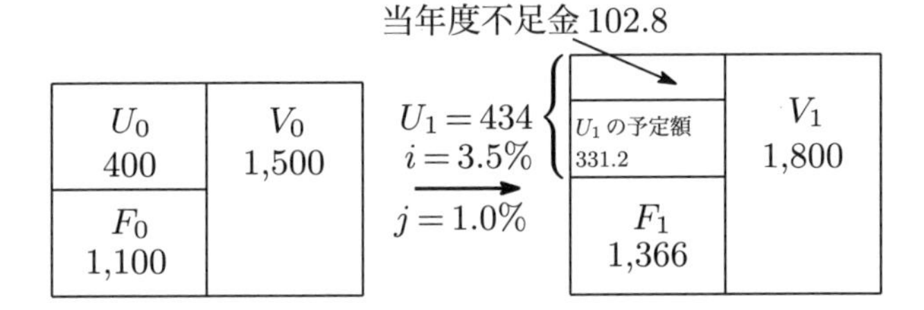

【補足】

(1) において必須公式集 5.5.1 に従い当年度剰余金を計算してみる．利差損以外の損益は発生しなかったとあることから，

$$
\begin{aligned}
\text{当年度剰余金} &= \text{利差損益} = (F_0 + C + C^{PSL})\cdot(0.033 - 0.04) \\
&= -2{,}000\cdot 0.007 = -14
\end{aligned}
$$

と分かる．また，公式 (5.11) を用いて，

$$
\begin{aligned}
\text{当年度剰余金} &= (F,V\ \text{の差損益}) = (U_0 - C^{PSL})\cdot(1+i) - U_1 \\
&= 936 - 950 = -14
\end{aligned}
$$

と計算してもよい（図参照）．

問題 8.13（貸借対照表・損益計算書を用いた利源分析 1） ある年金制度の令和 2 年度末の貸借対照表，令和 2 年度の損益計算書は以下の通りである．令和 2 年度の利差益（運用収益と予定利率による予定運用収益との差）を求めよ．

なお，この年金制度は，保険料は年 1 回期初払，給付は年 1 回期末払であり，予定利率は 2.0 %，加入年齢方式を採用しており，特別保険料を設定していない．また，令和 2 年度においては，積立金は実際の運用利回りが予定利率と異なったことを除いて，計算基礎率通り推移した．

令和 2 年度末の貸借対照表

積立金	5,656	責任準備金	6,140
未積立債務	484		
	6,140		6,140

令和 2 年度の損益計算書

給付金	1,000	標準保険料収入	α
当年度剰余金	116	運用収益	β
令和 2 年度末責任準備金	6,140	令和元年度末責任準備金	5,600
	7,256		7,256

■ **key's check**

- 損益の計算問題は，B/S の図を書き，分かっているところから数字を埋めていくようにすれば自然と解けることが多い．そのためには 5.5.1 の内容を押さえておく必要がある．
- 本問では特別保険料の拠出がないため，この未積立債務は「特別保険料収入現価」の意味ではなく「繰越不足金」と考える必要がある．本問では特にこれを意識せずとも正解には到達できるが，「当年度剰余金」が問われた場合は要注意である（年金数理 Q&A を参照）．

【解答】

予定通りに推移したことから責任準備金の推移に着目すると，

$$(5{,}600+\alpha)\cdot(1+0.02)-1{,}000=6{,}140$$

となり，標準保険料収入 $\alpha=1{,}400$ と分かる．損益計算書の両辺がバランスしていることから，運用収益 $\beta=256$ であり，期初の積立金 $F_0=F_1+$ 給付金 $-\alpha-\beta=5{,}000$ と分かる．以上より利差益は，

$$\text{利差益}=\beta-(F_0+\alpha)\cdot 0.02=256-6{,}400\cdot 0.02=128 \quad （答）$$

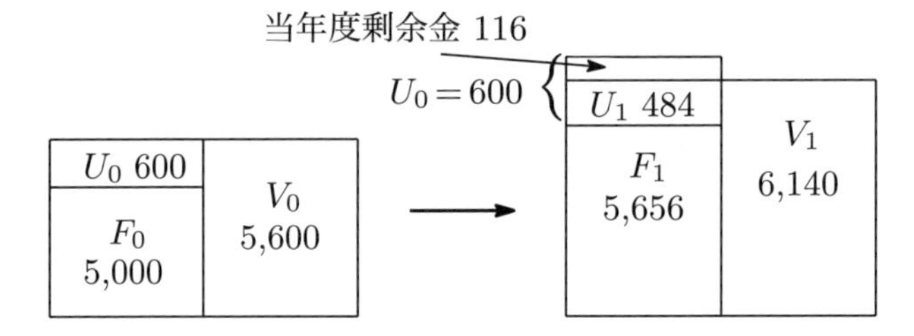

年金数理 Q&A・謎の損？

Q. 問題文に「実際の運用利回りが予定利率と異なったことを除いて，計算基礎率通りに推移した」とあるので，当年度剰余金 116 と利差益は一致するものと思い，116 と答えてしまったが，正解は 128 とのこと．この「謎の損」12 は何か？

A. この正体は「前年度末の未積立債務にかかる利息」．実際，$U_0\cdot i=600\cdot 0.02=12$ となる．当年度剰余金を公式 (5.9) に従い 3 つの要素に分解したとき，本問では前年度末未積立債務が繰越不足金の意味であること，また「積立金は実際の運用利回りが予定利率と異なったことを除いて，計算基礎率通りに推移した」とあるため，(F, V の差損益) $=128$，（特別保険料収入現価の差損益）$=0$，（前年度末剰余金にかかる利息）$=-12$ となる．

問題 8.14（貸借対照表・損益計算書を用いた利源分析 2）　ある年金制度（加入年齢方式，保険料年1回期初払，給付年1回期末払）の $n-1$ 年度末，n 年度末の貸借対照表，n 年度の損益計算書，n 年度の利源分析表は以下の通りである．このとき n 年度の運用利回りを求めよ．（小数点以下第2位を四捨五入し小数点以下第1位まで求めよ）

なお，n 年度は利差損益以外の差損益は発生しなかったとし，下表の α 〜 ζ の値は正の値とする．

$n-1$ 年度末貸借対照表

積立金	5,200	責任準備金	8,000
未積立債務	2,800		
	8,000		8,000

n 年度末貸借対照表

積立金	α	責任準備金	9,000
未積立債務	β		
	9,000		9,000

n 年度の損益計算書

給付金	1,400	標準保険料収入	2,000
未積立債務減少額	1,000	特別保険料収入	γ
n 年度末責任準備金	9,000	運用収益	δ
		$n-1$ 年度末責任準備金	8,000
	11,400		11,400

n 年度の利源分析表

利差損益	ε
特別保険料収入	γ
特別保険料収入にかかる予定利息	32
前年度未積立債務にかかる予定利息	$\triangle\zeta$
未積立債務減少額	1,000

■ **key's check**

- 利源分析表が初めて登場しているが，これも責任準備金と積立金の推移が書ければ，あとはパズルのように与えられた関係式から数値を埋めていけばいいだけ．初見の方も解答を見ながら慣れていこう．

【解答】

予定通りに推移したことから責任準備金の推移に着目すると

$$9,000 = (8{,}000 + 2{,}000) \cdot (1+i) - 1,400 \quad \Longleftrightarrow \quad i = 0.04$$

であり，「特別保険料収入にかかる予定利息 $i \cdot \gamma$」が 32 であることから，$\gamma = 800$ と分かる．

このことから損益計算書の両辺がバランスしていることを用いて，運用収益 $\delta = 600$ と分かり，求める運用利回りは，

$$\frac{600}{5{,}200 + 2{,}000 + 800} = 0.075 = 7.5\% \quad (\text{答})$$

【補足】

通常は積立金の推移の式から考えていくが，本問の場合

$$(5{,}200 + 2{,}000 + \gamma) \cdot (1+j) - 1{,}400 = \alpha$$

と変数が多くなるので，解答のような別のアプローチを取って「パズル」を埋めていくのが近道となる．

ちなみに，残りの利源分析表の記号を求めると，

- 積立金 $\alpha = (5{,}200 + 2{,}000 + 800) \cdot 1.075 - 1{,}400 = 7{,}200$
- 未積立債務 $\beta = 9{,}000 - 7{,}200 = 1{,}800$
- 利差損益 $\varepsilon = (5{,}200 + 2{,}000 + 800) \cdot (0.075 - 0.04) = 280$
- 前年度未積立債務にかかる予定利息 $\zeta = 2{,}800 \cdot 0.04 = 112$

必須公式集 5.5.1 に従い本問における当年度剰余金を計算してみる．本問では「利差損益以外の差損益は発生しなかった」とあることから，当年度剰余金 = 利差損益 $\varepsilon = 280$ と分かる．また，公式 (5.11) を用いて，当年度剰余金 $= (F, V$ の差損益$) = (U_0 - C^{PSL}) \cdot (1 + i) - U_1 = (2{,}800 - 800) \cdot 1.04 - 1{,}800 = 280$ と計算してもよい．

問題 8.15（貸借対照表・損益計算書を用いた利源分析 3）　ある年金制度（加入年齢方式，保険料年1回期初払，給付年1回期末払）の $(n-1)$ 年度末，n 年度末の貸借対照表，n 年度の損益計算書，および n 年度の未積立債務増加額の分析表は以下の通りである．

この年金制度は n 年度の期初において，被保険者，年金受給権者ともに $x\%$ の給付改善を行なっている．

これにより，n 年度の給付金，標準保険料，特別保険料は n 年度の期初において給付改善を行わなかったときと比べ，すべて $x\%$ 増加したものとなった．

もし仮に，$x\%$ の給付改善がなく，実際の n 年度と同様の運用利回りが得られた場合，n 年度の損益計算書の未積立債務増加額 447 は未積立債務減少額 315 に変化し，n 年度末貸借対照表の積立金の金額は下表の α から 45 だけ小さな金額となっていたと予想された．なお，給付改善の前後で予定利率は同一であるものとし，n 年度は運用利回りを除いて，年金制度は予定通りに推移したとする．また，下表の α〜ρ の値は正の値とする．

このとき，n 年度の運用利回りは［　　　］% となる（計算結果は百分率において小数点以下第2位を四捨五入し小数点以下第1位まで求めよ）．

$(n-1)$ 年度末貸借対照表（$x\%$ の給付改善適用前）

積立金	2,500	責任準備金	4,000
未積立債務	1,500		
	4,000		4,000

n 年度末貸借対照表

積立金	α	責任準備金	4,842
未積立債務	β		
	4,842		4,842

n 年度の損益計算書

給付金	360	標準保険料	300
		特別保険料	γ
n 年度末責任準備金	4,842	運用収益	δ
		未積立債務増加額	447
		$(n-1)$ 年度末責任準備金	4,000
	5,202		5,202

n 年度の未積立債務増加額の分析表

利差損益	▲ε
特別保険料	▲γ
特別保険料にかかる予定利息	▲6
給付改善による期初未積立債務増加額	ξ
期初未積立債務にかかる予定利息	ρ
未積立債務増加額	447

■ **key's check**

- 給付改善が入っているところがこの問題を複雑にさせている.
- $(n-1)$ 年度末貸借対照表には $x\%$ の給付改善が適用されていないが, n 年度末貸借対照表・n 年度の損益計算書・分析表には給付改善を適用した数値が用いられているところに注意が必要.
- 複雑な設定の問題に対しても, B/S の図を書き, 分かっているところから数字を埋めていけば, 自然と求めるものに到達できる.

【解答】

給付改善を適用した場合の未積立債務増加額が 447 であるため, 給付改善適用後の未積立債務 $\beta = 1{,}500 + 447 = 1{,}947$, 積立金 $\alpha = 4{,}842 - \beta = 2{,}895$ とただちに分かる.

同様に給付改善が無い場合の未積立債務 $= 1{,}500 - 315 = 1{,}185$, 積立金

$= \alpha - 45 = 2{,}850$ となり，責任準備金 $= 2{,}850 + 1{,}185 = 4{,}035$ と分かる．

給付改善適用した場合の責任準備金 4,842 と，適用しなかった場合の責任準備金 4,035 は $(1+x\%)$ 倍の関係にあるため，$x = \dfrac{4{,}842}{4{,}035} - 1 = 0.2 = 20(\%)$ と分かる．

一方，給付改善を適用しなかった場合の責任準備金の推移を立式すると，

$$4{,}035 = \left(4{,}000 + \frac{300}{1.2}\right)\cdot(1+i) - \frac{360}{1.2} = 4{,}250\cdot(1+i) - 300$$

$$\iff \quad i = 0.02$$

が分かる．ここでの標準保険料や給付金はすべて給付改善適用前の数値に直す必要があることに注意が必要である．

特別保険料にかかる予定利息について，$i\cdot\gamma = 6$ を解いて $\gamma = 300$ が分かり，損益計算書の両辺がバランスすることから運用収益 $\delta = 155$ が分かる．以上より求める運用利回りは，

$$\frac{155}{2{,}500 + 300 + 300} = 0.05 = 5.0\% \quad (\text{答})$$

【補足】

ちなみに，残りの未積立債務増加額の分析表の記号を求めると，

- 利差損益 $\varepsilon = (2{,}500 + 300 + 300)\cdot(0.05 - 0.02) = 93$
- 給付改善による期初未積立債務増加額 $\xi = 4{,}000\cdot 0.2 = 800$
- 期初未積立債務にかかる予定利息 $\rho = 2{,}300\cdot 0.02 = 46$

と求められ，確かに未積立債務増加額は 447 となることが分かる．

ポイントは「給付改善による期初未積立債務増加額」を責任準備金の増加分に着目して計算することと，残りの未積立債務の変動は期初の積立金 2,500，責任準備金 $4{,}000\cdot 1.2 = 4{,}800$，未積立債務 2,300 としてこれまで通りの分析をすることである．

問題 8.16（利源分析の正誤問題） 定年退職者に対して退職時給与と同額を，退職時から終身にわたって支給する年金制度がある．この制度に加入する被保険者の人数および給与は定常状態にある．このとき財政運営上の影響に関する次の (ア)～(エ) の正誤を，財政方式が (1) 加入年齢方式，(2) 開放基金方式それぞれの場合で判定せよ．ただし，予定する新規加入年齢は，制度上加入できる最低の年齢とし，開放型の財政方式の場合における将来加入する被保険者の見込みは，脱退が予定通りに進んだとして被保険者数が同一となるような新規加入者数とする．さらに脱退，昇給，新規加入および給付の支払は年 1 回期末に発生するものとする．

(ア) ある年度において中途脱退者数の実績が各年齢一律に予定を下回った場合，各年齢層における年金財政上の損益は常に予定より不足の方向になる．

(イ) ある年度において昇給の実績が各年齢一律に予定を下回った場合，各年齢層における年金財政上の損益は予定より剰余の方向になるとは限らず不足の方向になることもある．

(ウ) ある年度において新規加入者数の実績が予定を上回った場合（新規加入年齢は予定通り），年金財政上の損益は常に予定より不足の方向になる．

(エ) 被保険者の傾向的な減少がある場合には，予定された脱退によるものであっても，年金財政上恒常的な剰余要因となる．

■ **key's check**

- 負債側の動きを調べるには，年齢別責任準備金のグラフを思い浮かべて，責任準備金が正値であるか負値であるかをイメージしておくことが重要（→ p.90 のグラフ参照）．
- その上で感覚的に損益を判定できるようになることが必要．つまり資産と負債が予定と比べてどう動いたかをイメージし，「(負債 − 資産) が予定よりも増加→年金財政上差損が発生」といったように判定できるよう練習しよう．年金制度を運営する立場で考えることが重要．

- 数式による差損益の公式 (5.13)〜(5.15) を覚えておくことで損益を判定することもできる．

【解答】

(1) 加入年齢方式の場合，新規加入年齢での責任準備金は0，それ以降の年齢での責任準備金は正値である（→4.7.2の p.90の表参照）．

(ア) ：脱退差

中途脱退者が発生すると，その人に何も支払わずに負債 V を減らせる．よって中途脱退者が予定よりも少なければ，予定していたよりも V の減少が少なく，年金財政上差損が発生する．よって正しい．

(イ) ：昇給差

昇給すればその分負債 V が増える．つまり昇給が予定よりも少なければ，予定していたよりも V の増加が少なく，年金財政上差益が発生する．よって誤り．

(ウ) ：新規加入者差

新規加入者が予定よりも多ければ，その人分の負債 V を追加計上する必要があるが，加入年齢方式の場合は新規加入年齢での V は0であるため，いずれにしろ年金財政上差損益は発生しない．よって誤り．

(エ) 将来加入する被保険者の見込差

そもそも将来加入する被保険者を見込んでいないため，予定通りに脱退している限り被保険者数が減少しても年金財政上差損益は発生しない．よって誤り．

(2) 開放基金方式の場合，若年層での責任準備金は負値，高年層での責任準備金は正値である（→4.7.2の p.90の表参照）．

(ア) 中途脱退者が予定よりも少なければ，予定していたよりも V の減少が少なく，脱退年齢が高年齢の場合は（V が正値であるから）年金財政上差損が，脱退年齢が若年齢の場合は（V が負値であるから）差益が発生する．よって誤り．

(イ) 昇給が予定よりも少なければ，予定していたよりも V の増加が少なく，現在年齢が高年齢の場合は年金財政上差益が，若年齢の場合は年金財政上差損が発生する．よって正しい．

(ウ) 新規加入者が予定よりも多ければ，その人分の負債 V を追加計上する必要があるが，開放基金方式の場合は新規加入年齢での V は負値であるため，年金財政上差益が発生する．よって誤り．

(エ) 被保険者数が減少すれば，将来加入する被保険者数の見込みも減少する．このため将来加入が見込まれる被保険者分として負債計上する予定の V も減少するが，新規加入年齢での V は負値であるため，負債は予定よりも増加することとなる．つまり年金財政上差損が発生する．よって誤り．

問題8.17（各差損益の計算）　ある企業は，定年退職者に対し，生存を条件に定年時給与に比例した年金額を支払う年金制度を発足させることにした（給付額は給与以外は加入期間に依らないとする）.

＜前提＞

- 財政方式は加入年齢方式を採用（特定年齢は20歳）
- 定年年齢は60歳
- 予定利率は2.0%
- 予定脱退率は定年年齢以外のすべての年齢で5.0%
- 予定死亡率はすべての年齢で0%
- 予定昇給率は定年年齢以外のすべての年齢で2.0%
- 保険料の払込および給付の支払は年1回期初に発生する
- 脱退，昇給，新規加入は年1回期末に発生し，その順は「脱退→昇給→新規加入」とする
- 標準保険料は被保険者の給与に対する一定割合として設定する
- 「1年度末」とは制度発足から1年後の期末（新規加入の発生後）とする
- 制度発足時に年金受給権者は存在しない
- 制度発足時の被保険者の諸数値：

年齢	20歳	25歳
給与総額	50,000,000	80,000,000

- 給与1あたりの給付現価，給与現価：

現在年齢	20歳	21歳	25歳	26歳
給与1あたりの給付現価	3.486	3.669	4.505	4.742
給与1あたりの給与現価	17.43	17.29	16.68	16.50

1年度において次の＜事象A＞が発生した場合，1年度末財政決算における昇給差，脱退差，新規加入者差を計算せよ.

＜事象Ａ＞

- 脱退者，死亡者はいなかった
- 1 年度末の被保険者において，1 年度末に予定より 1.0% 多く，すなわち，予定の昇給と合わせて 3.02% 昇給した
- 1 年度末に 25 歳の被保険者が新たに加入し，新たに加入した被保険者の給与総額は 2,000,000 であった
- 上記以外は計算基礎率通りに推移した

■ **key's check**

- 各差損益の計算には，予定と実績とで資産と負債がどう変化するかに着目する．
- 計算した後，補足のように負債の動きを正しく説明できているか確かめてみるとよい．

【解答】

この制度の標準保険料率 P は，

$$P=\frac{S_{x_e}}{G_{x_e}}=\frac{3.486}{17.43}=20\%$$

である．したがって各年齢での給与 1 あたりの責任準備金率 V_x ($=x$ 歳での「給与 1 あたりの給付現価」−「給与 1 あたりの給与現価」$\times P$) は次のようになる．

年齢	20	21	25	26
V_x	0	0.211	1.169	1.442

- 昇給差

制度発足時に 20 歳，25 歳の被保険者（新規加入者を除く）に対して，予定の昇給ベースの責任準備金は，

$$1.02\cdot 50{,}000{,}000\cdot V_{21}+1.02\cdot 80{,}000{,}000\cdot V_{26}$$

実績の昇給ベースの責任準備金は，

$$1.0302 \cdot 50{,}000{,}000 \cdot V_{21} + 1.0302 \cdot 80{,}000{,}000 \cdot V_{26}$$

となるため[*2]，両者の差を取って，昇給差損は，

$$(1.0302 - 1.02) \cdot (50{,}000{,}000 \cdot V_{21} + 80{,}000{,}000 \cdot V_{26}) = 1{,}284{,}282 \quad (答)$$

- 脱退差
  定年退職時のみの給付のため，中途脱退が発生しても資産側は何も変動しない．つまり資産側の変動は必ず予定通り推移する．よって負債側の動きのみに注目すればよく，脱退差損[*3]は，

$$1.02 \cdot 50{,}000{,}000 \cdot V_{21} \cdot (0.05 - 0) + 1.02 \cdot 80{,}000{,}000 \cdot V_{26} \cdot (0.05 - 0)$$
$$= 6{,}421{,}410 \quad (答)$$

- 新規加入者差
  予定に反して新規加入者が発生したため，この被保険者分の責任準備金分が差損となる．その差損額は，

$$2{,}000{,}000 \cdot V_{25} = 2{,}338{,}000 \quad (答)$$

【補足】

念のため，この3つで負債の動きが説明できているか検証しておく．

[*2] 問題文の「予定より1.0%多い」の意味を $2.0\% + 1.0\% = 3.0\%$ と捉えるのではなく，$1.02 \cdot 1.01 = 1.0302$ と捉えていることに注意せよ．

[*3] 予定以上に中途脱退すれば給付支払を伴わずに負債が減るので益となるが，今回は予定脱退率5% に対して実績脱退率0% であったため損が発生する．

	制度全体の責任準備金	差
①すべて予定通り	$1.02 \cdot 50{,}000{,}000 \cdot V_{21} \cdot 0.95 +$ $1.02 \cdot 80{,}000{,}000 \cdot V_{26} \cdot 0.95$ $= 122{,}006{,}790$	—
②脱退のみ実績	$1.02 \cdot 50{,}000{,}000 \cdot V_{21} \cdot 1.00 +$ $1.02 \cdot 80{,}000{,}000 \cdot V_{26} \cdot 1.00$ $= 128{,}428{,}200$	①–② $= -6{,}421{,}410$ 脱退差損
③脱退と昇給のみ実績	$1.0302 \cdot 50{,}000{,}000 \cdot V_{21} \cdot 1.00$ $+ 1.0302 \cdot 80{,}000{,}000 \cdot V_{26} \cdot 1.00$ $= 129{,}712{,}482$	②–③ $= -1{,}284{,}282$ 昇給差損
④すべて実績	$1.0302 \cdot 50{,}000{,}000 \cdot V_{21} \cdot 1.00$ $+ 1.0302 \cdot 80{,}000{,}000 \cdot V_{26} \cdot 1.00$ $+ 2{,}000{,}000 \cdot V_{25}$ $= 132{,}050{,}482$	③–④ $= -2{,}338{,}000$ 新規加入者差損

問題文中＜前提＞に「脱退→昇給→新規加入」と順序が示されていることに注意せよ．これが例えば「昇給→脱退→新規加入」であったとすると，給付現価，給与現価の計算には影響を及ぼさないものの，上の表に示されている差の取る順序が，昇給差を先に取り，その後脱退差を取るといった計算方法になる．

今回の制度は中途脱退者には何も支払わないため，脱退差は負債側の変動のみを表すが，一般には資産側の変動（給付支払による減少）を考慮する必要があることに注意してほしい．

問題 8.18 (脱退差)　年度中の脱退者に対して加入期間 t に応じた年金額 A_t の n 年確定年金を脱退年度末から支払う保険料期初払の年金制度を考える.

(1) 期初時点で x 歳, 加入期間 t 年である被保険者が, 年度中に脱退した場合の給付現価を $A_t \cdot \ddot{a}_{\overline{n}|}$, 期末時点の加入年齢方式による責任準備金を $V_{x+1,t+1}$ とする. この者が期末に加入している（脱退しなかった）ことによる後発過去勤務債務を式で表せ. なお, x 歳の脱退率を q_x とする.

(2) この年金制度において, 脱退者の年齢, 加入期間あるいは脱退者の人数にかかわらず脱退による後発過去勤務債務が発生しないとすると, $A_t \cdot \ddot{a}_{\overline{n}|} =$（脱退時まで払い込んだ標準保険料の脱退年度末までの元利合計）と表されることを示せ.

■ key's check

- (1) は脱退差に対する理解が必要である.
- (2) は脱退差が生じないような給付設計について求めさせる問題. 年齢間の責任準備金の関係を表すにはファクラーの公式が有用.

【解答】

(1) この被保険者に対する資産と負債の増減に関する予定と実績を考える[*4]. ここで資産の増減については脱退により発生する給付支払のみに注目し, 給付現価 $A_t \cdot \ddot{a}_{\overline{n}|}$ が一括で支払われたとみなしている. また負債の増減については前年度からの責任準備金増加額に注目している.

*4 (5,7), (5.10) 式より後発過去勤務債務を求めるには資産, 負債の予定と実績の差を計算すればよい.

・予定

n 年度末	①資産の増加	②負債の増加	差 (①−②)
脱退者 q_x 人	$-q_x A_t \cdot \ddot{a}_{\overline{n}\rceil}$	$q_x \cdot (0-V_{x,t})$	$-q_x A_t \cdot \ddot{a}_{\overline{n}\rceil}+q_x \cdot V_{x,t}$
被保険者 $1-q_x$ 人	0	$(1-q_x)\cdot$ $(V_{x+1,t+1}-V_{x,t})$	$-(1-q_x)\cdot$ $(V_{x+1,t+1}-V_{x,t})$
合計			$-(1-q_x)V_{x+1,t+1}$ $-q_x A_t \cdot \ddot{a}_{\overline{n}\rceil}+V_{x,t}$

・実績

n 年度末	①資産の増加	②負債の増加	差 (①−②)
脱退者 0 人	0	0	0
被保険者 1 人	0	$V_{x+1,t+1}-V_{x,t}$	$-V_{x+1,t+1}+V_{x,t}$
合計			$-V_{x+1,t+1}+V_{x,t}$

よって（資産−負債）の増加額の実績と予定の差は,

$$-V_{x+1,t+1}-\{-(1-q_x)V_{x+1,t+1}-q_x A_t \cdot \ddot{a}_{\overline{n}\rceil}\}=q_x(A_t \cdot \ddot{a}_{\overline{n}\rceil}-V_{x+1,t+1})$$

だけ発生する．つまり後発過去勤務債務は以下のようになる．

$$q_x(V_{x+1,t+1}-A_t \cdot \ddot{a}_{\overline{n}\rceil}) \qquad \text{(答)}$$

(2)　脱退者の年齢，加入期間あるいは脱退者の人数にかかわらず脱退による後発過去勤務債務が発生しない場合，すべての年齢 x や加入期間 t に対して，

$$V_{x+1,t+1}=A_t \cdot \ddot{a}_{\overline{n}\rceil}$$

が成立する．これを満たす責任準備金 $V_{x+1,t+1}$ を，ファクラーの公式を用いて導出すればよい．被保険者 1 人あたりの標準保険料を P とすると，

$$\begin{aligned} V_{x,t}+P &= vq_x A_t \cdot \ddot{a}_{\overline{n}\rceil}+v(1-q_x)V_{x+1,t+1} \\ &= vq_x V_{x+1,t+1}+v(1-q_x)V_{x+1,t+1}=vV_{x+1,t+1} \end{aligned}$$

したがって，$V_{x,t}$ は漸化式

$$V_{x+1,t+1}=(1+i)(V_{x,t}+P)$$

を満たす（初項 $V_{x-t,0}=0$）.

この一般項は，繰り返し代入していくことで，

$$\begin{aligned}V_{x+1,t+1}&=(1+i)(V_{x,t}+P)\\&=(1+i)\{(1+i)(V_{x-1,t-1}+P)+P\}\\&=(1+i)^2(V_{x-1,t-1}+P)+(1+i)P=\cdots\\&=(1+i)^{t+1}(V_{x-t,0}+P)+(1+i)^tP\\&\quad+(1+i)^{t-1}P+\cdots+(1+i)P\end{aligned}$$

となる．$V_{x-t,0}=0$ であることに注意すれば，この式より $A_t\cdot\ddot{a}_{\overline{n}|}(=V_{x+1,t+1})$ は脱退時まで払い込んだ標準保険料の脱退年度末までの元利合計に等しいことが示された．

【補足】

(1)　この後発過去勤務債務は脱退差損に他ならない．上記の解法を一般化すれば，公式集にある脱退差の式 (5.15) が得られる．

(2)　この問題で示したことは，

脱退差が生じない制度	$\Longleftrightarrow$	脱退時にそれまで支払った標準保険料の元利合計を支払う制度
	$\Longleftrightarrow$	（標準保険料における）危険保険料 $=0$

である．例えば定額キャッシュバランス制度（各指標はすべて予定利率と等しく，脱退時に仮想個人勘定残高そのものを支払う）のようないわゆる「積み上げ型」（貯蓄型）の年金制度においてはこの条件を満たす．これは問題8.2（→ p. 234）の補足で見たように，各指標が予定利率と等しい場合，標準保険料は持分付与率と等しく，仮想個人勘定残高は標準保険料の元利合計と等しくなるからである．つまりこの制度は脱退時に標準保険料の元利合計を支払う制度と言える．

問題 8.19（財政再計算 1）

(1) 財政決算において，ある年金制度の諸数値が以下の通りとなった．財政方式は開放基金方式によるものとする．責任準備金算出に用いた標準保険料率は，直前の財政再計算時に算出したものであり，13.2 % とする．このとき，財政決算における剰余金の額を求めよ（十万の位を四捨五入し，百万円単位で求めよ）．ただし特別保険料は設定されていないとする．

年金受給権者の給付現価		4,800 百万円
在職中の被保険者の給付現価		7,500 百万円
	うち，将来期間対応分	2,500 百万円
	うち，過去期間対応分	5,000 百万円
将来加入が見込まれる被保険者の給付現価		2,100 百万円
在職中の被保険者の給与現価		17,500 百万円
将来加入が見込まれる被保険者の給与現価		34,500 百万円
積立金		9,000 百万円

(2) (1) において財政再計算を行った結果，年金制度の諸数値は以下の通りとなった．財政方式は引き続き開放基金方式を採用し，(1) の剰余金は温存するものとした場合の 15 年元利均等償却（給与の一定割合）による特別保険料率を求めよ（% 単位で小数点以下第 3 位を四捨五入せよ）．なお，保険料は期初払とし，特別保険料の設定が不要の場合は「0%」と解答せよ．

年金受給権者の給付現価		5,400 百万円
在職中の被保険者の給付現価		8,000 百万円
	うち，将来期間対応分	5,200 百万円
	うち，過去期間対応分	2,800 百万円
将来加入が見込まれる被保険者の給付現価		2,400 百万円
在職中の被保険者の給与現価		17,600 百万円
将来加入が見込まれる被保険者の給与現価		36,000 百万円
積立金		9,000 百万円
在職中の被保険者の給与総額		1,800 百万円
期初払 15 年確定年金現価率		12.296

■ **key's check**

- 「財政決算」と「財政再計算」の融合問題.
- 「財政決算」の問題は，「財政決算のプロセス」（→ p.103）に沿っていけば，「剰余金 M」を計算することができる.
- 「財政再計算」の問題は，「財政計算のプロセス」（→ p.100）に沿っていけば，標準保険料や特別保険料を計算することができる.
- 「財政再計算」における特別保険料の計算では，剰余金の処理の仕方によって計算方法が異なるため，問題文の指示を見落とさないようにしたい.

【解答】

以下，百万円単位で計算し，単位表記は省略する.

(1)
- 給付現価 $= S^p + S^a + S^f = 4{,}800 + 7{,}500 + 2{,}100 = 14{,}400$
- 標準保険料収入現価 $= 0.132 \cdot (G^a + G^f) = 0.132 \cdot (17{,}500 + 34{,}500)$
  $= 6{,}864$
- 責任準備金[*5] $= 14{,}400 - 6{,}864 = 7{,}536$

[*5] 責任準備金 $= S^p + S^a_{PS}$ と計算してはいけない！（→ p.103）

- 積立金 $= 9{,}000$

よって，求める剰余金 $= 9{,}000 - 7{,}536 = 1{,}464$（百万円）　　（答）

(2) 財政再計算により与えられた数値に基づく標準保険料率に見直されることから，その標準保険料率に基づく責任準備金は財政再計算後の表の数値を直接用いて[*6]，

- 責任準備金 $= S^p + S^a_{PS} = 5{,}400 + 2{,}800 = 8{,}200$
- 積立金 $= 9{,}000$

題意より財政再計算前に発生していた剰余金 M は温存するので，剰余金部分を除いた積立金 $(= 9{,}000 - 1{,}464 = 7{,}536)$ と責任準備金 $8{,}200$ を比較する必要があり，不足額 $= 8{,}200 - 7{,}536 = 664$ が発生している．つまりこの不足額 664 を償却するために特別保険料の設定が必要である．これを 15 年償却するので，

$$\text{特別保険料率} = \frac{664}{1{,}800 \cdot 12.296} = 0.030000\ldots \approx 3.00\% \quad \text{（答）}$$

【補足】

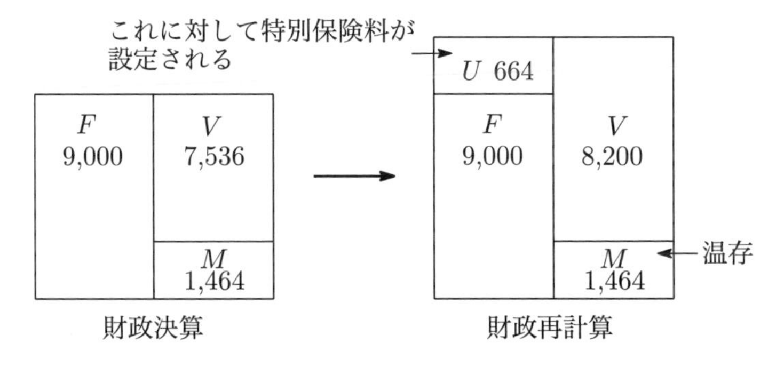

財政再計算を実施したことで，責任準備金 V は 664 だけ増加した．この増加分は，剰余金 1,464 を一部取り崩すことで賄うこともできる（このとき特別保険料の設定はない）し，本問のように剰余金は温存して V の増加分 664 に対して特別保険料を設定することで賄うこともできる．

[*6] なお，標準保険料率に端数処理が指示されている場合は，このように計算はできず，(1) と同様，責任準備金の定義に立ち返って計算する必要がある．

問題 8.20（財政再計算 2）　ある年金制度は財政再計算時に財政方式を加入年齢方式から開放基金方式に見直すことを検討している．なお，財政再計算前後の諸数値の前提条件は以下の通りとする．

項目		財政再計算前	財政再計算後（給付改善なし）
S^p	年金受給権者の給付現価	5,000	5,020
S^a_{PS}	在職中の被保険者の過去の加入期間に対応する給付現価	4,750	4,800
S^a_{FS}	在職中の被保険者の将来の加入期間に対応する給付現価	3,150	3,420
S^f	将来加入が見込まれる被保険者の給付現価	3,500	3,780
G^a	在職中の被保険者の給与現価	35,000	39,000
G^f	将来加入が見込まれる被保険者の給与現価	35,000	36,000
F	積立金残高	10,000	
M	年金制度上の剰余金	?（各自推測すること）	次の (I) または (II) の通り

上表の通り，年金制度上の剰余金があるため，財政再計算時に財政方式の変更に合わせ，次のような変更を検討の選択肢として考えている．

(I)　年金制度上の剰余金は将来の給付改善に利用するための準備金として温存し，保険料率を設定する．

(II)　年金制度上の剰余金は将来の給付改善に利用するための準備金と

して温存しないで，財政再計算時点で将来および在職中の被保険者，年金受給権者全対象者の給付を一律 α% 改善する．

このとき，標準保険料率と特別保険料率（存在する場合）の合計率は (I) による変更の場合，財政再計算前の保険料率の 20% 増であったのに対し，(II) による変更では財政再計算前の保険料率の 110% 増になったとすると，給付改善比率 α% の数値（% 単位で小数点以下第 2 位を四捨五入）はいくらか．

なお，財政再計算前は特別保険料の設定はなかったものとし，財政再計算後の特別保険料率は (I)，(II) ともに償却年数の等しい元利均等償却方式（給与の一定率による償却）によって算定するものとし，本問においては標準保険料の引き下げは行わないものとする．また，計算過程において小数点以下の端数が生じた場合には，小数点以下第 5 位を四捨五入し小数点以下第 4 位まで求めた数値を使用して計算せよ．

■ key's check

- 前問に引き続き「財政決算」と「財政再計算」の融合問題．
- 「財政再計算前」とは財政再計算直前に行われる「財政決算」のことであり，この剰余金が分かっていないことから，「財政決算のプロセス」を意識して「剰余金 M」を計算する必要がある．
- 複雑な設定の問題に対しては，補足にあるような財政状況の図を書きながら解くと解きやすい．

【解答】

まず財政再計算前の財政状況を確認しておく．財政再計算前に適用されている標準保険料率は，

$$\frac{S^f}{G^f}=\frac{3{,}500}{35{,}000}=0.1$$

と計算できるので，

- 責任準備金 $= S^p + S^a - 0.1 \cdot G^a$
  $= 5{,}000 + (4{,}750 + 3{,}150) - 0.1 \cdot 35{,}000 = 9{,}400$
- 積立金 $= 10{,}000$

題意より特別保険料を拠出していないため，財政再計算前には剰余金 $M = 10{,}000 - 9{,}400 = 600$ が発生していることが分かる．

次に財政再計算後の保険料を (I)，(II) それぞれの場合で計算する[*7]．

(I)
- 標準保険料率 ${}^{OAN}P = \dfrac{S^a_{FS} + S^f}{G^a + G^f} = \dfrac{3{,}420 + 3{,}780}{39{,}000 + 36{,}000} = 0.096$
- 責任準備金 ${}^{OAN}V = S^p + S^a_{PS} = 5{,}020 + 4{,}800 = 9{,}820$
- 積立金 $F = 10{,}000$

題意より，財政再計算前に発生していた剰余金 M は温存するので，剰余金部分を除いた積立金 $(= 10{,}000 - 600 = 9{,}400)$ と責任準備金 9,820 を比較する必要があり，不足額 $= 9{,}820 - 9{,}400 = 420$ が発生している．つまりこの不足額 420 を償却するために特別保険料の設定が必要である．過去勤務債務の償却年数を n 年，総給与を L として，特別保険料率 $= \dfrac{420}{L \cdot \ddot{a}_{\overline{n}|}}$ となる．

(II) さらに全被保険者を対象に $\alpha\%$ の給付改善を行った場合，
- 標準保険料率 ${}^{OAN}P' = 0.096 \cdot \left(1 + \dfrac{\alpha}{100}\right)$
- 責任準備金 $V' = 9{,}820 \cdot \left(1 + \dfrac{\alpha}{100}\right)$

---

*7 財政方式を開放基金方式に変更することに注意せよ．また責任準備金の計算においては，標準保険料に関する端数処理方法が特に問題文に明示されていないことから，${}^{OAN}V = S^P + S^a_{PS}$ を用いてよいことが分かる．

- 積立金 $F'=10{,}000$

題意より，財政再計算前に発生していた剰余金 M は全額取り崩すので，この積立金と責任準備金をそのまま比較すればよく，不足額[*8] $=9{,}820\cdot\left(1+\dfrac{\alpha}{100}\right)-10{,}000$ を償却するために特別保険料の設定が必要である．過去勤務債務の償却年数を n 年として，特別保険料率 $=\dfrac{9{,}820\cdot\left(1+\frac{\alpha}{100}\right)-10{,}000}{L\cdot\ddot{a}_{\overline{n}|}}$ となる．

題意より，これらの保険料率の関係は

$$\begin{cases}\text{(I)}\quad 0.1\cdot 1.2=0.096+\dfrac{420}{L\cdot\ddot{a}_{\overline{n}|}}\\[2ex] \text{(II)}\quad 0.1\cdot 2.1=0.096\cdot\left(1+\dfrac{\alpha}{100}\right)+\dfrac{9{,}820\cdot\left(1+\frac{\alpha}{100}\right)-10{,}000}{L\cdot\ddot{a}_{\overline{n}|}}\end{cases}$$

と表せるので，これらを解いて，$\alpha=18.913043\ldots\approx 18.9$ (答)

【補足】

本問の財政再計算の流れをB/Sで表すと以下のようになる．

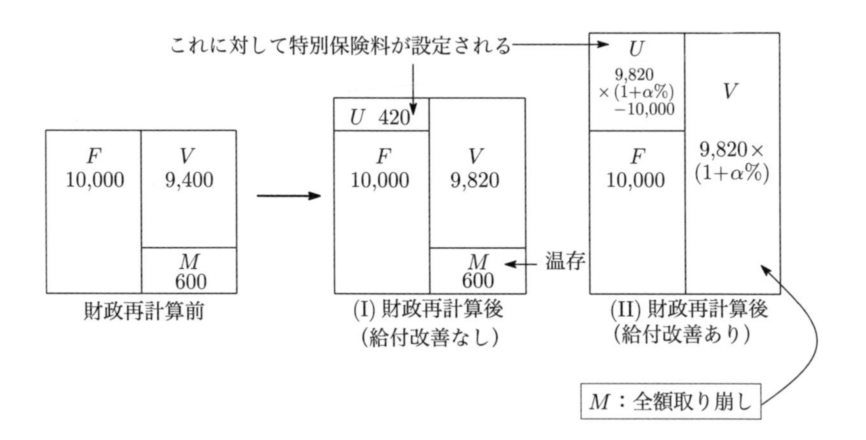

*8 この値は正値でなければならない．仮にこれが負値であれば特別保険料の設定がなくなるが，この場合この後で述べる保険料率の関係を用いると $1+\alpha\%=\dfrac{21}{9.6}$ となり，$9{,}820\cdot\dfrac{21}{9.6}-10{,}000>0$ となってしまうことから矛盾が生じる．

付録A

年金数理のための数学基礎公式集

[合格へのストラテジー 数学] にも数学の公式集を掲載したが，ここでは年金数理を攻略するために最低限必要な公式を掲載する．

A.1 2次方程式の解

$ax^2+bx+c=0\ (a\neq 0)$ の解は，以下の通り．

$$x=\frac{-b\pm\sqrt{b^2-4ac}}{2a} \tag{A.1}$$

A.2 数列

A.2.1 等差数列の和

$$\sum_{\text{初項}}^{\text{末項}}\text{等差数列}=\frac{\text{初項}+\text{末項}}{2}\cdot\text{項数} \tag{A.2}$$

A.2.2 等比数列の和

$$\sum_{\text{初項}}^{\text{末項}}\text{等比数列}=\frac{\text{初項}-\text{末項}\cdot\text{公比}}{1-\text{公比}} \tag{A.3}$$

A.2.3 階差数列

数列 $\{a_n\}$ に対し，

$$b_k=a_{k+1}-a_k$$

として得られる数列 $\{b_n\}$ を，$\{a_n\}$ の**階差数列**という．ここで，

$$\sum_{k=0}^{n-1} b_k = \sum_{k=0}^{n-1}(a_{k+1} - a_k) = a_n - a_0$$

であるから，

$$a_n = a_0 + \sum_{k=0}^{n-1} b_k \tag{A.4}$$

A.2.4　漸化式

例えば $a_n = 2a_{n-1} + 3$ のように，数列のある項と別のある項との間に成り立つ関係式を，**漸化式**という．年金数理ではこの一般項を求める計算が頻繁に登場する．

線形2項間漸化式

数列 $\{a_n\}$ に対し，初項 a_0 が定数で与えられ，$a_n = pa_{n-1} + q$（p, q は定数で $p \neq 1$）のような形で表される漸化式を**線形2項間漸化式**という．この一般項を n の式で表すには，次の2つの解法がある．

■解法1・等比数列の漸化式へ帰着させる方法　漸化式を $a_n - \dfrac{q}{1-p} = p\left(a_{n-1} - \dfrac{q}{1-p}\right)$ と変形する．$\left\{a_n - \dfrac{q}{1-p}\right\}$ を1つの数列とみなせば，これは初項 $a_0 - \dfrac{q}{1-p}$，公比 p の等比数列である．したがって，

$$a_n = p^n\left(a_0 - \frac{q}{1-p}\right) + \frac{q}{1-p} \tag{A.5}$$

■解法2・帰納的に導出する方法　a_n の漸化式に a_{n-1} の漸化式，a_{n-2} の漸化式，$\cdots, a_1$ の漸化式を代入していく方法である．すなわち，以下のようになる．

$$a_n = pa_{n-1} + q = p(pa_{n-2} + q) + q = p^2 a_{n-2} + q(1+p)$$

帰納的に，a_{n-k} の係数は p^k，q の係数は $(1 + p + \cdots + p^{k-1})$ となるので，

$$a_n = p^n a_0 + q(1 + p + \cdots + p^{n-1}) = p^n a_0 + q \cdot \frac{1-p^n}{1-p} \tag{A.6}$$

式変形すると，公式(A.5)と公式(A.6)は一致していることが分かる．

A.2.5　重要な $\sum$ 計算 (1)

$$\sum_{k=1}^{n} c = cn \tag{A.7}$$

$$\sum_{k=0}^{n} c = c(n+1) \tag{A.8}$$

$$\sum_{k=1}^{n} k = \frac{n(n+1)}{2} \tag{A.9}$$

$$\sum_{k=1}^{n} k^2 = \frac{n(n+1)(2n+1)}{6} \tag{A.10}$$

$$\sum_{k=1}^{n} k^3 = \left\{\frac{n(n+1)}{2}\right\}^2 \tag{A.11}$$

$$\sum_{k=1}^{n} kx^k = \frac{x(1-x^k)}{(1-x)^2} - \frac{nx^{n+1}}{1-x} \tag{A.12}$$

公式 (A.12) は必ずしも覚える必要はない．この形の和に出くわしたら，①和を S_n とおいて，公比倍（x 倍）ずらしたものを引くと（等比数列）−（末項）になるので $(1-x)$ で割る，②等比数列の公式を微分する，のどちらかを覚えておけばすぐに導出できる．

A.2.6　重要な $\sum$ 計算 (2)

■二項定理

$$\sum_{k=0}^{n} \binom{n}{k} x^k y^{n-k} = (x+y)^n \tag{A.13}$$

特に上記で $y=1$ とすると，下記公式を得られる．

$$\sum_{k=0}^{n} \binom{n}{k} x^k = (x+1)^n \tag{A.14}$$

ここで，$\binom{n}{k}$ は**二項係数**と呼ばれる．$n!$ は**階乗**のことで，$n! = n \times (n-1) \times (n-2) \times \cdots \times 3 \times 2 \times 1$ である．これを利用して以下の通り表される．

$$\binom{n}{k} = \frac{n!}{k!(n-k)!} \tag{A.15}$$

なお，$0! = 1$，$\binom{n}{0} = \binom{0}{0} = \binom{n}{n} = 1$ である．

$|x| < 1$ のとき，

$$\sum_{k=0}^{\infty} x^k = \frac{1}{1-x} = 1 + x + x^2 + \cdots \tag{A.16}$$

$$\sum_{k=1}^{\infty} kx^{k-1} = \frac{1}{(1-x)^2} = 1 + 2x + 3x^2 + \cdots \tag{A.17}$$

A.3　重要関数

A.3.1　指数計算

$$a^n \cdot a^m = a^{n+m} \tag{A.18}$$

$$\frac{a^n}{a^m} = a^{n-m} \tag{A.19}$$

$$a^0 = 1 \tag{A.20}$$

$$a^{-n} = \frac{1}{a^n} \tag{A.21}$$

$$(a^n)^m = a^{nm} \tag{A.22}$$

A.3.2　対数計算

$$x = \log N \iff N = e^x \tag{A.23}$$

$$\log(N \cdot M) = \log N + \log M \tag{A.24}$$

$$\log \frac{N}{M} = \log N - \log M \tag{A.25}$$

$$\log N^M = M \log N \tag{A.26}$$

$$\log 1 = 0 \tag{A.27}$$

$$\log e = 1 \tag{A.28}$$

$$e^{\log f(x)} = f(x) \tag{A.29}$$

なお，本書に登場する $\exp(x)$ は，e^x と同義である．

A.3.3　ガンマ関数

ガンマ関数 $\Gamma(\alpha)$ は，正の実数 α に対して以下のように定義される．

$$\Gamma(\alpha) = \int_0^\infty x^{\alpha-1} e^{-x} dx \tag{A.30}$$

ガンマ関数には以下の性質がある．

$$\beta > 0 \text{ のとき，} \quad \frac{\Gamma(\alpha)}{\beta^\alpha} = \int_0^\infty x^{\alpha-1} e^{-\beta x} dx \tag{A.31}$$

$$\alpha > 1 \text{ のとき，} \quad \Gamma(\alpha) = (\alpha - 1)\Gamma(\alpha - 1) \tag{A.32}$$

$$\alpha \text{ が正の整数のとき，} \quad \Gamma(\alpha) = (\alpha - 1)! \tag{A.33}$$

$$\Gamma\left(\frac{1}{2}\right) = \sqrt{\pi} \tag{A.34}$$

A.3.4　ベータ関数

ベータ関数 $B(p, q)$ は，p, q を正の実数とするとき，(A.35) で定義され，以下の関係式が成立する．特に，(A.38) の公式は重要．

$$B(p, q) = \int_0^1 x^{p-1} (1 - x)^{q-1} dx \tag{A.35}$$

$$= 2 \int_0^{\frac{\pi}{2}} \sin^{2p-1} \theta \cdot \cos^{2q-1} \theta d\theta \tag{A.36}$$

$$(\because x = \sin^2 \theta \text{ とおくと } dx = 2 \sin \theta \cos \theta d\theta)$$

$$= \int_0^\infty \frac{u^{q-1}}{(1 + u)^{p+q}} du \quad (\because x = \frac{1}{1 + u} \text{ と置換}) \tag{A.37}$$

$$= \frac{\Gamma(p)\Gamma(q)}{\Gamma(p + q)} \tag{A.38}$$

A.4　微分積分

A.4.1　極限

x を実数とするとき，**ネイピア数** $\boldsymbol{e}$ について以下が成立する．特に，$x=1$ のものを e の定義としている[*1]．

$$\lim_{n\to\infty}\left(1+\frac{x}{n}\right)^n=e^x \tag{A.39}$$

A.4.2　微分法

$y=c$（c は定数）のとき，

$$\frac{dy}{dx}=0 \tag{A.40}$$

$y=cx$（c は定数）のとき，

$$\frac{dy}{dx}=c \tag{A.41}$$

$y=x^n$ のとき，

$$\frac{dy}{dx}=n\cdot x^{n-1} \tag{A.42}$$

$y=f(x)\cdot g(x)$ のとき，

$$\frac{dy}{dx}=f'(x)\cdot g(x)+f(x)\cdot g'(x) \tag{A.43}$$

公式 (A.43) は**ライプニッツの公式**の 2 関数 1 階微分バージョンである．3 つの関数の積の場合は，以下のようになる．すなわち，$z=f(x)\cdot g(x)\cdot h(x)$ のとき，

$$\frac{dz}{dx}=f'(x)\cdot g(x)\cdot h(x)+f(x)\cdot g'(x)\cdot h(x)+f(x)\cdot g(x)\cdot h'(x) \tag{A.44}$$

$y=\dfrac{f(x)}{g(x)}$ のとき，

$$\frac{dy}{dx}=\frac{f'(x)\cdot g(x)-f(x)\cdot g'(x)}{\{g(x)\}^2} \tag{A.45}$$

$y=f(g(x))$ のとき，

$$\frac{dy}{dx}=f'(g(x))g'(x) \tag{A.46}$$

---

*1 e の定義の方法は，文献によって異なる場合がある．

$y=a^x(a>0,\ a\neq 1)$ のとき，

$$\frac{dy}{dx}=a^x\cdot\log a \tag{A.47}$$

$y=e^x$ のとき，

$$\frac{dy}{dx}=e^x \tag{A.48}$$

$y=\log x$ のとき，

$$\frac{dy}{dx}=\frac{1}{x} \tag{A.49}$$

A.4.3　積分法

以下，積分定数 C は省略.

$f(x)=x^a\ (a\neq -1)$ のとき，

$$\int f(x)dx=\frac{x^{a+1}}{a+1} \tag{A.50}$$

$f(x)=\dfrac{1}{x}$ のとき，

$$\int f(x)dx=\log|x| \tag{A.51}$$

$f(x)=a^x\ (a>0,\ a\neq 1)$ のとき，

$$\int f(x)dx=\frac{a^x}{\log a} \tag{A.52}$$

$f(x)=e^x$ のとき，

$$\int f(x)dx=e^x \tag{A.53}$$

$a\cdot f(x)\pm b\cdot g(x)$ のとき，

$$\int\{a\cdot f(x)\pm b\cdot g(x)\}dx=a\cdot\int f(x)dx\pm b\cdot\int g(x)dx \quad \text{（複号同順）} \tag{A.54}$$

$f(x)=\dfrac{g'(x)}{g(x)}$ のとき，

$$\int f(x)dx=\log|g(x)| \tag{A.55}$$

部分積分の公式

$$\int f'(x)\cdot g(x)dx = f(x)\cdot g(x) - \int f(x)g'(x)dx \tag{A.56}$$

$$\int f(x)\cdot e^{-ax}dx = -e^{-ax}\left\{\frac{f(x)}{a}+\frac{f'(x)}{a^2}+\frac{f''(x)}{a^3}+\cdots\right\} \tag{A.57}$$

A.5　テーラー展開

$f(x)$ について $x=a$ の近傍での**テーラー展開**の公式は以下の通り．

$$f(x)=\sum_{n=0}^{\infty}\frac{f^{(n)}(a)}{n!}(x-a)^n \tag{A.58}$$

特に $a=0$ の場合を**マクローリン展開**という．

$$f(x)=\sum_{n=0}^{\infty}\frac{f^{(n)}(0)}{n!}x^n \tag{A.59}$$

公式 (A.59) の重要な展開式は以下の通り．e^x の展開式は式の変形に多用される．

$$e^x=\sum_{n=0}^{\infty}\frac{x^n}{n!} \tag{A.60}$$

$$\log(1+x)=\frac{x}{1}-\frac{x^2}{2}+\frac{x^3}{3}-\frac{x^4}{4}\cdots \tag{A.61}$$

[教科書] では，**Woolhouse の公式**を用いて分割払の生命年金を近似している．$f(x)$ を $[a,b]$ で定義された無限回微分可能な関数とするとき，

$$\begin{aligned} &f(a)+f\left(a+\frac{1}{n}\right)+f\left(a+\frac{2}{n}\right)+\cdots+f\left(b-\frac{1}{n}\right)+f(b)\\ =&n\{f(a)+f(a+1)+\cdots+f(b)\}-\frac{n-1}{2}\{f(a)+f(b)\}\\ &-\frac{n^2-1}{12n}\{f'(b)-f'(a)\}+\frac{n^4-1}{720n^3}\{f'''(b)-f'''(a)\}+\cdots \end{aligned} \tag{A.62}$$

A.6　確率の基本公式

$P(A)$ は，事象 A が起きる確率を表す．

A.6.1　独立と排反

- A と B が**独立**とは，$P(A\cap B)=P(A)\cdot P(B)$ が成り立つこと．
- A と B が**排反**とは，$A\cap B=\varnothing$（空事象）であること．
- A と B が排反のとき，$P(A\cup B)=P(A)+P(B)$ が成り立つ．

A.6.2　余事象

事象 A に対して，A が起こらない事象を**余事象**といい，A^c と表す．このとき，$P(A)+P(A^c)=1$ が成り立つ．

A.6.3　ド・モルガンの法則

$$(A\cup B)^c=A^c\cap B^c \tag{A.63}$$

$$(A\cap B)^c=A^c\cup B^c \tag{A.64}$$

A.6.4　加法定理

和事象の確率計算は以下の通り．

$$P(A\cup B)=P(A)+P(B)-P(A\cap B) \tag{A.65}$$

$$\begin{aligned}P(A\cup B\cup C)=&P(A)+P(B)+P(C)\\&-P(A\cap B)-P(B\cap C)-P(C\cap A)\\&+P(A\cap B\cap C)\end{aligned} \tag{A.66}$$

A.6.5　確率変数の基本公式

確率的にさまざまな値を取る変数を**確率変数**といい，通常，X, Y, Z のように大文字で表す．確率変数 X が，a 以上 b 以下の値を取る確率を
$P(a\leq X\leq b)$ と表す．

離散型確率変数

離散的な値 $x_1, x_2, x_3, \ldots$ のみを取る確率変数 X に対して，
$f(x_i) = P(X = x_i)$ として定義される関数 $f(x_i)$ を確率変数 X の**確率関数**という．すべての確率の合計は 1 となる．

$$\sum_{i=1}^{\infty} f(x_i) = 1 \tag{A.67}$$

連続型確率変数

確率変数 X にかかる確率に関して，以下の式を満たす関数 $f(x)$ が存在するとき，この $f(x)$ を確率変数 X の**確率密度関数**という．

任意の a, b $(a \leq b)$ に対して，

$$P(a \leq X \leq b) = \int_a^b f(x)dx \tag{A.68}$$

また，特定の点の確率はゼロであるため，$P(X = x) = 0$ であり，
$P(a \leq X \leq b) = P(a < X < b)$ である．全区間を積分した値は 1 となる．

$$\int_{-\infty}^{\infty} f(x)dx = 1 \tag{A.69}$$

A.6.6　期待値

添え字がない $\sum, \int$ は全区間の合計もしくは全区間の積分を表すものとする．このとき，X の**期待値**（**平均**）$E(X)$ は，

●**離散型**

$$E(X) = \sum x_i \cdot f(x_i) \tag{A.70}$$

●**連続型**

$$E(X) = \int x \cdot f(x)dx \tag{A.71}$$

で定義される．$\mu = E(X)$ と表す場合もある．$g(x)$ を x の関数とするとき，確率変数 $g(X)$ の平均として，以下が定義できる．

●離散型

$$E[g(X)] = \sum g(x_i) \cdot f(x_i) \tag{A.72}$$

●連続型

$$E[g(X)] = \int g(x) \cdot f(x) dx \tag{A.73}$$

a, b は X, Y に無関係な定数として，以下の性質がある．特に公式 (A.74) は，確率変数の分解というテクニックを使う際に用いる重要な性質である．

$$E(X+Y) = E(X) + E(Y) \tag{A.74}$$

$$E(aX+b) = aE(X) + b \tag{A.75}$$

X, Y が独立であるとき，以下の性質がある．

$$E(XY) = E(X)E(Y) \tag{A.76}$$

A.7　不等式

相加相乗平均の不等式は以下のように述べられる．正の数 $a_1, a_2, \ldots, a_n$, $w_1, w_2, \ldots, w_n$ について以下の不等式（相加平均 $\geq$ 相乗平均）が成立する．

$$\frac{w_1 a_1 + w_2 a_2 + \cdots + w_n a_n}{w_1 + w_2 + \cdots + w_n} \geq (a_1^{w_1} \times a_2^{w_2} \times \cdots \times a_n^{w_n})^{\frac{1}{w_1 + w_2 + \cdots + w_n}} \tag{A.77}$$

$\{a_n\}, \{b_n\}$ を正値の実数列とし，$\left\{\frac{b_n}{a_n}\right\}$ が単調増加である場合，次が成立する．

$$\begin{aligned}\frac{b_1}{a_1} &\leq \frac{b_1 + b_2}{a_1 + a_2} \leq \cdots \leq \frac{b_1 + \cdots + b_{n-1}}{a_1 + \cdots + a_{n-1}} \\ &\leq \frac{b_1 + \cdots + b_n}{a_1 + \cdots + a_n} \leq \frac{b_2 + \cdots + b_n}{a_2 + \cdots + a_n} \leq \cdots \leq \frac{b_n}{a_n}\end{aligned} \tag{A.78}$$

$\left\{\frac{b_n}{a_n}\right\}$ が単調減少である場合は逆向きの不等号が成立する．なお狭義単調であれば，この不等式の等号は成立しない．

この不等式の証明は，本質的には，$\dfrac{b_1+b_2}{a_1+a_2}=\dfrac{a_1\cdot\frac{b_1}{a_1}+a_2\cdot\frac{b_2}{a_2}}{a_1+a_2}$ と見ると，これは $\dfrac{b_1+b_2}{a_1+a_2}$ が $\dfrac{b_1}{a_1}$ と $\dfrac{b_2}{a_2}$ の加重平均と表されることから示される．

[二見生保] の第6章で登場する不等式は，実は年金数理を理解するのにも有用である．ここでは，結果のみ紹介し，詳細は [二見生保] を参照いただきたい．

$\{f_n\},\{g_n\},\{h_n\}$ を実数列とし，$\{f_n\}$ は単調減少数列とする．このとき，

(1)　$\sum\limits_{j=1}^{t} g_j \geq \sum\limits_{j=1}^{t} h_j\ (t<n)$,　$\sum\limits_{j=1}^{n} g_j = \sum\limits_{j=1}^{n} h_j$ が成立するとき，

$$\sum_{j=1}^{n} f_j g_j \geq \sum_{j=1}^{n} f_j h_j \tag{A.79}$$

(2)　$\dfrac{\sum\limits_{j=1}^{t} g_j}{\sum\limits_{j=1}^{n} g_j} \geq \dfrac{\sum\limits_{j=1}^{t} h_j}{\sum\limits_{j=1}^{n} h_j}\ (t<n)$ が成立するとき，

$$\frac{\sum\limits_{j=1}^{n} f_j g_j}{\sum\limits_{j=1}^{n} g_j} \geq \frac{\sum\limits_{j=1}^{n} f_j h_j}{\sum\limits_{j=1}^{n} h_j} \tag{A.80}$$

(3)　$h_j>0\ (j=1,2,\ldots,n)$ で $\dfrac{g_1}{h_1} \geq \dfrac{g_2}{h_2} \geq \cdots \geq \dfrac{g_n}{h_n}$ が成立するとき，

$$\frac{\sum\limits_{j=1}^{n} f_j g_j}{\sum\limits_{j=1}^{n} g_j} \geq \frac{\sum\limits_{j=1}^{n} f_j h_j}{\sum\limits_{j=1}^{n} h_j} \tag{A.81}$$

この公式 (A.79) は，[二見論文] における **Steffensen の不等式**の離散バージョンであり，本書では広義の意味で「Steffensen の不等式」と呼ぶことにする．

■付録B

特論・v^n-l_x平面を使いこなす

B.1　導入

[教科書] には，Trowbridge モデルにおいて，「給付現価及び人数現価の数式を視覚的に理解するため」として，以下のような図が紹介されている.

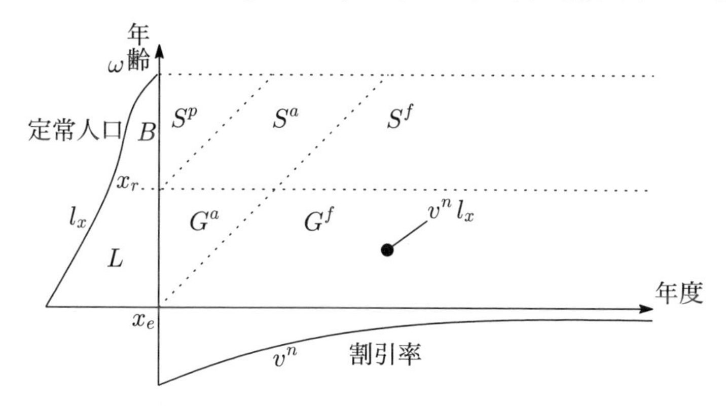

この n-x 平面上の各点 (n,x) に v^n-l_x なる値を対応させることで，給付現価 (S^p, S^a, S^f など)，給与現価 (G^a, G^f) の算式を「v^n-l_x 平面上の点の集合」として視覚的に捉えることができる．上図でいうと，v^n-l_x 上の 1 点 (n,x) は，それ自身が $v^n l_x$ であることを表している.

しかし，この図には，単に給付現価などを図示できる以外に多くの活用方法があり，それをマスターしていればほとんど計算することなく解ける問題も存在する．ここでは x_e 歳加入，x_r 歳定年の定常人口を仮定し，この図の更なる見方と応用方法について解説する.

B.2　v^n-l_x 平面上の操作

B.2.1　基本操作

v^n-l_x 平面上での操作と，実際の計算との対応を以下の表にまとめた．以降，m は整数とする．特に (2) の，「d で割る」（すなわち，「$\ddot{a}_\infty$ を乗じる」）という演算は，図でいうと「点を右方向へ無限に増やす」操作に対応している．このイメージはあらゆる局面で登場するため非常に重要である．

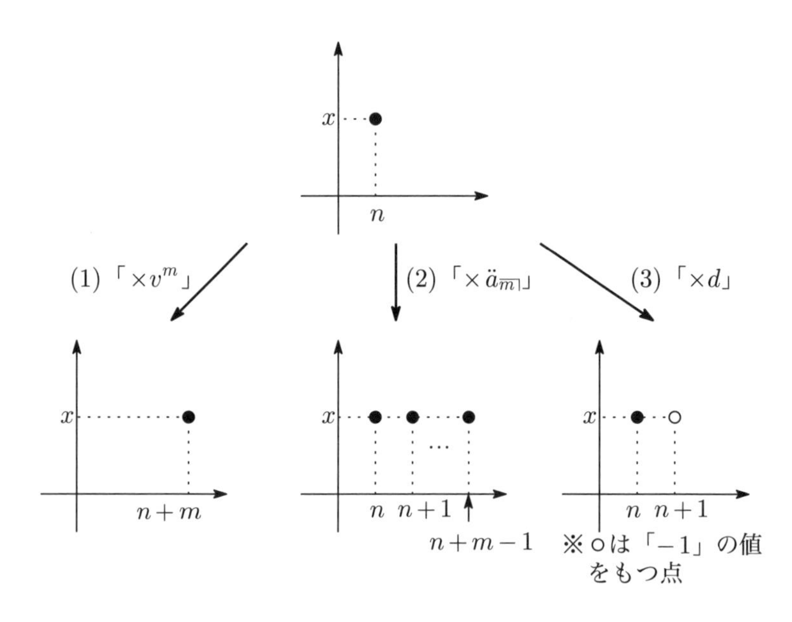

演算	図での操作（イメージ）	図での操作（式）
(1) v^m を乗じる	右方向に m 移動させる	$(n, x) \to (n+m, x)$ $v^n l_x \to v^{n+m} l_x$
(2) $\ddot{a}_{\overline{m}\rceil}$ を乗じる $m \to \infty$ とし $\ddot{a}_\infty (= 1/d)$ を乗じる	右方向に m 個増やす 右方向へ無限に増やす	$(n, x) \to (n, x) +$ $(n+1, x) + \cdots +$ $(n+m-1, x)$ $v^n l_x \to v^n l_x + v^{n+1} l_x$ $+ \cdots + v^{n+m-1} l_x$ $(n, x) \to (n, x) +$ $(n+1, x) + \cdots$ $v^n l_x \to v^n l_x + v^{n+1} l_x$ $+ \cdots$
(3) d を乗じる	自分自身は残し，右方向に 1 ずらしたものを引いたものにする	$(n, x) \to (n, x) -$ $(n+1, x)$ $v^n l_x \to v^n l_x - v^{n+1} l_x$

次に「斜め方向」,「縦方向」の操作を考えてみよう．これをマスターすれば，あらゆる式変形を図で解釈することができる．

演算	図での操作（イメージ）	図での操作（式）
(4) $\ddot{a}_{x:\overline{m}\rceil}$ を乗じる	右上方向に m 個増やす	$(n,x)\to(n,x)+$ $(n+1,x+1)+\cdots+$ $(n+m-1,x+m-1)$ $v^n l_x \to v^n l_x + v^{n+1} l_{x+1}$ $+\cdots+v^{n+m-1}l_{x+m-1}$
$m\to\infty$ とし，$\ddot{a}_x$ を乗じる	右上方向に無限に増やす	$(n,x)\to(n,x)+$ $(n+1,x+1)+\cdots$ $v^n l_x \to v^n l_x + v^{n+1} l_{x+1}$ $+\cdots$
(5) $\ddot{e}_{x:\overline{m}\rceil}$[*1] を乗じる	上方向に m 個増やす	$(n,x)\to(n,x)+$ $(n,x+1)+\cdots+$ $(n,x+m-1)$ $v^n l_x \to v^n l_x + v^n l_{x+1}$ $+\cdots+v^n l_{x+m-1}$
$m\to\infty$ とし，$\ddot{e}_x$ を乗じる	上方向に無限に増やす	$(n,x)\to(n,x)+$ $(n,x+1)+\cdots$ $v^n l_x \to v^n l_x + v^n l_{x+1}$ $+\cdots$

なぜこのような操作が可能なのかは，$v^n l_x$ に $\ddot{a}_{x:\overline{m}\rceil}(=1+vp_x+\cdots+v^{m-1}{}_{m-1}p_x)$，$\ddot{e}_{x:\overline{m}\rceil}$ をそれぞれ掛けて，計算結果を $v, l_\bullet$ で表せば納得いただけるかと思う．

これを図示すると以下のようになる．

[*1] $\ddot{e}_{x:\overline{m}\rceil}$ は $\ddot{e}_{x:\overline{m}\rceil}=1+p_x+\cdots+{}_{m-1}p_x$ で定義される，本書での独自の記号である．

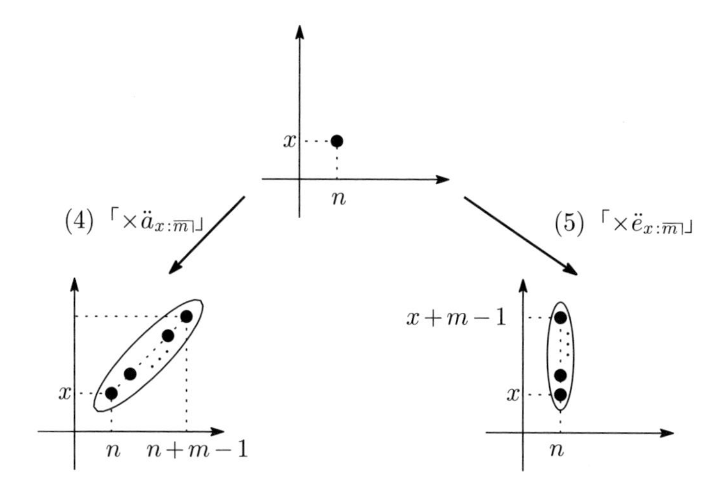

B.2.2　応用操作

応用操作として，計算基数が図でどのような操作に対応しているかを考察してみよう．なお，y は整数とする．

特に，$l_x \cdot \dfrac{D_y}{D_x}$ は，点 l_x を右上方向に年齢が y である点まで移動させる操作とみなせる．この形は非常に頻出であり，図でどの点を表しているかを直ちに分かるようにしたい．

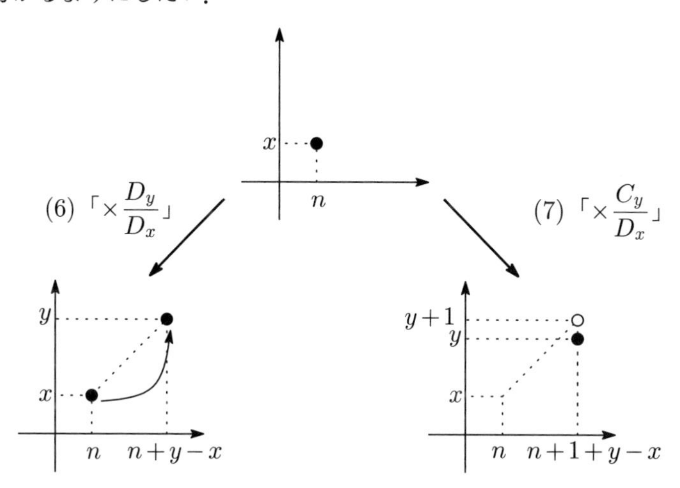

演算	図での操作（イメージ）	図での操作（式）
(6) $\dfrac{D_y}{D_x}$ を乗じる	右上方向に $y-x$ 個移動させる	$(n,x) \to (n+y-x, y)$ $v^n l_x \to v^{n+y-x} l_y$
特に $\dfrac{N_y}{D_x}$ を乗じる	右上方向に $y-x$ 個移動させ，そこから右上方向に点を無限に増やす	$(n,x)\to(n+y-x,y)$ $+(n+y-x+1,y+1)$ $+\cdots$ $v^n l_x \to v^{n+y-x} l_y +$ $v^{n+y-x+1} l_{y+1} + \cdots$
(7) $\dfrac{C_y}{D_x}$ を乗じる		$(n,x)\to(n+1+y-x,y)$ $-(n+1+y-x,y+1)$ $v^n l_x \to v^{n+1+y-x} l_y$ $-v^{n+1+y-x} l_{y+1}$

これらも直接計算して，計算結果を $v, l_\bullet$ で表して確かめるとよい．

以上は離散のケースを前提とした操作だが，連続のケースにおいても，以下の「置き換え」を行うことで演算操作は可能である．

- 「点を増やす」→「伸ばす」(すなわち，$\sum$ を $\int$ に置き換える)
- 「d で割る」→「δ で割る」

B.3　図を用いた種々の公式の解釈

公式集で紹介した公式の中から，図を用いてどういう状況を表しているか考えてみよう．以下，給付現価に関する式を述べる際は Trowbridge モデルを仮定する*2．

■ $S = \dfrac{B}{d}, G = \dfrac{L}{d}$

*2 なお，人数現価については Trowbridge モデルを仮定しなくても成立する．

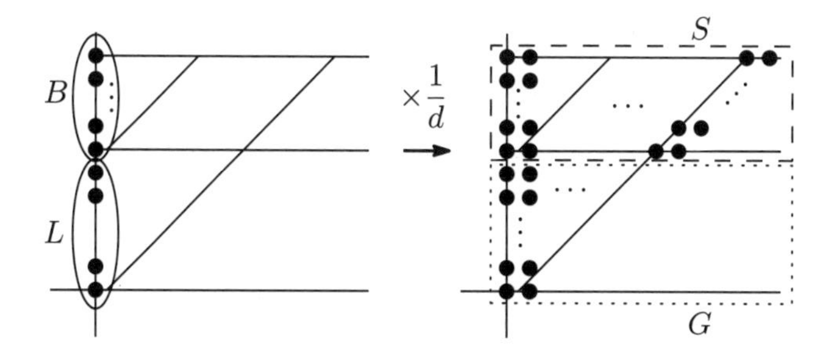

「dで割ることは右方向に点を増やすことに対応している」ことに注意すれば，$\dfrac{B}{d}$ はBを右方向に点を増やしたもの，つまりSに等しくなることが分かる．$G=\dfrac{L}{d}$ についても同様のことがいえる．

■ $S^p=\dfrac{B}{d}-\dfrac{v}{d}\cdot l_{x_r}\ddot{a}_{x_r}$

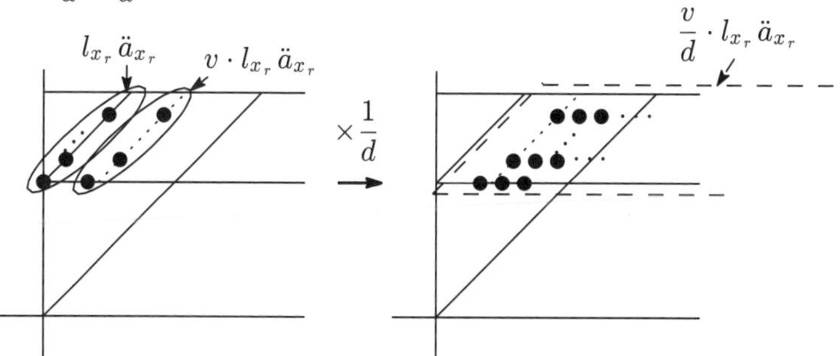

まず，$\dfrac{B}{d}$ はSと等しい．$\dfrac{v}{d}\cdot l_{x_r}\ddot{a}_{x_r}$ は，l_{x_r} から $\ddot{a}_{x_r}$ を掛けて右上に点を増やし，vを掛けて右に1つずらし，dで割ることで右に点を増やしたものになる．これをSから引けば，S^pと等しくなることが分かる．

■ $S^p+S^a=\dfrac{B}{d}-\dfrac{v}{d}\cdot l_{x_e}^{(T)}\cdot\dfrac{D_{x_r}\ddot{a}_{x_r}}{D_{x_e}}$，　$G^a=\dfrac{L}{d}-\dfrac{v}{d}\cdot l_{x_e}^{(T)}\cdot\dfrac{\sum_{y=x_e}^{x_r-1}D_y}{D_{x_e}}$

S^p+S^a について考える．まず $\dfrac{B}{d}$ はSに等しい．$\dfrac{v}{d}\cdot l_{x_e}^{(T)}\cdot\dfrac{D_{x_r}\ddot{a}_{x_r}}{D_{x_e}}$ である

が，①$l_{x_e}^{(T)}$ に $\dfrac{D_{x_r}}{D_{x_e}}$ を掛けて右上に移し，②$\ddot{a}_{x_r}$ を掛けて右上に増やし，③v を掛けて右にずらし，④d で割ることで右に増やすという操作を行うことで，右下のグラフの斜線部として理解できる．よってSから図の斜線部を引けば，S^p+S^a となることが分かる．

同様の議論によって，$G^a=\dfrac{L}{d}-\dfrac{v}{d}\cdot l_{x_e}^{(T)}\cdot\dfrac{\sum_{y=x_e}^{x_r-1}D_y}{D_{x_e}}$ についても理解できるかと思う．

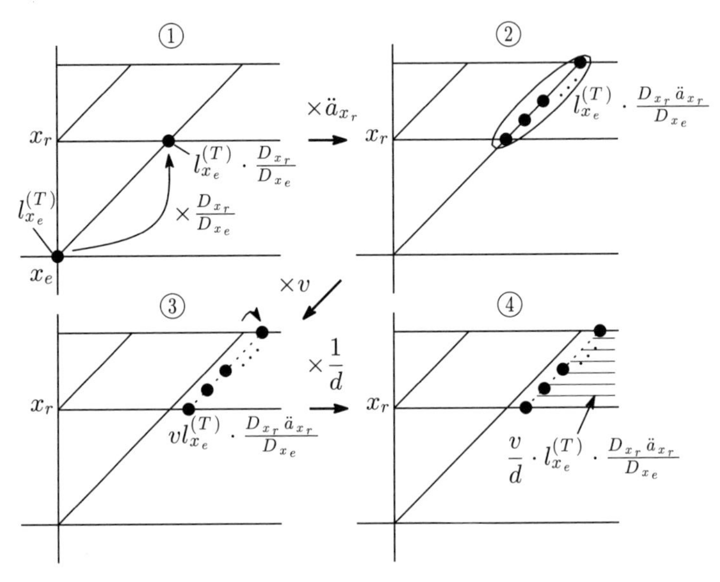

■ $G^a=\sum_{x=x_e}^{x_r-1}\left(\sum_{y=x}^{x_r-1}l_y^{(T)}v^{y-x}\right)=\sum_{x=x_e}^{x_r-1}l_x^{(T)}\left(\sum_{t=0}^{x-x_e}v^t\right)=\sum_{x=x_e}^{x_r-1}l_x^{(T)}\cdot\dfrac{\sum_{y=x}^{x_r-1}D_y}{D_x}$

最後に，G^a について考えてみよう．これを理解しておけば，G^a の公式をたくさん丸暗記する必要がないし，たとえ G^a の式に関する正誤問題が出題されても，G^a の図のイメージができていれば，式の解釈を図にあてはめて対応関係を考えれば，式変形で時間をかけずとも正誤が判断できる．無論，G^f や各給付現価についても同様に有効である．

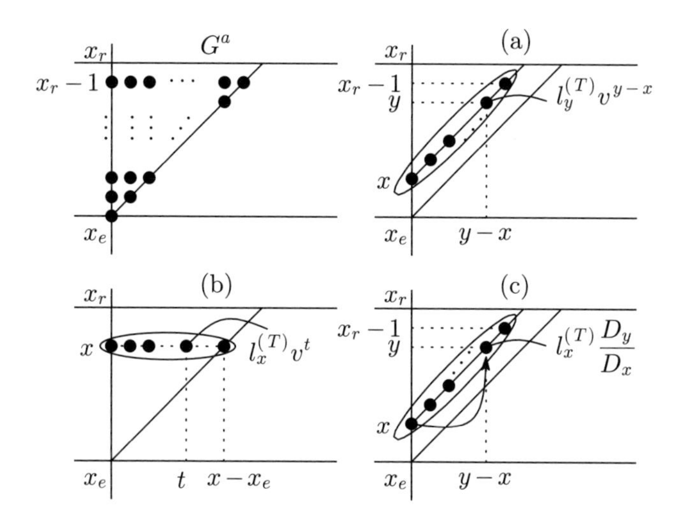

まず，G^a については上記の議論より，左上図の格子点の和と表すことができる．それを踏まえると…

(a) $\displaystyle\sum_{x=x_e}^{x_r-1}\left(\sum_{y=x}^{x_r-1} l_y^{(T)}v^{y-x}\right)$ を考える．右上図(a)に着目すると，2つ目の $\sum$ の中の $l_y^{(T)}v^{y-x}$ は v^n-l_x 平面上の点 $(y-x, y)$ と対応する．$\displaystyle\sum_{y=x}^{x_r-1} l_y^{(T)}v^{y-x}$ は，y について x から x_r-1 まで足し上げるので，これは図(a)でいうと楕円で囲んだ部分になる．これを x $(x_e \leq x < x_r)$ についてさらに足し上げると G^a になる．

(b) $\displaystyle\sum_{x=x_e}^{x_r-1} l_x^{(T)}\left(\sum_{t=0}^{x-x_e} v^t\right)$ を考える．左下図(b)に着目すると，$l_x^{(T)}v^t$ は v^n-l_x 平面上の点 (t, x) と対応する．v^t を $t=0$ から $t=x-x_e$ まで足し上げると，$\displaystyle l_x^{(T)}\sum_{t=0}^{x-x_e} v^t$ は図(b)の楕円で囲んだ部分に相当する．これを x $(x_e \leq x < x_r)$ に対してさらに足し上げると G^a になる．楕円部分 $\displaystyle l_x^{(T)}\sum_{t=0}^{x-x_e} v^t$ は「人数×確定年金現価率」に相当する．

(c)　$\displaystyle\sum_{x=x_e}^{x_r-1} l_x^{(T)} \cdot \frac{\sum_{y=x}^{x_r-1} D_y}{D_x}$ を考える．右下図 (c) に着目すると，点 $l_x^{(T)}$ に対し $\dfrac{D_y}{D_x}$ を掛けたものは演算 (6) より右上に $y-x$ 個移動させたものになる．分子部分は D_y を $y=x$ から $y=x_r-1$ まで足し上げるのだから，$l_x^{(T)} \cdot \dfrac{\sum_{y=x}^{x_r-1} D_y}{D_x}$ は図 (c) の楕円で囲んだ部分に相当する．これを x $(x_e \leq x < x_r)$ についてさらに足し上げると G^a になる．(c) は (a) で考えたことを計算基数に置き換えたにすぎない．

以上のように，v^n-l_x 平面上で考えることは年金数理を理解することにおいて有意義であることがお分かりいただけただろう．試験本番では，正誤問題や，式変形でわからなくなったときに頭の整理として活用することがよい．

本書「必須問題集」においても図を使った解法をいくつか紹介しているので，是非とも参考にしていただきたい．

付録C

財政方式の比較

[教科書] に紹介されている閉鎖型の財政方式を比較すると次の表のようになる．

<table>
<tr><td rowspan="2"></td><td colspan="2">制度発足時</td><td colspan="3">制度発足後</td></tr>
<tr><td>将来期間分の積立</td><td>過去期間分の積立</td><td>将来期間分の積立</td><td>制度発足後に生じた過去勤務債務分の積立</td><td>経過措置対象者がいなくなったときの保険料水準[*1]</td></tr>
<tr><td>(一般的な)加入年齢方式</td><td>標準</td><td>特別</td><td>標準</td><td>特別</td><td>EAN(L)</td></tr>
<tr><td>特定年齢方式</td><td>標準</td><td>特別</td><td>標準</td><td>特別</td><td>EAN(L)</td></tr>
<tr><td>個人平準保険料方式</td><td colspan="2">単一の保険料</td><td>標準</td><td>特別</td><td>EAN(L)</td></tr>
<tr><td>到達年齢方式(個人型)</td><td>標準</td><td>特別</td><td>標準</td><td>特別</td><td>EAN(L)</td></tr>
<tr><td>閉鎖型総合保険料方式</td><td colspan="2">単一の保険料</td><td colspan="2">単一の保険料</td><td>CA (L)</td></tr>
<tr><td>到達年齢方式(総合型)</td><td>標準</td><td>特別</td><td colspan="2">標準</td><td>CA(L)</td></tr>
</table>

保険料算定の単位に注目すると，上4つが個人別，下2つが制度全体である．

ここで「到達年齢方式（個人型)」とは，到達年齢方式のうち，標準保険料を個人平準保険料方式のように個人ごとに算出する方式を指し，「到達年齢方式（総合型)」とは，到達年齢方式のうち，標準保険料を総合保険料方式のように制度全体で算出する方式を指す．

[*1] カッコ内は定常状態での保険料水準を表す．また，EAN：加入年齢方式，CA：閉鎖型総合保険料方式，L：平準積立方式

C.1　個人ごとに「収支相等」が図られる財政方式

例えば定年（60歳）退職者のみに「加入期間 $\times 1$」の年金額を終身年金で退職時より即時支給する制度を想定し，制度発足時点の従業員についても制度発足以前の加入期間を通算することを考える．入社年齢25歳，制度発足時の年齢50歳の被保険者の保険料は次のようになる．

	（一般的な） 加入年齢方式	個人平準保険料方式	到達年齢方式 （個人型）
保険料	${}^{E}P_{25} = \dfrac{D_{60}}{N_{25} - N_{60}} \cdot 35\ddot{a}_{60}$ 25歳から拠出して収支相等する（標準）保険料	${}^{I}P_{50} = \dfrac{D_{60}}{N_{50} - N_{60}} \cdot 35\ddot{a}_{60}$ 50歳から拠出して収支相等する保険料	${}^{A}P_{50} = \dfrac{D_{60}}{N_{50} - N_{60}} \cdot 10\ddot{a}_{60}$ 50歳から拠出して収支相等する（標準）保険料 （ただし「制度発足後の期間」にかかる分の給付のみ）
制度発足時の過去勤務債務	あり（特別保険料の設定が必要）	なし	あり（特別保険料の設定が必要）

- みなし加入年齢：25歳（以前から制度があった場合に加入していたとみなされる年齢）
- 到達年齢：50歳（制度発足時の年齢）

この3つの財政方式では，制度発足後に加入する被保険者については（標準）保険料に違いはない．その場合，どの方式でも，個人ごとに平準となる（標準）保険料を「加入年齢に応じた給付現価÷加入年齢に応じた給与現価」によって求める．3つの方式の違いは，以下に見るように，制度発足時に過去勤務期間がある被保険者の保険料においてのみ現れる．

個人平準保険料方式の場合，保険料は「制度発足前の期間も含めた給付現価 ÷ 制度発足時の到達年齢に応じた給与現価」によって求められる．そのため，この保険料によってすべての給付原資が将来の期間のみの拠出で賄える計算となるので，制度発足時に過去勤務債務は発生しない（したがって[教科書]では，この保険料 ${}^{I}P_x$ を「標準保険料」とは呼ばず，単に「保険料」と呼んでいると考えられる）．

他方，（一般的な）加入年齢方式の場合，標準保険料は「みなし加入年齢(=入社年齢)」を基準として計算した給付現価÷みなし加入年齢を基準として計算した給与現価」によって求められる．しかし実際には，入社時から制度発足時までの期間は標準保険料が支払われていないため，その期間の標準保険料収入の制度発足時点での終価分が，制度発足時の過去勤務債務となる．標準保険料を求める基準が給付現価も給与現価も（みなし）加入年齢であるから加入年齢方式と呼ぶのだと理解すると分かりやすい．

到達年齢方式（個人型）の場合は，標準保険料は「制度発足時の到達年齢から将来の期間の給付現価 ÷ 制度発足時の到達年齢に応じた給与現価」によって求められる．しかし実際の給付は，経過措置により（将来の期間分だけでなく）過去勤務期間分も含めて支払われるので，その分の給付現価が制度発足時の過去勤務債務となる．標準保険料を求める基準が給付現価も給与現価も（制度発足時の）到達年齢であるから到達年齢方式と呼ぶのだと理解すると分かりやすい．

なお，制度発足以降において，各被保険者に対して（計算基礎率を洗い替えない限り）上記と同じ保険料が適用されることとなる．

C.2　到達年齢方式（個人型・総合型）の違い

ここではTrowbridgeモデルを想定し，加入年齢 x_e 歳，定年年齢 x_r 歳の定常人口を仮定する．

個人型でも総合型でも，到達年齢方式の標準保険料を算出するための給付現価は常に，制度発足後に加入した被保険者については加入以降の期間に対応するものを用い，制度発足時の被保険者については制度発足時の「到達」年齢以降の期間に対応するものを用いる．また制度発足時点では，総合型の給付現価も（個人型と同じく）「到達」年齢以降の期間に対応するものと一致する．したがって制度発足時点では標準保険料も過去勤務債務も，個人型と総合型とで同額となる．以上の意味でどちらも「到達」年齢方式と呼ばれると考えると分かりやすい．

特別保険料収入現価 U_1（制度発足時PSL）	給付現価 $S_1^p + S_1^a$
標準保険料収入現価[*2] $^{A}P_1 \cdot G_1^a$	（うち将来分） $S_{FS,1}^a$

制度発足時の財政状況（個人型，総合型共通）

両者は制度発足後において違いが生じる．総合型の場合，制度発足後の給与現価は到達年齢とは無関係に計算される一方で，給付現価は引き続き（制度発足時に過去勤務期間があった被保険者がいる限り）到達年齢にかかわることになる．また，特別保険料で償却していくものは制度発足時の過去勤務債務のみであり，この過去勤務債務以外の運営は，すべて総合保険料方式と同じである．つまりこの標準保険料には制度発足後に発生した過去勤務債務の償却に充てる分も含まれることとなる（下記B/S参照）．このため，「標準」という用語は非常に紛らわしく感じるが，制度発足時に設定した特別保険料との対比で，基本となる保険料の方は「標準」保険料と呼ばれていると理解すると分かりやすい．

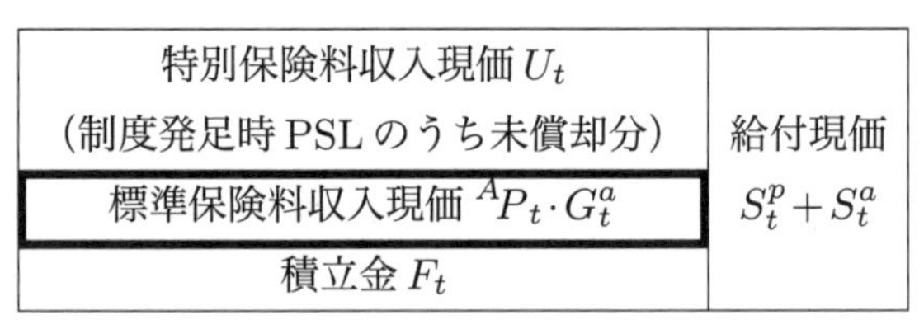

特別保険料収入現価 U_t（制度発足時PSLのうち未償却分）	給付現価 $S_t^p + S_t^a$
標準保険料収入現価 $^{A}P_t \cdot G_t^a$	
積立金 F_t	

制度発足後第 t 年度の財政状況（総合型）

太枠部分の債務を単一の保険料（標準保険料） $^{A}P_t$ で償却していく．

[*2] 個人型の場合，$\displaystyle\sum_{x=x_e}^{x_r-1} l_x^{(T)} \cdot \sum_{y=x}^{x_r-1} {}^{A}P_y \cdot \frac{D_y}{D_x}$ と表される．

参考文献

[教科書] 日本アクチュアリー会編，『年金数理』（平成 27 年 3 月改訂版），日本アクチュアリー会，2015.

以上は，日本アクチュアリー会指定の教科書である．[教科書] は日本アクチュアリー会の WEB (https://www.actuaries.jp/examin/textbook/) から PDF 形式のものを無料で入手できる．

[数理人会] 日本年金数理人会 編，『年金数理概論 (第 3 版) －年金アクチュアリー入門－』，朝倉書店，2020.

[日評年金] 田中周二，小野正昭，斧田浩二，『年金数理』（アクチュアリー数学シリーズ 3），日本評論社，2011.

[アクチュアリー数学入門] 黒田耕嗣，斧田浩二，松山直樹，『アクチュアリー数学入門 [第 4 版]』（アクチュアリー数学シリーズ 1），日本評論社，2016.

以上は市販されている年金数理に関する参考書である．特に [アクチュアリー数学入門] は各科目の基礎事項しか載っていないが，既出の年金数理の参考書の中では分かりやすくまとまっている．以下は年金数理の基礎となる数学や生保数理に関して役立つ参考書である．

[二見生保] 二見隆，『生命保険数学（上）（下）』（改訂版），生命保険文化研究所，1992.

[山内生保] 山内恒人，『生命保険数学の基礎―アクチュアリー数学入門―第 2 版』，東京大学出版会，2014.

[黒田日評生保] 黒田耕嗣，『生命保険数理』（アクチュアリー数学シリーズ 5），日本評論社，2016.

[京大生保] 京都大学理学部アクチュアリーサイエンス部門編『アクチュアリーのための生命保険数学入門』，岩波書店，2014.

[黒田培風生保] 黒田耕嗣，『生保年金数理〈1〉理論編』，培風館，2007.

[合格へのストラテジー 数学] 藤田岳彦監修，岩沢宏和企画協力，アクチュアリー受験研究会代表 MAH，『アクチュアリー試験 合格へのストラテジー 数学』，東京図書，2017.

[合格へのストラテジー 生保数理] 山内恒人監修，アクチュアリー受験研究会代表 MAH，西林信幸，寺内辰也，『アクチュアリー試験 合格へのストラテジー 生保数理』，東京図書，2018.

本書作成にあたっては，企業年金連合会の用語集，および二見氏の論文も参考にした．

[企業年金連合会]　企業年金連合会 用語集，https://www.pfa.or.jp/yogoshu/
[二見論文]　二見隆，『不等式について』，生命保険文化研究所所報 4 号，1957.

最後に，本書の有益な情報のベースは，アクチュアリー受験研究会の会員からのものが多くを占めている．

[アク研]　アクチュアリー受験研究会，https://pre-actuaries.com/

索　引

た

な

は

ま

ら

わ

■監修者紹介

枇杷（びわ）　高志（たかし）

1964 年　富山県生まれ

1988 年　東京工業大学理学部数学科を卒業

大手生命保険会社および大手監査法人で一貫して年金数理および年金コンサルティング関連業務に従事

日本アクチュアリー会のアクチュアリー講座で年金数理の講義を長年にわたって担当するほか，複数の大学で非常勤講師として年金数理関連講義を経験し，現在は早稲田大学理工学術院で非常勤講師を務める

日本アクチュアリー会 正会員

年金数理人

■著者紹介

MAH
1990年3月　東北大学工学部機械系精密工学科卒業
1990年4月　国内保険会社入社
1995年7月　商品業務部門に異動
2000年1月　確定拠出年金の立ち上げセクションに異動
以後，確定拠出年金の事業計画・企画・システム開発などを担当
企業に対する企業年金のコンサルティングも200社以上実施
2009年1月　年金アクチュアリーを目指し，「アクチュアリー受験研究会」を発足
日本アクチュアリー会 準会員
日本証券アナリスト協会 検定会員
DCプランナー１級
宅地建物取引士
オンライン奇術研究会 代表
アクチュアリー受験研究会 代表

北村（きたむら）　慶一（けいいち）
2009年3月　慶應義塾大学経済学部経済学科卒業
2011年3月　慶應義塾大学大学院理工学研究科基礎理工学専攻前期博士課程修了
2011年4月　アクサ生命保険株式会社入社
収益管理業務，JGAAPレポーティング業務，Solvency IIレポーティング業務などに従事
2018年10月　RGAリインシュアランスカンパニー日本支店入社
以後，再保険会社におけるバリュエーション業務全般に従事
日本アクチュアリー会 正会員
CERA

車谷（くるまだに）　優樹（ゆうき）
2012年3月　京都大学理学部卒業
2014年3月　京都大学大学院理学研究科数学・数理解析専攻修了
2014年4月　株式会社りそな銀行入社
以後，企業年金に関する数理計算・制度設計業務に従事
日本アクチュアリー会 正会員
年金数理人
CERA

アクチュアリー試験　合格へのストラテジー　年金数理

2020 年 7 月25日　第 1 刷発行　　Printed in Japan
2024 年 8 月10日　第 3 刷発行

監修者　枇杷高志
著者　MAH・北村慶一・車谷優樹

発行所　**東京図書株式会社**
〒102-0072 東京都千代田区飯田橋 3-11-19
振替 00140-4-13803 電話 03(3288)9461
http://www.tokyo-tosho.co.jp/

ISBN 978-4-489-02342-2